大学物理 II

侯春菊　朱　云　蔺福军　/主编

北京大学出版社
PEKING UNIVERSITY PRESS

图书在版编目 (CIP) 数据

大学物理．Ⅱ / 侯春菊，朱云，蔺福军主编．— 北京：北京大学出版社，2023. 8

ISBN 978-7-301-34043-1

Ⅰ．①大… Ⅱ．①侯… ②朱… ③蔺… Ⅲ．①物理学 – 高等学校 – 教材 Ⅳ．①O4

中国国家版本馆 CIP 数据核字 (2023) 第 098214 号

书　　名　大学物理Ⅱ
DAXUE WULI Ⅱ

著作责任者　侯春菊　朱　云　蔺福军　主编

责 任 编 辑　班文静

标 准 书 号　ISBN 978-7-301-34043-1

出 版 发 行　北京大学出版社

地　　址　北京市海淀区成府路 205 号　100871

网　　址　http://www.pup.cn

电 子 信 箱　zpup@pup.cn

电　　话　邮购部 010-62752015　发行部 010-62750672　编辑部 010-62754271

印 刷 者　北京圣夫亚美印刷有限公司

经 销 者　新华书店

730 毫米 ×980 毫米　16 开本　14.75 印张　290 千字

2023 年 8 月第 1 版　2023 年 8 月第 1 次印刷

定　　价　49.00 元

前言

物理学是一门研究物质的基本结构、相互作用及其最基本、最普遍的运动规律的学科，其研究对象具有普遍性，基本理论及研究方法渗透到了自然科学和应用科学的许多领域，也是工程技术的基础.

本书是在积极响应党的二十大报告关于“实施科教兴国战略，强化现代化建设人才支撑”的重大部署，以“建成教育强国、科技强国、人才强国、文化强国、体育强国、健康中国，国家文化软实力显著增强”为目标指引，以“坚持教育优先发展、科技自立自强、人才引领驱动”为战略方针，主动适应当前教学改革的需求，全面贯彻落实推进基础教育高质量发展的要求，同时兼顾大学和中学物理教学的有效衔接而编写. 本书与已经出版的第一册涵盖了教育部高等学校大学物理课程教学指导委员会制定的教学基本要求的全部内容.

本套书分为两册，内容共分为力学、电磁学、热学、机械振动和机械波、波动光学和近代物理 6 个模块. 建议整套书讲授 128 学时，其中，力学模块约为 24 学时，电磁学模块约为 40 学时，热学模块约为 16 学时，机械振动和机械波模块约为 16 学时，波动光学模块约为 18 学时，近代物理模块约为 14 学时. 学时数较少的学校可以挑选部分内容讲授.

本书为第二册，内容包括热学、机械振动和机械波、波动光学，以及近代物理 4 个模块，共分为 6 章. 第 11 章为气体动理论，第 12 章为热力学基础，第 13 章为机械振动，第 14 章为机械波，第 15 章为波动光学，第 16 章为量子物理初步. 本书可作为高等学校非物理类理工科专业本科生的大学物理教材. 通过本课程的学习，能够使学生们逐步掌握利用物理学研究问题的思路和方法；使学生们建立物理模型的能力，定性分析、估算与定量计算的能力，独立获取知识的能力，理论联系实际的能力都获得同步提高；使学生们开阔思路，激发其探索和创新精神，增强其适应能力，提升其科学技术的整体素养；使学生们掌握科学的学习方法，并形成良好的学习习惯、辩证唯物主义的世界观和方法论.

本书的整体架构和编写思想由编写组共同制定，第 11 章和第 12 章由蔺福军编写，第 13 章、第 14 章的前 6 节，以及第 15 章的前 9 节由侯春菊编写，第 14 章的后 3 节和习题、第 15 章的后 6 节和习题，以及第 16 章由朱云编写，统稿工作由蔺福军完成. 本书编写期间，参阅了许多兄弟院校的教材，吸取了宝贵经验，在此深表感谢. 本书的出版得到江西理工大学教材建设项目的资助,在此一并感谢.

由于编者水平有限,书中不妥和疏漏之处在所难免,恳请读者批评指正.

编者

2023 年 3 月

目录

第 11 章

气体动理论

学习目标

- 了解气体分子热运动的物理图像,理解平衡态、理想气体等概念和热力学第零定律等内容.
- 掌握理想气体状态方程,以及理想气体的微观模型与统计假设.
- 理解理想气体的压强和温度的统计意义,能够应用压强和温度公式.
- 掌握分子自由度的概念,理解能量均分定理,学会计算理想气体的内能.
- 理解麦克斯韦速率分布律和玻尔兹曼速率分布律.
- 掌握气体分子的平均自由程和平均碰撞频率.

物质的运动形式是多种多样的,在力学中已经学习过物质最简单的运动形式——机械运动,在本章和第 12 章中将重点学习物质的热运动.描述热运动的规律通常采用宏观的热力学和微观的统计力学两种方法.统计力学方法是从宏观物体由大量微观粒子构成、粒子不停地做热运动的观点出发,运用概率论和统计方法研究大量微观粒子的热运动规律.本章将从此方面讨论气体的动力学问题.热力学方法是从能量的观点出发,以大量实验观测为基础,描述物质热现象的宏观基本规律及应用.因此热力学和统计力学方法从不同的角度描述物质热运动的基本规律.

本章的主要内容有:平衡态、热力学第零定律、理想气体状态方程、理想气体的微观模型、理想气体的压强和温度的微观本质、能量均分定理、理想气体的内能,以及分子的速率分布律、平均自由程和平均碰撞频率等.

11.1 热运动的描述 理想气体状态方程

11.1.1 气体的状态参量

在力学中研究物体的机械运动时,可以采用位移和速度确定质点的运动状态.

但在讨论由大量做热运动的分子构成的热力学系统时，位移和速度只能描述单个分子的微观运动状态，而不能表征气体的宏观运动状态. 实验表明，对于一定量的气体，可以通过气体的体积 V、压强 p 和温度 T 来描述气体的状态. 这三个物理量就是气体的状态参量.

气体的体积指的是气体分子所能到达的空间，即盛装气体的容器的容积. 体积的单位是立方米(m^3)，有时也用升(L)表示，$1\ L=1\times10^{-3}\ m^3$.

气体的压强指的是气体作用于单位面积上的正压力. 压强的单位是帕斯卡，简称帕(Pa)，即牛每平方米($N\cdot m^{-2}$). 通常把纬度为 45 度处温度为 0 ℃时测得的气压值称为标准大气压(atm)，$1\ atm=1.01325\times10^5\ Pa$(后文记为 $1.013\times10^5\ Pa$).

气体的温度是物质内部分子的热运动剧烈程度的宏观表征，用以描述物体的冷热程度. 温度的数值表示法称为温标. 常用的温标有两种，一种是热力学温标 T，单位是开尔文(K)，这是国际单位制中采用的基本温标；另一种是摄氏温标 t，单位是摄氏度(℃). 摄氏温度与热力学温度之间的关系为

$$t/℃=T/K-273.15 \quad 或 \quad T/K=t/℃+273.15.$$

按照这一规定，1 atm 下，水的冰点是 273.15 K (0 ℃)，三相点是 273.16 K (0.01 ℃)，沸点是 373.15 K(100 ℃). 后文近似认为摄氏温度与热力学温度之间的差值为 273.

11.1.2 平衡态

通常把热力学中研究的物体或物体系(由大量原子或分子组成)称为热力学系统，简称系统. 处于系统外的物体称为外界. 如果系统与外界之间没有物质与能量的交换，则称其为孤立系统. 实验证实，孤立系统中的一定量的气体，经过足够长的时间，能够达到一个稳定的宏观性质不随时间变化的状态，这样的状态叫作平衡态. 如图 11－1 所示，用隔板将一个封闭容器分为左右两部分，开始时，左边充满气体，右边为真空. 将隔板抽去后，左边的气体就会向右边运动. 在此过程中，气体内各处的状态是不均匀的，并随时间改变，最后达到处处均匀的状态. 如果没有外界影响，则容器中的气体将保持这一状态，即气体处于平衡态. 但在微观上，分子的无规则运动并没有停止，因此热力学中的平衡态实际上是一种热动平衡. 另需说明的是，实际中并不存在完全不受外界影响的孤立系统，因此平衡态只是一种理想状态，是一定条件下对实际状态的近似. 本章所讨论的气体状态，除特别说明外，均做平衡态处理.

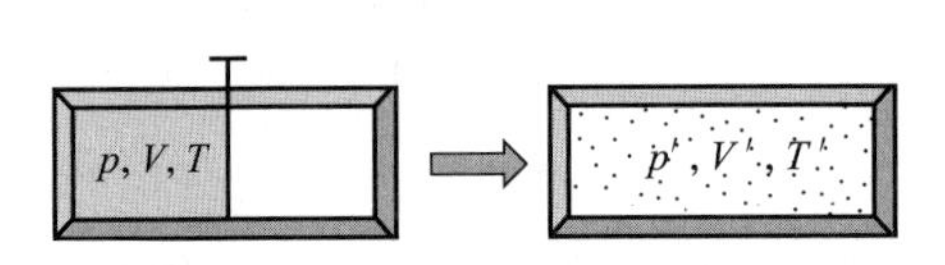

图 11－1 非平衡态到平衡态

11.1.3 热力学第零定律

经验告诉我们,在没有做功的情况下,如果两个物体相互接触的过程中有热量从一个物体传递到另一个物体,则说明这两个物体之间存在温度差.当两个物体之间自发地停止热量传递时,它们之间就达到了热平衡.

如果有a,b,c三个物体,其中,a,b两个物体分别与处于确定状态的c物体之间达到了热平衡,那么,当a,b两个物体再相互接触时,不会有热量传递,a,b两个物体的状态也不再发生变化,这表明a,b两个物体之间也达到了热平衡,这就是热力学第零定律.

11.1.4 理想气体状态方程

处于平衡态的一定量气体,如果三个状态参量 p,V 和 T 中的任意一个发生变化,则其他两个也将随之变化,但三者之间始终满足一定的关系,即

$$\frac{pV}{T}=C. \tag{11-1}$$

这就是一定量气体在平衡态时的状态方程.其中,常量 C 与气体的质量和种类相关.实验表明,在压强不太大(与大气压强相比)、温度不太低(与室温相比)时,气体遵从玻意耳(Boyle)定律、盖吕萨克(Gay-Lussac)定律和查理(Charles)定律.我们把任何情况下都严格遵从以上三个实验定律的气体称为理想气体.实际气体在压强不太大、温度不太低的情况下均可近似为理想气体.

处于平衡态的气体状态可以用一组状态参量表示,也可以用 $p-V$ 图中确定的点表示,如图11-2中的 $A(p_1,V_1,T_1)$ 点和 $B(p_2,V_2,T_2)$ 点.图中曲线上的任一点都对应着一个平衡态.

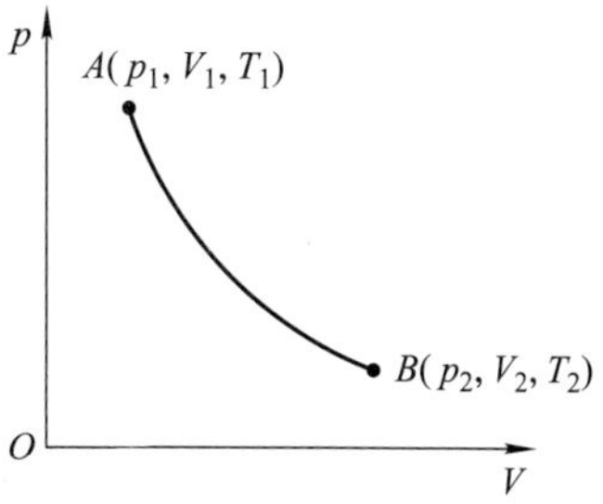

图11-2 $p-V$ 图中曲线上的任一点都对应着一个平衡态

对于质量为 m、摩尔质量为 M 的理想气体,其状态参量 (p',V',T') 在标准状态($T'=273\ \mathrm{K}$,$p'=1.013\times10^5\ \mathrm{Pa}$)下满足

$$C=\frac{p'V'}{T'}=\frac{m}{M}\frac{p'V_\mathrm{m}}{T'},$$

其中,$V_\mathrm{m}=22.4\times10^{-3}\ \mathrm{m^3/mol}$ 是气体的摩尔体积.用 R 表示上式中的常量 $p'V_\mathrm{m}/T'$,通常称其为摩尔气体常量(也称为普适气体常量).在国际单位制中,

$$R=\frac{p'V_\mathrm{m}}{T'}=\frac{1.013\times10^5\times22.4\times10^{-3}}{273}\mathrm{J/(mol\cdot K)}$$

$$\approx 8.31\ \mathrm{J/(mol\cdot K)}.$$

后文近似认为 $R=8.31\ \mathrm{J/(mol\cdot K)}$.

因此,对于质量为 m、摩尔质量为 M 的理想气体,由式(11-1)可得

$$pV=\frac{m}{M}RT=\nu RT. \tag{11-2}$$

这就是理想气体状态方程. 它表明了理想气体的各个状态参量在平衡态时遵从的规律. 式(11-2)中,$\nu=\dfrac{m}{M}$是气体的物质的量.

【例 11-1】 容器中盛有质量为 0.1 kg、压强为 1×10^{6} Pa、温度为 320 K 的氧气. 因为容器漏气,经过若干时间后,压强降到原来的 5/8,温度降到 300 K. 问:

(1) 容器的容积为多大?

(2) 漏去氧气的质量为多少?

解:(1) 根据理想气体状态方程

$$pV=\frac{m}{M}RT$$

可知,容器中原有氧气的体积,即容器的容积为

$$V=\frac{mRT}{Mp}=\frac{0.1\times8.31\times320}{0.032\times1\times10^{6}}\ \mathrm{m^3}=8.31\times10^{-3}\ \mathrm{m^3}.$$

(2) 设容器漏气若干时间后,压强降到 p',温度降到 T'. 如果用 m'表示容器中剩余氧气的质量,则由理想气体状态方程可得

$$p'V=\frac{m'}{M}RT',$$

所以

$$m'=\frac{Mp'V}{RT'}=\frac{0.032\times\frac{5}{8}\times1\times10^{6}\times8.31\times10^{-3}}{8.31\times300}\ \mathrm{kg}\approx0.067\ \mathrm{kg}.$$

漏去氧气的质量为

$$\Delta m=m-m'\approx(0.1-0.067)\mathrm{kg}=0.033\ \mathrm{kg}.$$

从微观角度,考虑质量为 m 的气体包含 N 个质量为 m_0 的气体分子,则 $m=Nm_0$,$M=N_\mathrm{A}m_0$(其中,N_A 是阿伏伽德罗(Avogadro)常量). 因此式(11-2)可写为

$$pV=\frac{Nm_0}{N_\mathrm{A}m_0}RT=N\frac{R}{N_\mathrm{A}}T.$$

用 k 表示 R/N_A，则

$$k = R/N_A = \frac{8.31}{6.02 \times 10^{23}}\ \mathrm{J/K} \approx 1.38 \times 10^{-23}\ \mathrm{J/K},$$

其中，k 称为玻尔兹曼(Boltzmann)常量(后文近似认为 $k = 1.38 \times 10^{-23}$ J/K). 令 $n = N/V$ 为分子数密度，则

$$p = nkT. \tag{11-3}$$

式(11-3)称为阿伏伽德罗定律. 它是理想气体状态方程的另一种表达形式，意味着温度和压强相同的气体，分子数密度也相同，与气体的种类无关.

11.2 分子热运动的统计规律性 理想气体的微观模型

11.2.1 分子热运动的统计规律性

大量实验表明，组成物质的分子都在不停顿地做无规则运动，其中，布朗(Brown)运动最为典型. 所以说无序性是气体分子热运动的基本特性，这一点已经非常明确. 接下来我们重点分析大量偶然、无序的分子运动中所包含的规律性.

投掷骰子时，我们不能预先知道骰子一定出现几点，从 1 点到 6 点都有可能，也就是说，骰子出现哪一点纯属偶然. 但是，当我们投掷骰子的次数很多时，出现 1 点到 6 点中任一点的次数几乎相等，都约为总次数的 1/6. 这说明，投掷一次时，骰子出现的点数是偶然的，但是投掷次数很多时，骰子出现的点数呈现出一定的规律性.

又如，用伽尔顿(Galton)板实验测量小球落入狭槽中的规律. 如图 11-3 所示，在一块竖直平板的上部钉上一排排等间距的铁钉，下部用竖直隔板隔成等宽的狭槽，然后用透明板封盖，在顶端留一漏斗形入口. 此装置称为伽尔顿板.

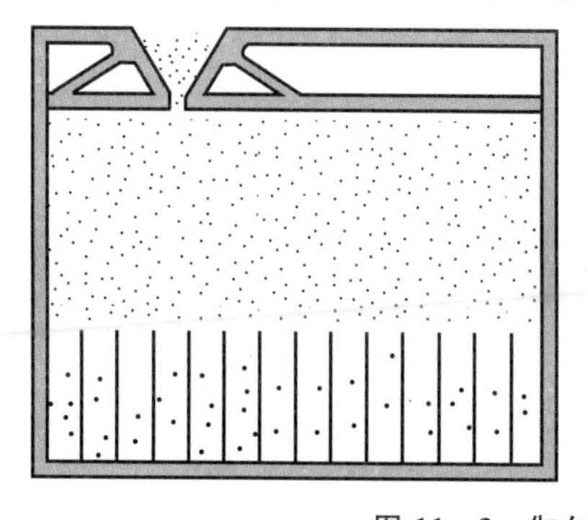
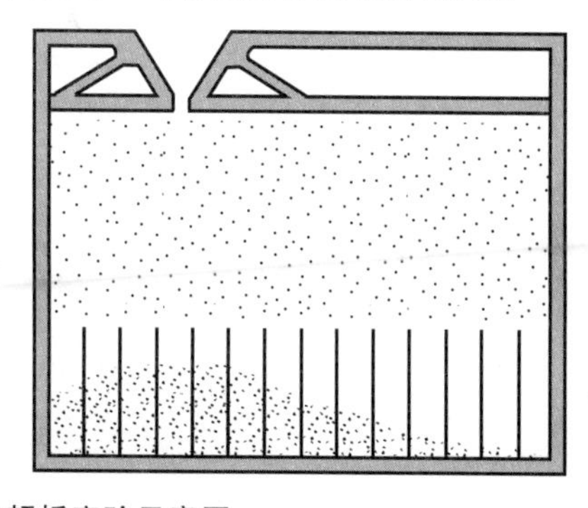

图 11-3 伽尔顿板实验示意图

将一小球从入口投入，小球在下落过程中将与一些铁钉碰撞，最后落入某一狭槽中，再投入另一小球，它落入哪个狭槽与前者可能完全不同，这说明，单个小球下落时与一些铁钉碰撞，最后落入哪个狭槽完全是无法预测的偶然事件. 但是，如果将大量小球从入口慢慢投入，我们会发现：落入入口正下方狭槽中的小球较多，而落入两侧狭槽中的小球较少，离入口越远的狭槽中落入的小球越少. 上述实验表明，单个小球落入哪个狭槽完全是偶然的，但是大量小球按狭槽的分布呈现出一定的规律性.

大量气体分子都在不停顿地做无规则运动，虽然单个分子的运动行为是偶然的，运动轨迹是无规则的，但是大量分子组成的系统却呈现出一定的规律性. 我们把这种大量随机事件的总体所具有的规律性称为统计规律性.

11.2.2　理想气体的微观模型与统计假设

容器中气体的单个分子的运动是随机的，大量气体分子热运动的集体表现将服从宏观统计规律. 但是气体的分子数目巨大，且分子在热运动中的碰撞极其频繁，某一时刻分子的速度是多少，会出现在哪个位置等，这些运动状态将会有什么统计规律？要回答以上问题，应该从气体动理论的观点出发，建立理想化的微观模型：

(1) 分子本身的尺寸与分子之间的平均距离相比可以忽略，因此分子可以看作质点.

(2) 除碰撞的瞬间外，分子之间的相互作用力，以及分子所受重力均可忽略不计，因此分子在两次碰撞之间做匀速直线运动.

(3) 气体分子之间的碰撞，以及气体分子与器壁之间的碰撞可以看作完全弹性碰撞.碰撞过程中遵从能量守恒、动量守恒定律.

与此同时，还需对理想气体的平衡态做如下统计假设：

(1) 容器中气体的分子数密度 n 处处相同.

(2) 分子沿各个方向运动的机会是相等的，在任何一个方向的运动并不比其他方向占有优势. 也就是说，沿各个方向运动的分子数都是相等的. 例如，在正方体积元 ΔV 中，相同的时间间隔 Δt 内，沿直角坐标系的 6 个方向运动的分子数应该相等，并且都等于 ΔV 中分子数 ΔN 的 1/6.

(3) 分子的速度在各个方向上的分量的各种统计平均值都相等. 若气体含有 N 个分子，其分子速度的分量分别为 v_x, v_y, v_z，它们的平均值为

$$\bar{v}_i = \frac{v_{1i} + v_{2i} + \cdots + v_{Ni}}{N} \quad (i = x, y, z).$$

由于速度是矢量，因此正负方向的分量值可相互抵消，即

$$\bar{v}_x = \bar{v}_y = \bar{v}_z = 0. \tag{11-4}$$

气体分子速度分量的平方的平均值为

$$\overline{v_i^2} = \frac{v_{1i}^2 + v_{2i}^2 + \cdots + v_{Ni}^2}{N} \quad (i = x, y, z),$$

且

$$\overline{v_x^2} = \overline{v_y^2} = \overline{v_z^2},$$

由于

$$\overline{v^2} = \overline{v_x^2} + \overline{v_y^2} + \overline{v_z^2},$$

因此

$$\overline{v_x^2} = \overline{v_y^2} = \overline{v_z^2} = \frac{1}{3}\overline{v^2}. \tag{11-5}$$

气体的压强、温度等都是大量分子统计规律性的表现. 其统计平均值与实际值总是存在偏差. 参与统计的事件越多,其偏差越小,统计平均值就越接近实际值.

11.3 理想气体的压强公式及统计意义

可以利用气体分子运动的概念导出作用于器壁的压强,这最早是由伯努利(Bernoulli)提出的. 考虑无规则运动的气体分子不断地与器壁碰撞,对单个分子来说,它对器壁的碰撞是间歇性的,且每次给器壁的冲量是随机的;但对大量分子来说,它们长时间与器壁的碰撞表现出确定的规律,宏观上表现为一个恒定的、持续的压力作用在器壁上. 下面我们从理想气体的微观模型和统计假设推导气体的压强公式.

取一个边长分别为 l_1, l_2, l_3 的长方体容器,如图 11-4 所示,容器中有 N 个质量为 m_0 的同类理想气体分子. 处于平衡态时,容器中各处的分子数密度相等,气体分子沿各个方向运动的概率相等,则器壁各处所受的压强完全相等,因此只需计算任一器壁所受的压强即可.

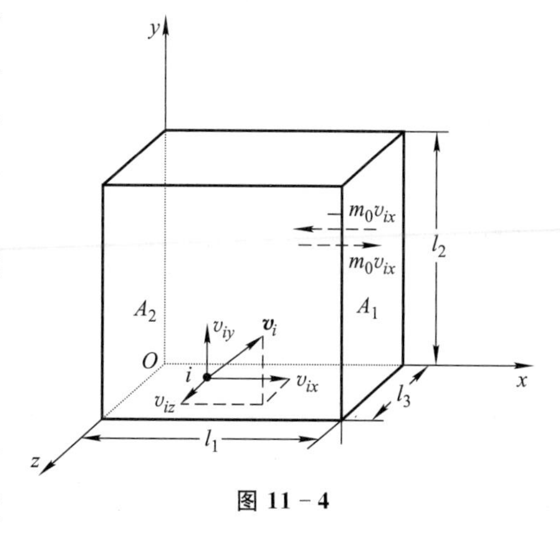

图 11-4

考虑任一分子 i,其运动速度为 $\boldsymbol{v}_i$,速度在 x, y, z 方向的分量分别为 v_{ix}, v_{iy}, v_{iz}. 在水平方向,分子以速度 v_{ix} 与 A_1 面发生完全弹性碰撞,随即以速度

$-v_{ix}$被弹回. 因此分子i在x方向完成一次碰撞,其动量改变量为$\Delta p=-2m_0v_{ix}$. 由动量定理可知,A_1面作用于该分子的冲量为$-2m_0v_{ix}$,反之,该分子作用于A_1面的冲量为$2m_0v_{ix}$.

分子i以速度$-v_{ix}$继续匀速运动$t=\frac{l_1}{v_{ix}}$时间后到达A_2面,其与A_2面发生完全弹性碰撞后同样被弹回. 因此分子i在A_1和A_2两个面之间做往返运动,且往返一次所需时间为$t=\frac{2l_1}{v_{ix}}$. 由此可知,单位时间内该分子与A_1面碰撞的次数为$\frac{v_{ix}}{2l_1}$,则单位时间内该分子对A_1面施加的冲量为

$$\Delta I=2m_0v_{ix}\frac{v_{ix}}{2l_1},$$

单位时间内容器中的N个分子对A_1面施加的总冲量为

$$I=\sum_{i=1}^{N}\frac{m_0v_{ix}^2}{l_1}=\frac{m_0}{l_1}\sum_{i=1}^{N}v_{ix}^2=\frac{Nm_0}{l_1}\sum_{i=1}^{N}\frac{v_{ix}^2}{N}=\frac{Nm_0}{l_1}\overline{v_x^2},$$

所以A_1面所受平均冲力的大小为

$$\overline{F}=Nm_0\overline{v_x^2}/l_1.$$

由压强的定义可得

$$p=\frac{\overline{F}}{S}=\frac{\overline{F}}{l_2l_3}=\frac{Nm_0}{l_1l_2l_3}\overline{v_x^2}.$$

又因为$n=\frac{N}{l_1l_2l_3}$,$\overline{v_x^2}=\frac{1}{3}\overline{v^2}$,所以

$$p=\frac{1}{3}nm_0\overline{v^2}. \tag{11-6}$$

运用气体分子的平均平动动能公式

$$\bar{\varepsilon}_{\mathrm{k}}=\frac{1}{2}m_0\overline{v^2},$$

可将式(11-6)改写为

$$p=\frac{2}{3}n\bar{\varepsilon}_{\mathrm{k}}. \tag{11-7}$$

式(11-6)或式(11-7)就是理想气体的压强公式. 从式(11-7)可以看出,理想气体的压强p取决于单位体积内的分子数n和气体分子的平均平动动能$\bar{\varepsilon}_{\mathrm{k}}$. n和$\bar{\varepsilon}_{\mathrm{k}}$越大,压强$p$越大,即单位体积内的分子数越多,对器壁碰撞的概率就越大,理想气体的压强就越大;分子的热运动越剧烈,对器壁碰撞的冲量就越大,理想气体的压强就越大.

压强是大量分子对器壁碰撞的统计平均值,离开了大量和平均这一前提,压强就失去了意义.需要说明的是,压强虽然是由大量分子对器壁作用而产生的,但它本身是一个宏观量,可以由实验直接测定,但压强公式右侧的微观量不能直接测量,因此压强公式无法由实验直接验证.但它将宏观量和微观量的统计平均值联系起来,可以用来解释或论证理想气体的有关实验定律.

11.4 理想气体分子的平均平动动能与温度的关系

11.4.1 温度公式

将理想气体状态方程 $p=nkT$ 代入式(11-7),可以得出理想气体的温度 T 与其分子的平均平动动能 $\bar{\varepsilon}_k$ 之间的关系为

$$\bar{\varepsilon}_k=\frac{3}{2}kT. \tag{11-8}$$

式(11-8)表明气体分子的平均平动动能 $\bar{\varepsilon}_k$ 与系统的热力学温度 T 成正比,与气体的性质无关.它从微观角度阐明了温度的本质,表明温度是气体分子的平均平动动能的量度.温度越高,物体内部分子的无规则运动越剧烈.因此,具有相同温度的任意两种气体在平衡态时分子的平均平动动能是相等的.温度和压强一样,是宏观量,它是大量分子热运动的集体表现,对个别分子来说,温度是没有意义的.

由式(11-8)也可以得到,当温度达到绝对零度时,分子的平均平动动能等于零.事实告诉我们,在未达到绝对零度前,气体就已转变为液体和固体,其性质和行为显然不能再用理想气体状态方程来描述,此时,由其所得到的公式也不再适用.

【例 11-2】 一容器中储有氧气,其压强为 1.01×10^5 Pa,温度为 127 ℃,求:(1) 氧气的分子数密度;(2) 氧气分子的平均平动动能.

解:(1)由理想气体状态方程 $p=nkT$ 可得,氧气的分子数密度为

$$n=\frac{p}{kT}=\frac{1.01\times10^5}{1.38\times10^{-23}\times400}\ \mathrm{m^{-3}}\approx1.83\times10^{25}\ \mathrm{m^{-3}}.$$

(2) 由气体分子的平均平动动能的公式可得,氧气分子的平均平动动能为

$$\bar{\varepsilon}_k=\frac{3}{2}kT=\frac{3}{2}\times1.38\times10^{-23}\times400\ \mathrm{J}=8.28\times10^{-21}\ \mathrm{J}.$$

11.4.2 气体分子的方均根速率

由式(11-8)结合 $\bar{\varepsilon}_k=\frac{1}{2}m_0\overline{v^2}$,容易得到

$$\sqrt{\overline{v^2}}=\sqrt{\frac{3kT}{m_0}}=\sqrt{\frac{3RT}{M}}\approx 1.73\sqrt{\frac{RT}{M}}. \tag{11-9}$$

$\sqrt{\overline{v^2}}$称为气体分子的方均根速率,是大量分子无规则运动的一种统计平均值. 对于同一种气体,温度越高,方均根速率越大. 对于相同温度下的不同种气体,摩尔质量 M 越大,方均根速率越小. 因为温度相同的理想气体具有相同的平均平动动能,所以 m_0 越大,方均根速率必然越小.

11.5 能量均分定理 理想气体的内能

气体分子本身有一定的大小和较复杂的内部结构. 分子除平动外,还有转动和其内部原子的振动. 研究分子热运动的能量时,应将分子的平动动能、转动动能和振动动能都包括进去. 它们服从一定的统计规律——能量均分定理.

11.5.1 自由度

为了确定气体分子各种形式运动能量的统计规律,这里引入自由度的概念. 通常,把决定 1 个物体的空间位置所需的独立坐标数称为该物体的自由度.

当 1 个质点在空间自由运动时,需要 3 个独立坐标(x,y,z)来确定它的空间位置,因此自由质点有 3 个自由度. 若将质点限制在 1 个平面或 1 个曲面上运动,则它有 2 个自由度. 若将质点限制在 1 条直线或 1 条曲线上运动,则它只有 1 个自由度.

刚体的运动一般可以看作质心的平动和绕通过其质心的轴的转动. 刚体的空间位置可按如下方法确定(见图 11-5):

(1) 确定质心在平动过程中任一时刻的位置,需要 x,y,z 3 个独立坐标,即有 3 个平动自由度.

(2) 确定刚体绕通过其质心的轴的转动状态,即需要确定该轴在空间的方位,常用(α,β,γ)表示,因为 $\cos^2\alpha+\cos^2\beta+\cos^2\gamma=1$,所以在这 3 个量中,只需要确定 2 个量的大小,就可以确定轴的方位.

(3) 确定刚体绕轴转动还需 1 个自由度 θ.

总体来说,1 个在空间自由运动的刚体有 6 个自由度,其中,3 个平动自由度、3 个转动自由度. 当刚体转动受到某种限制时,其自由度数也会减少. 例如,转动的摇头电风扇有 5 个自由度.

有了上述分析,可以很容易确定气体分子的自由度. 根据分子的结构,可将其分为单原子分子、双原子分子和多原子分子,如图 11-6 所示. 单原子分子可看作自由运动的质点,有 3 个平动自由度,例如,He,Ne 等. 双原子分子可看作 2 个原子用1个刚性细杆连接起来,若原子之间的距离不发生变化,则认为其是刚性分子. 因为确定其质心需要3个平动自由度,确定其刚性细杆的方位需要2个转动自由度,所以刚性双原子分子有5个自由度,例如,O_2,H_2,N_2,CO 等. 对于多原子分子,例如,H_2O,NH_3,CH_3 等,若这些原子之间的距离不发生变化,则认为其是自由刚体,故有6个自由度. 当双原子或多原子分子的原子之间的距离因振动而发生变化时,还应考虑振动自由度.

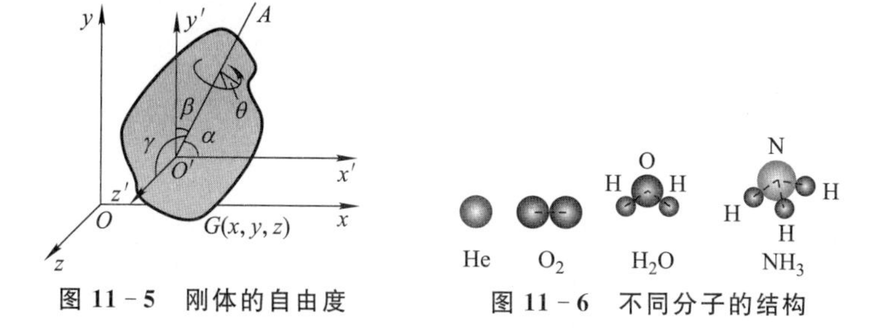

图 11-5 刚体的自由度　　图 11-6 不同分子的结构

11.5.2 能量均分定理

对于理想气体,其分子有3个平动自由度,平均平动动能为

$$\bar{\varepsilon}_{\mathrm{k}}=\frac{3}{2}kT=\frac{1}{2}m_0\overline{v^2}.$$

根据统计假设,在平衡态时,分子沿各个方向运动的概率相等,即

$$\overline{v_x^2}=\overline{v_y^2}=\overline{v_z^2}=\frac{1}{3}\overline{v^2},$$

故

$$\frac{1}{2}m_0\overline{v_x^2}=\frac{1}{2}m_0\overline{v_y^2}=\frac{1}{2}m_0\overline{v_z^2}=\frac{1}{2}kT. \tag{11-10}$$

上述结果表明,气体分子的平均平动动能$\frac{3}{2}kT$ 可以认为是均匀地分配到每一个平动自由度上的,每一个平动自由度上都具有大小为$\frac{1}{2}kT$ 的平均平动动能. 经典统计力学将上述结果推广到分子的转动和振动中时指出:在温度为 T 的平衡态,气体分子的每一个自由度都具有相同的平均能量,其大小为$\frac{1}{2}kT$. 这一结论称为能量按自由度均分定理,简称能量均分定理.

能量均分定理是对大量分子统计平均所得的结果,它反映了分子热运动动能的统计规律. 谈论个别气体分子的平均动能是无实际意义的. 由于分子之间的频繁碰撞，对于含大量分子的热力学系统，分子-分子之间、自由度-自由度之间会发生能量传递和转化，当系统达到平衡态时，能量就按自由度均匀分配.

根据这一原理可知，如果气体分子共有 i 个自由度，则每个分子的平均能量为 $\frac{i}{2}kT$.

对于实际气体，如果分子内原子的振动不能忽略，则可将其近似看作简谐振动. 因此振动过程中除了动能外，还应考虑势能. 每一个振动自由度的总能量应当为平均动能与平均势能之和. 这种情况下，若气体分子有 t 个平动自由度、r 个转动自由度、s 个振动自由度，则分子的平均能量可以表示为

$$\bar{\varepsilon}=\frac{1}{2}(t+r+2s)kT. \tag{11-11}$$

一般，在常温下，可将气体分子近似看成刚性分子，即只考虑分子的平动自由度和转动自由度，而不考虑其振动自由度. 表 11－1 给出了不同类型分子的自由度、平均动能和平均能量的理论值（非刚性多原子分子的情况较复杂，此处不列举）. 从表中可以看出，对于刚性分子，其平均能量就是平均动能. 但是，对于非刚性分子，由于需要考虑振动所产生的势能，因此其平均能量和平均动能是不同的.

表 11－1 不同类型分子的自由度、平均动能和平均能量的理论值

分子类型	单原子分子	双原子分子		多原子分子
		刚性	非刚性	刚性
分子的自由度	3	5	7	6
分子的平均动能	$\frac{3}{2}kT$	$\frac{5}{2}kT$	$3kT$	$3kT$
分子的平均能量	$\frac{3}{2}kT$	$\frac{5}{2}kT$	$\frac{7}{2}kT$	$3kT$

11.5.3 理想气体的内能

在热力学中，把与热运动相关的能量称为内能，一切物体都具有内能，物体的内能代表了其在微观上的能量形式. 一般说来，气体的内能包括分子的各种形式的动能和势能. 对于理想气体，不考虑分子之间的相互作用力，所以分子之间的势能为零. 在常温下，气体分子可视为刚性分子，分子内的振动能量可忽略不计. 因此理想气体的内能是指所有分子的平动动能和转动动能的总和.

对于摩尔质量为 M_{m}、质量为 M 的理想气体，其包含的分子数为 $\frac{M}{M_{\mathrm{m}}}N_{\mathrm{A}}$，每个

分子的平均能量是$\frac{i}{2}kT$，则理想气体的内能为

$$E=\frac{M}{M_{\mathrm{m}}}N_{\mathrm{A}}\ \frac{i}{2}kT=\nu\ \frac{i}{2}RT. \tag{11-12}$$

式(11－12)表明，理想气体内能的大小只由温度 T 决定，是温度的单值函数，与压强 p 和体积 V 无关. 因此 1 mol 单原子分子理想气体的内能为 $E=\frac{3}{2}RT$，1 mol 刚性双原子分子理想气体的内能为 $E=\frac{5}{2}RT$，1 mol 刚性多原子分子理想气体的内能为 $E=\frac{6}{2}RT=3RT$.

因为内能是状态函数，对于不同的热力学过程，内能的变化量 ΔE 只取决于初态和末态的温度变化量 ΔT，即

$$\Delta E=\nu\ \frac{i}{2}R\Delta T.$$

【例 11－3】 对于 1 mol 氧气，当其温度为 27 ℃时，气体分子的平均平动动能是多少？气体分子的平动总动能是多少？气体分子的转动总动能是多少？气体分子的总动能是多少？气体的内能是多少？

解：由题意可知，$T=300$ K，$\nu=1$ mol，$i=5$(其中，3 个平动自由度，2 个转动自由度)，则气体分子的平均平动动能是

$$\bar{\varepsilon}_{\mathrm{k}}=\frac{3}{2}kT=\frac{3}{2}\times 1.38\times 10^{-23}\times 300\ \mathrm{J}=6.21\times 10^{-21}\ \mathrm{J},$$

气体分子的平动总动能是

$$E_{\mathrm{t}}=\nu\ \frac{3}{2}RT=1\times\frac{3}{2}\times 8.31\times 300\ \mathrm{J}\approx 3.74\times 10^{3}\ \mathrm{J},$$

气体分子的转动总动能是

$$E_{\mathrm{r}}=\nu\ \frac{2}{2}RT=1\times\frac{2}{2}\times 8.31\times 300\ \mathrm{J}\approx 2.49\times 10^{3}\ \mathrm{J},$$

气体分子的总动能是

$$E_{\mathrm{k}}=E_{\mathrm{t}}+E_{\mathrm{r}}\approx 6.23\times 10^{3}\ \mathrm{J},$$

气体的内能是

$$E=\nu\ \frac{5}{2}RT=1\times\frac{5}{2}\times 8.31\times 300\ \mathrm{J}\approx 6.23\times 10^{3}\ \mathrm{J}.$$

11.6 气体分子的速率分布

对于个别分子，平衡态时，它以某一速率沿各个方向运动的情况是偶然的，但

是大量分子的速率分布却有一定的统计规律. 那么大量气体分子的速率将如何分布,又有怎样的分布特点? 下面我们结合具体问题来说明气体分子的速率分布统计规律.

11.6.1　速率分布函数

表 11 - 2 给出了空气分子在 0 ℃时的速率分布情况. 设总分子数为 N,ΔN 表示分布在某一速率区间内的分子数. $\Delta N/N$ 表示分布在该速率区间内的分子数占总分子数的百分比.

表 11 - 2　空气分子在 0 ℃时的速率分布情况

速率区间 /(m/s)	分子数的百分比 ($\Delta N/N$)	速率区间 /(m/s)	分子数的百分比 ($\Delta N/N$)
＜100	1.4	400～500	20.5
100～200	8.4	500～600	15.1
200～300	16.2	600～700	9.2
300～400	21.5	＞700	7.7

由表 11 - 2 可知,同一速率附近不同速率区间内的 $\Delta N/N$ 是不同的,不同速率附近相同速率区间内的 $\Delta N/N$ 也是不同的,因此 $\Delta N/N$ 是 Δv 和 v 的函数. 当 Δv 足够小时,可以定义

$$f(v) \equiv \lim_{\Delta v \to 0} \frac{\Delta N}{N \Delta v} = \frac{1}{N} \lim_{\Delta v \to 0} \frac{\Delta N}{\Delta v} = \frac{1}{N} \frac{\mathrm{d}N}{\mathrm{d}v}. \tag{11-13}$$

我们把 $f(v)$称为速率分布函数,其物理意义为:速率分布在 v 附近单位速率区间内的分子数占总分子数的比例,或者分子速率分布在 v 附近单位速率区间内的概率.

若以 v 为横轴,$f(v)$为纵轴,建立速率分布曲线,则它可以形象地描绘气体分子的速率分布情况,如图 11 - 7 所示. 在任一速率区间 $v \sim v+\mathrm{d}v$ 内,速率分布曲线下的矩形面积为

$$\mathrm{d}S = f(v)\mathrm{d}v = \frac{\mathrm{d}N}{N}.$$

上式表示:在温度为 T 的平衡态,速率分布在 v 附近速率区间 $\mathrm{d}v$ 内的分子数占总分子数的比例,或者分子速率分布在 $v \sim v+\mathrm{d}v$ 速率区间内的概率. 在速率区间 $v_1 \sim v_2$ 内,速率分布曲线下的面积为

$$S=\int_{v_1}^{v_2} f(v)\mathrm{d}v=\frac{\Delta N}{N}.$$

上式表示:在有限的速率区间 $v_1 \sim v_2$ 内的分子数占总分子数的比例.

由图 11-7 可知,速率很小和速率很大的分子数较少,在某一速率附近的分子数最多,但是在速率区间 $0\sim\infty$内,所有分子将全部出现,因此

$$\int_0^{\infty} f(v)\mathrm{d}v=1. \tag{11-14}$$

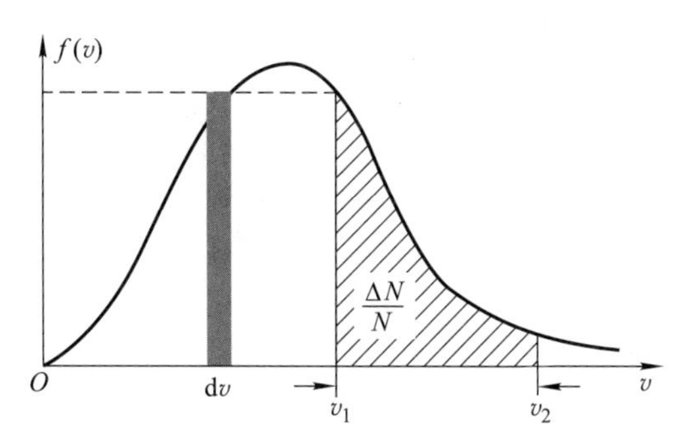

图 11-7 速率分布曲线

式(11-14)称为速率分布函数的归一化条件. 它是速率分布函数 $f(v)$必须满足的条件.

11.6.2 麦克斯韦速率分布律

1859 年,英国物理学家麦克斯韦(Maxwell)首先从理论上导出了在平衡态时气体分子的速率分布函数的数学表达式:

$$f(v)=4\pi\left(\frac{m_0}{2\pi kT}\right)^{3/2}\mathrm{e}^{-\frac{m_0 v^2}{2kT}}v^2, \tag{11-15}$$

其中,T 为气体的温度,m_0 为气体分子的质量,k 为玻尔兹曼常量. 在平衡态时,气体分子在 $v\sim v+\mathrm{d}v$ 速率区间内的概率可写为

$$\frac{\mathrm{d}N}{N}=4\pi\left(\frac{m_0}{2\pi kT}\right)^{3/2}\mathrm{e}^{-\frac{m_0 v^2}{2kT}}v^2\mathrm{d}v.$$

处于平衡态的气体分子满足的这一规律称为麦克斯韦速率分布律. 它反映了大量气体分子的集体行为,已被实验证实.

11.6.3 三种统计速率

利用麦克斯韦速率分布函数可以求出气体分子的三种统计速率.

1. 最概然速率 v_p

如图11-8所示，在速率分布曲线上有一个峰值，即 $f(v)$ 的最大值，通常将 $f(v)_{max}$ 所对应的速率称为最概然速率 v_p，其物理意义是：在温度一定时，速率分布在 v_p 附近单位速率区间内的分子数占总分子数的比例最大. 要确定 v_p，可以对速率分布函数 $f(v)$ 求一阶导数，令其等于零，即

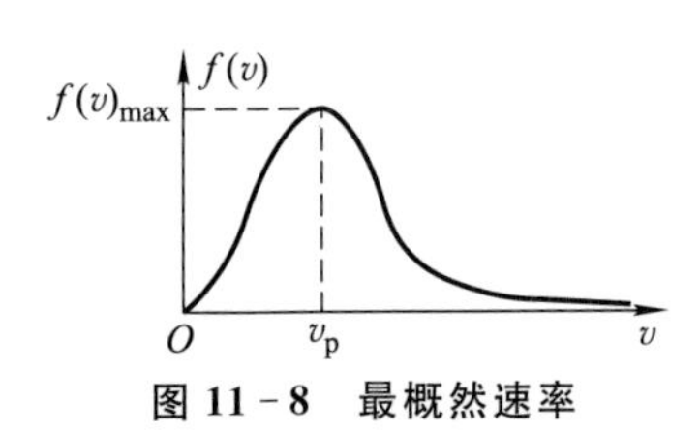

图11-8 最概然速率

$$\left.\frac{\mathrm{d}f(v)}{\mathrm{d}v}\right|_{v=v_p}=0,$$

将速率分布函数代入上式，即可求得

$$\frac{\mathrm{d}f(v)}{\mathrm{d}v}=4\pi\left(\frac{m_0}{2\pi kT}\right)^{3/2}\mathrm{e}^{-\frac{m_0v^2}{2kT}}2v\left(1-\frac{m_0}{2kT}v^2\right)=0,$$

即

$$1-\frac{m_0}{2kT}v_p^2=0,$$

所以

$$v_p=\sqrt{\frac{2kT}{m_0}}=\sqrt{\frac{2RT}{M_m}}\approx 1.41\sqrt{\frac{RT}{M_m}}. \qquad (11-16)$$

式(11-16)表明，气体的温度越高，v_p 越大；气体分子的摩尔质量越小，v_p 越大. 图11-9为氮气分子在不同温度下的速率分布曲线. 当温度升高时，分子热运动加剧，速率大的分子数增多，速率小的分子数减少，$f(v)-v$ 曲线的最高点右移. 由于速率分布曲线下的面积恒等于1，因此温度高的曲线变得较平坦. 图11-10为同一温度下，氢气和氧气分子的速率分布曲线. 氧气分子的摩尔质量较大，其 v_p 较小，曲线的最高点偏左，且曲线较尖锐. 需要注意的是，最概然速率不同于最大速率.

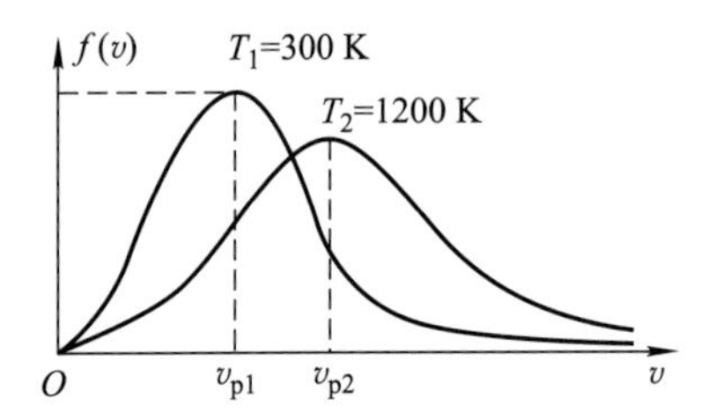

图11-9 氮气分子在不同温度下的速率分布曲线

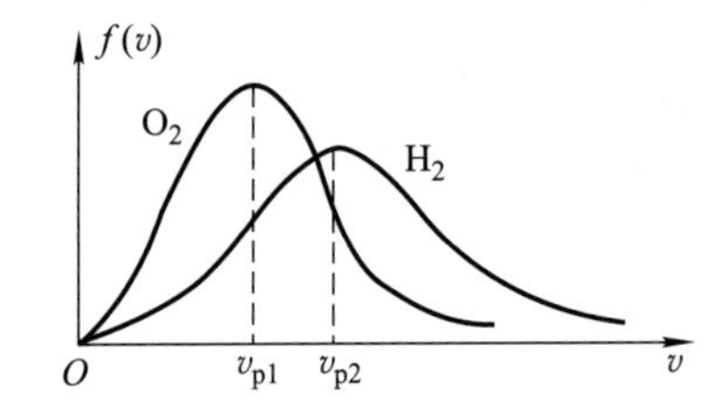

图11-10 同一温度下，氢气和氧气分子的速率分布曲线

2. 平均速率 $\bar{v}$

在平衡态，气体分子的速率分布在 0～∞之间，但在统计上，必然存在一个平

均值. 设速率为 v_1 的分子有 dN_1 个，速率为 v_2 的分子有 dN_2 个……对于总分子数为 N 的体系，分子的平均速率为

$$\bar{v}=\frac{v_1 dN_1+v_2 dN_2+\cdots+v_i dN_i+\cdots+v_n dN_n}{N},$$

即

$$\bar{v}=\frac{\int_0^N v dN}{N}.$$

根据式(11－13)可知

$$\bar{v}=\frac{\int_0^\infty vNf(v) dv}{N}.$$

对上式积分可得，在平衡态，气体分子的平均速率为

$$\bar{v}=\int_0^\infty vf(v) dv=\sqrt{\frac{8kT}{\pi m_0}}=\sqrt{\frac{8RT}{\pi M_m}}\approx 1.60\sqrt{\frac{RT}{M_m}}. \tag{11-17}$$

3. 方均根速率 $\sqrt{\overline{v^2}}$

与求平均速率类似，可以利用麦克斯韦速率分布函数求出方均根速率. 因为

$$\overline{v^2}=\frac{\int_0^N v^2 dN}{N}=\frac{\int_0^\infty v^2 Nf(v) dv}{N}=3kT/m_0,$$

所以气体分子的方均根速率为

$$\sqrt{\overline{v^2}}=\sqrt{\frac{3kT}{m_0}}=\sqrt{\frac{3RT}{M_m}}\approx 1.73\sqrt{\frac{RT}{M_m}}. \tag{11-18}$$

三种统计速率都反映了大量分子做热运动时的统计规律，即都与 $\sqrt{T}$ 成正比，与 $\sqrt{M_m}$ 成反比. 对于给定的气体，当温度一定时，有 $v_p<\bar{v}<\sqrt{\overline{v^2}}$，如图 11－11 所示. 三种统计速率各自有不同的应用. 在讨论气体分子的速率分布时，常用的是最概然速率 v_p；在讨论气体分子的碰撞问题时，要用到平均速率 $\bar{v}$；在讨论气体分子的能量问题时，则要用到方均根速率 $\sqrt{\overline{v^2}}$.

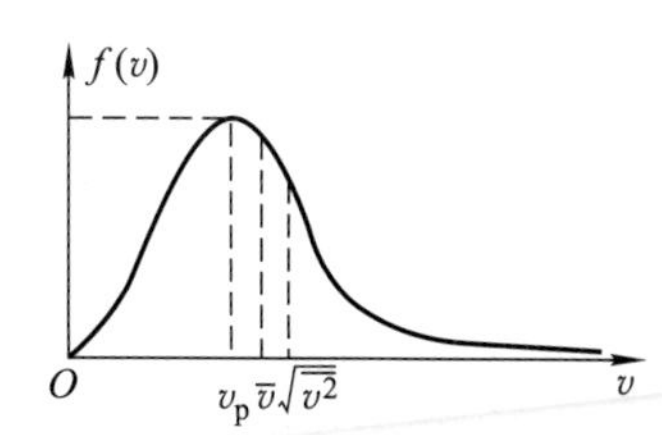

图 11－11　三种统计速率

11.7 玻尔兹曼能量分布律 重力场中的等温气压公式

建立理想气体的微观模型,在研究状态参量的微观本质,以及探讨处于平衡态时分子的速率分布规律等问题上,有着极其重要的意义.在微观模型中,既不考虑分子之间的作用力,也不考虑外场对分子的作用,气体分子遵从麦克斯韦速度分布律.但在一些实际问题中,外场的作用是不容忽视的,气体分子的能量不再只包括动能,也包括势能.在此情况下,气体分子如何分布?下面讨论重力场中气体分子的分布.

11.7.1 玻尔兹曼能量分布律

玻尔兹曼认为,当气体处于一定温度 T 下的平衡态时,在坐标间隔为($x\sim x+\mathrm{d}x, y\sim y+\mathrm{d}y, z\sim z+\mathrm{d}z$),同时速度间隔为($v_x\sim v_x+\mathrm{d}v_x, v_y\sim v_y+\mathrm{d}v_y, v_z\sim v_z+\mathrm{d}v_z$)的微小区间内的分子数为

$$\begin{aligned}\mathrm{d}N&=n_0\left(\frac{m_0}{2\pi kT}\right)^{3/2}\mathrm{e}^{-\varepsilon/(kT)}\mathrm{d}v_x\mathrm{d}v_y\mathrm{d}v_z\mathrm{d}x\mathrm{d}y\mathrm{d}z\\&=n_0\left(\frac{m_0}{2\pi kT}\right)^{3/2}\mathrm{e}^{-(\varepsilon_\mathrm{p}+\varepsilon_\mathrm{k})/(kT)}\mathrm{d}v_x\mathrm{d}v_y\mathrm{d}v_z\mathrm{d}x\mathrm{d}y\mathrm{d}z.\end{aligned}\tag{11-19}$$

换句话说,在温度为 T 的平衡态,任何系统的微观粒子按状态的分布,即在某一状态区间内的粒子数与该状态区间内的一个粒子的能量 ε 有关,与 $\mathrm{e}^{-(\varepsilon_\mathrm{p}+\varepsilon_\mathrm{k})/(kT)}$ 成正比.式(11-19)称为玻尔兹曼能量分布律,简称玻尔兹曼分布律.其中,n_0 表示在势能 $\varepsilon_\mathrm{p}=0$ 处,单位体积内的分子数.玻尔兹曼分布律是一个普适规律,它对任何物质的微粒在任何保守力场中的运动情形都适用.

对式(11-19)中所有可能的速度积分,可以得到坐标间隔为($x\sim x+\mathrm{d}x, y\sim y+\mathrm{d}y, z\sim z+\mathrm{d}z$)的微小区间内的分子数为

$$\mathrm{d}N_{x,y,z}=n_0\left(\frac{m_0}{2\pi kT}\right)^{3/2}\left(\int_{-\infty}^{+\infty}\mathrm{e}^{-\varepsilon_\mathrm{k}/(kT)}\mathrm{d}v_x\mathrm{d}v_y\mathrm{d}v_z\right)\mathrm{e}^{-\varepsilon_\mathrm{p}/(kT)}\mathrm{d}x\mathrm{d}y\mathrm{d}z.\tag{11-20}$$

考虑到麦克斯韦速度分布函数的归一化,即

$$\int_{-\infty}^{+\infty}\left(\frac{m_0}{2\pi kT}\right)^{3/2}\mathrm{e}^{-\varepsilon_\mathrm{k}/(kT)}\mathrm{d}v_x\mathrm{d}v_y\mathrm{d}v_z=1.\tag{11-21}$$

将式(11-21)代入式(11-20),可得

$$\mathrm{d}N_{x,y,z}=n_0\mathrm{e}^{-\varepsilon_\mathrm{p}/(kT)}\mathrm{d}x\mathrm{d}y\mathrm{d}z,\tag{11-22}$$

将式(11-22)等号两端同时除以 $\mathrm{d}x\mathrm{d}y\mathrm{d}z$,可得

$$n=\frac{\mathrm{d}N_{x,y,z}}{\mathrm{d}x\mathrm{d}y\mathrm{d}z}=n_0\mathrm{e}^{-\varepsilon_\mathrm{p}/(kT)}.\tag{11-23}$$

这是玻尔兹曼分布律的又一种常用的形式，它描述了不同位置的分子数分布律.

11.7.2 重力场中的等温气压公式

地球表面附近大气的密度随高度的增加而变得稀疏，这是因为在地球这个重力场中，气体受到两种相互对立的作用：一种是无规则运动，使得气体分子均匀分布在它们所能到达的空间；另一种是重力，使得气体分子向地面聚拢. 当这两种作用达到平衡时，气体分子在空间呈现非均匀分布.

假设大气层的温度处处相等，单位体积内的分子数为 n_0，则分布在高度为 h 处的单位体积内的分子数为

$$n=n_0\mathrm{e}^{-mgh/(kT)}.$$

当 $h=0$ 时，气体的压强为 p_0，将 $p=nkT$ 代入上式，可得

$$p=n_0kT\mathrm{e}^{-mgh/(kT)}=p_0\mathrm{e}^{-mgh/(kT)}=p_0\mathrm{e}^{-M_\mathrm{m}gh/(RT)}. \tag{11-24}$$

式(11-24)称为等温气压公式，它表明重力场中的气体压强随高度的增加以指数形式减小.

若将式(11-24)等号两端同时取对数，可得

$$h=\frac{kT}{mg}\ln\frac{p_0}{p}=\frac{RT}{M_\mathrm{m}g}\ln\frac{p_0}{p}. \tag{11-25}$$

故在登山运动和航空技术中，可通过式(11-25)测定气体压强随高度的变化，来估算上升的高度 h.

11.8 气体分子的平均碰撞频率 平均自由程

室温下，气体分子的平均速率达每秒钟几百米，气体中的一切过程理应瞬间完成，但实际并非如此，例如，气体的扩散过程进行得很慢. 这是因为在分子由一处运动到另一处的过程中，将不断与其他分子发生碰撞，导致其运动轨迹是无规则的曲线，如图 11-12 所示. 气体的扩散和热传导等过程进行得快慢，取决于气体分子在热运动过程中与其他分子碰撞的频繁程度.

分子之间的碰撞是极其频繁的. 对于单个分子来说，它与其他分子发生的碰撞是不可预测的、偶然的；但是，对于大量分子来说，分子之间的碰撞却遵从一定的统计规律. 通常，把一个分子在连续两次碰撞之间自由运动的平均路程称为平均自由程，常用 $\overline{\lambda}$ 表示. 把一个分子在单位时间内与其他分子碰撞的次数称为平均碰撞频率，也叫作平均碰撞次数，用 $\overline{Z}$ 表示.

借助平均自由程 $\overline{\lambda}$ 和平均碰撞频率 $\overline{Z}$，我们可以对一些热现象进行很好的论

述. 那么$\overline{\lambda}$和$\overline{Z}$的大小又与哪些因素有关呢？为便于分析，我们建立一个模型. 假设气体中的每一个分子都是有效直径为 d 的刚性小球，只有一个分子 A 以平均相对速率 $\overline{u}$ 相对于其他分子运动，而其他分子静止不动. 如图 11－13 所示，虚线表示分子 A 的运动轨迹，只要其他分子的中心与虚线的距离小于或等于 d 时，都将与分子 A 发生碰撞. 以单位时间内分子 A 的运动轨迹为轴、d 为半径作一圆柱体，则中心在该圆柱体内的所有分子都将与分子 A 发生碰撞. 设气体的分子数密度为 n，单位时间内分子 A 通过的路程为 $\overline{u}$，相应圆柱体的体积为 $\pi d^2\overline{u}$，则该圆柱体内的分子数为 $\pi d^2\overline{u}n$. 那么单位时间内分子 A 与其他分子发生碰撞的平均碰撞频率为

$$\overline{Z}=\pi d^2\overline{u}n.$$

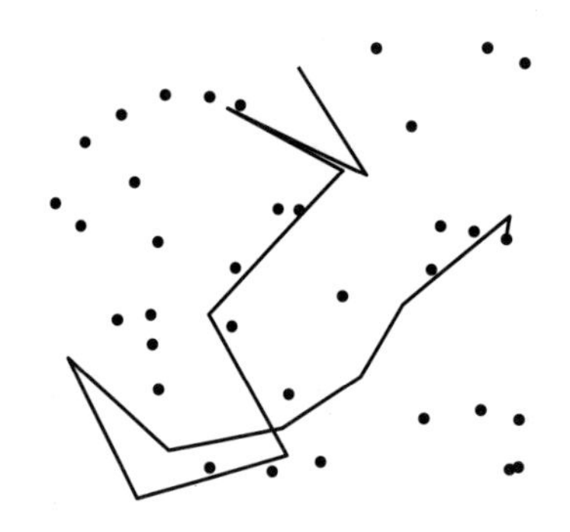
图 11－12　气体分子的无规则运动

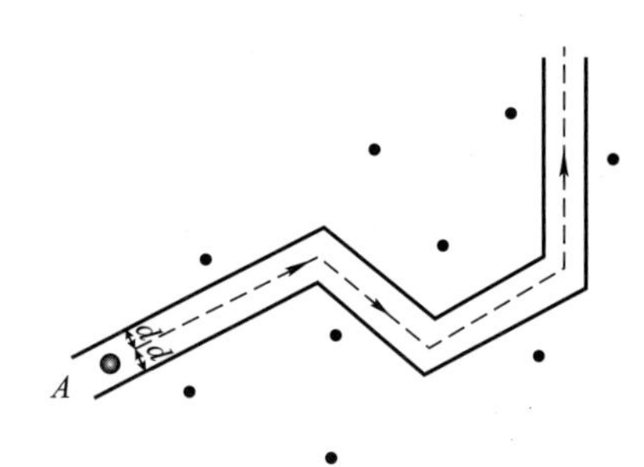

图 11－13　平均自由程的计算图示

上述分析中假设只有分子 A 运动，而其他分子静止不动. 在实际情况中，所有分子都在随机运动，且服从麦克斯韦速率分布律. 麦克斯韦已经从理论上证明，气体分子的平均相对速率与平均速率之间满足

$$\overline{u}=\sqrt{2}\,\overline{v},$$

因此

$$\overline{Z}=\sqrt{2}\,\pi d^2\overline{v}n. \tag{11-26}$$

式(11－26)表明，分子的平均碰撞频率$\overline{Z}$与分子数密度 n、分子的平均速率 $\overline{v}$，以及分子的有效直径 d 的平方成正比.

对于每一个分子，其单位时间内自由运动经过的平均路程为 $\overline{v}$，且其单位时间内与其他分子碰撞的平均碰撞频率为$\overline{Z}$，则平均自由程$\overline{\lambda}$为

$$\overline{\lambda}=\frac{\overline{v}}{\overline{Z}}=\frac{1}{\sqrt{2}\,\pi d^2 n}. \tag{11-27}$$

式(11－27)表明，分子的平均自由程$\overline{\lambda}$与分子数密度 n，以及分子的有效直径 d 的

平方成反比,而与分子的平均速率 $\bar{v}$ 无关. 将理想气体状态方程 $p=nkT$ 代入式(11-27),可得

$$\bar{\lambda}=\frac{kT}{\sqrt{2}\pi d^2 p}. \tag{11-28}$$

由此可知,当温度一定时,$\bar{\lambda}$与压强成反比. 压强越大,气体分子的平均自由程越小. 常用的杜瓦瓶(热水瓶胆)内盛的就是低压气体,它具有双层玻璃器壁,两壁之间的空气被抽得很稀薄,分子的平均自由程大于两壁之间的距离,从而可以起到良好的隔热作用.

【例 11-4】 已知氢气分子的有效直径为 2×10^{-10} m. 试求:(1)氢气分子在标准状态下的平均碰撞频率;(2) 若温度不变,气压变为 1.33×10^{-4} Pa,则平均碰撞频率又为多少?

解:由题意可知,$d=2\times10^{-10}$ m,$p=1.013\times10^5$ Pa,$T=273$ K,$p'=1.33\times10^{-4}$ Pa.

(1) 根据气体分子的平均速率公式,可得

$$\bar{v}=\sqrt{\frac{8RT}{\pi M_{\rm m}}}=\sqrt{\frac{8\times8.31\times273}{3.14\times2\times10^{-3}}}\ \text{m/s}\approx1.70\times10^3\ \text{m/s},$$

且有

$$n=\frac{p}{kT}=\frac{1.013\times10^5}{1.38\times10^{-23}\times273}\ \text{m}^{-3}\approx2.69\times10^{25}\ \text{m}^{-3},$$

则

$$\begin{aligned}\bar{Z}&=\sqrt{2}n\pi d^2\bar{v}\approx\sqrt{2}\times2.69\times10^{25}\times3.14\times(2\times10^{-10})^2\times(1.70\times10^3)\ \text{s}^{-1}\\&\approx8.12\times10^9\ \text{s}^{-1}.\end{aligned}$$

(2) 根据 $p=nkT$ 可知,气体的分子数密度为 $n'=\frac{p'}{p}n$,在温度不变的情况下,有

$$\begin{aligned}\overline{Z}'&=\sqrt{2}\pi d^2\bar{v}n'\\&=\frac{p'}{p}\bar{Z}\approx\frac{1.33\times10^{-4}}{1.013\times10^5}\times8.12\times10^9\ \text{s}^{-1}\approx10.66\ \text{s}^{-1}.\end{aligned}$$

* 11.9 气体的输运现象

气体内各部分之间因流速、温度、密度不同,可以引起动量、能量、质量传递或交换的现象. 这些现象分别称为黏滞(或内摩擦)、热传导、扩散现象,统称为气体的输运现象,又称为气体的迁移现象. 在孤立系统中,通过动量、能量、质量的传递或

交换，系统内各部分之间的宏观相对运动、温度差异、密度差异逐渐消失，系统由非平衡态过渡到平衡态. 但在实际问题中，各种输运过程往往同时存在，交叉影响. 输运现象不仅发生在气体中，而且在液体、固体、等离子体中也会发生.

11.9.1 黏滞现象

在流动的气体中，若各气层的流速不同，则相邻气层的接触面上就会出现一对阻碍两气层相对运动的等值而反向的摩擦力，这种力称为内摩擦力，又称为黏滞力. 它是气体内部各气层沿接触面方向互施的作用力. 黏滞力可使流动慢的气层加速，流动快的气层减速. 我们把这种现象称为气体的黏滞现象.

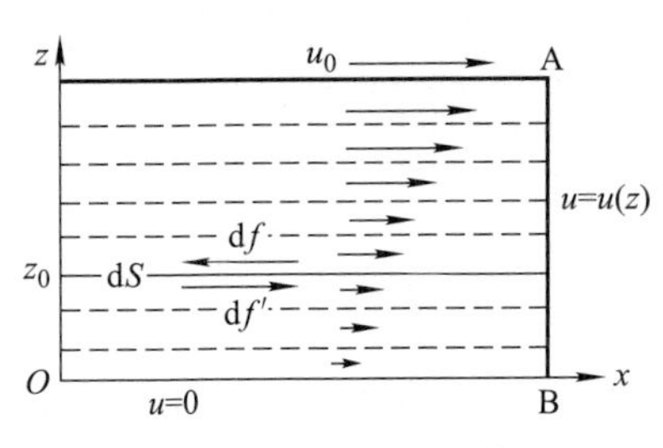

图 11-14 黏滞现象

图 11-14 所示为气流，将其限定在两个平板之间，下板静止，上板以速度 u_0 沿着 x 轴正方向匀速运动. 若把气体看作许多个平行于平板的气层，则沿着 z 轴正方向，各气层的流速逐渐增大，我们把流速在其变化最大的方向的单位长度上的增量 $\frac{du}{dz}$ 称为流速梯度. 设想，一垂直于 z 轴的平面 dS 将气流分为 A 区和 B 区. A 区和 B 区沿着接触面 dS 互施黏滞力，且力的大小相等、方向相反. 实验证实，黏滞力 df 与该处的流速梯度成正比，与接触面的面积 dS 也成正比，即

$$df=-\eta\frac{du}{dz}dS. \tag{11-29}$$

式(11-29)称为牛顿(Newton)黏滞定律. 其中，负号表示黏滞力的方向与速度梯度的方向相反，η 称为黏滞系数，单位为牛顿秒每平方米(N·s·m^{-2}或 Pa·s).

由气体动理论可以导出，黏滞系数为

$$\eta=\frac{1}{3}\rho\bar{v}\bar{\lambda}, \tag{11-30}$$

其中，ρ 是气体的质量密度，$\bar{v}$ 是气体分子的平均速率，$\bar{\lambda}$ 是气体分子的平均自由程.

将 $\bar{v}=\sqrt{\frac{8RT}{\pi M_m}}$，$\bar{\lambda}=\frac{1}{\sqrt{2}\pi d^2 n}$ 代入式(11-30)，可得

$$\eta=\frac{2}{3\pi d^2 n}\rho\sqrt{\frac{RT}{\pi M_m}}. \tag{11-31}$$

式(11-31)表明，黏滞系数 η 随温度 T 的增加而增加，与压强的大小无关.

因为气体的宏观流速不同，dS 面下侧分子的定向运动速度要比 dS 面上侧分

子的定向运动速度小,即下侧分子的定向动量要比上侧分子的定向动量小. 气体内部的分子由于热运动不断地交换速度,使得定向动量较小的下侧分子进入上侧,定向动量较大的上侧分子进入下侧,结果使得下侧气层的定向动量有所增大,而上侧气层的定向动量有所减小. 其宏观效果为:dS 面上下两侧的气层互施黏滞力,使得本来流速小的气层加速,而本来流速大的气层减速. 所以说,黏滞现象的微观本质是气体分子在热运动中定向动量的迁移. 表 11-3 给出了 20 ℃时 1 atm 下,常见的几种气体的黏滞系数的实验值.

表 11-3 20 ℃时 1 atm 下,常见的几种气体的黏滞系数的实验值

气体	O_2	N_2	CO	空气	SO_2
$\eta/(\mathrm{Pa\cdot s})$	2.03×10^{-5}	1.76×10^{-5}	1.75×10^{-5}	1.71×10^{-5}	1.25×10^{-5}

11.9.2 热传导现象

如果气体中各处的温度不同,则热量将从温度较高处传递到温度较低处. 这种现象称为热传导现象.

如图 11-15 所示,假设温度只沿 z 轴正方向增大,即沿 z 轴的温度梯度为 $\frac{\mathrm{d}T}{\mathrm{d}z}$. 在 $z=z_0$ 处,垂直于 z 轴的截面 dS 将气体分为 A 区和 B 区,则热量将通过截面 dS 由 B 区传递到 A 区,沿着 z 轴,单位时间内传递的热量为

$$\mathrm{d}Q=-\kappa\frac{\mathrm{d}T}{\mathrm{d}z}\mathrm{d}S\,\mathrm{d}t. \qquad (11-32)$$

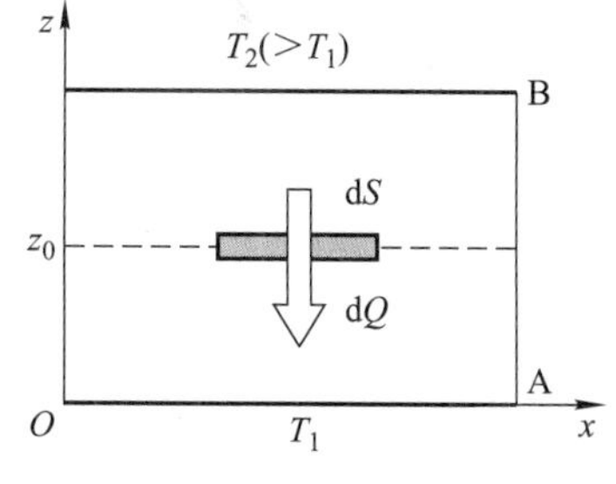

图 11-15 热传导现象

式(11-32)称为傅里叶(Fourier)定律. 其中,负号表示热量传递的方向与温度梯度的方向相反,κ 称为导热系数,单位为瓦特每米每开尔文($\mathrm{W\cdot m^{-1}\cdot K^{-1}}$). 由气体分子运动论可以导出,导热系数为

$$\kappa=\frac{1}{3}\rho\,\bar{v}\,\bar{\lambda}\,\frac{C_V}{M_{\mathrm{m}}}, \qquad (11-33)$$

其中,C_V 是气体的等体摩尔热容,M_{m} 是气体的摩尔质量.

从气体分子运动论的观点来看,气体内部各处的温度不均匀,A 区温度较低,分子的平均动能较小;而 B 区温度较高,分子的平均动能较大. 由于热运动,dS 两侧的分子相互交换,结果使得一部分热量从 B 区输送到 A 区. 微观上表现为气体分子输送热量的过程,宏观上就表现为气体的热传导.

11.9.3 扩散现象

若系统内各部分包含不同种类的气体,或者同一种气体在系统内各部分的密度不同,则经过一段时间后,系统内各部分的气体成分和密度都趋于一致. 这种现象称为扩散现象. 扩散现象是气体分子的一种输运现象.

本小节在各处温度和压强都一致的条件下,讨论两种有效直径相近的分子形成的混合气体,因成分不均匀,或者各处的密度不均匀而引起的纯扩散现象. 由于温度相同,分子量相近,因此两种分子的平均速率近似相等,这时,两种气体将因密度不均匀而进行单纯的扩散,从而实现成分均匀化. 若系统内某种气体沿 z 轴的密度梯度为$\frac{\mathrm{d}\rho}{\mathrm{d}z}$,即沿 z 轴正方向,其密度逐渐增大. 在 z_0 处有一垂直于 z 轴的截面 ΔS,将气体分为 A 区和 B 区,则气体将从 B 区扩散到 A 区,如图 11-16 所示. 设在 $\mathrm{d}t$ 时间内,沿 z 轴正方向穿过 ΔS 面迁移的气体质量为 $\mathrm{d}M$,实验证实,$\mathrm{d}M$ 可以表示为

$$\mathrm{d}M=-D\left(\frac{\mathrm{d}\rho}{\mathrm{d}z}\right)_{z_0}\Delta S\,\mathrm{d}t. \quad (11-34)$$

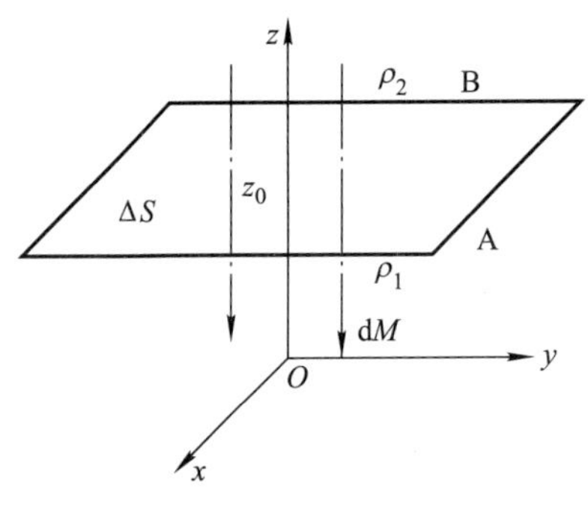

图 11-16 扩散现象

式(11-34)称为菲克(Fick)定律. 其中,负号表示气体分子从密度大的地方向密度小的地方扩散,$\left(\frac{\mathrm{d}\rho}{\mathrm{d}z}\right)_{z_0}$ 表示在 z_0 处气体的密度梯度,比例系数 D 称为气体的扩散系数,其单位为平方米每秒($\mathrm{m^2\cdot s^{-1}}$).

扩散过程是气体分子携带自身质量输运的宏观表现. 扩散系数 D 与气体分子的微观量 $\bar{v}$,$\bar{\lambda}$之间满足

$$D=\frac{1}{3}\bar{v}\bar{\lambda}. \quad (11-35)$$

从气体分子运动论的观点来看,A 区的密度小,单位体积内的分子少;B 区的密度大,单位体积内的分子多. 因此,在相同的时间内,从 A 区转移到 B 区的分子少,而从 B 区转移到 A 区的分子多. 微观上表现为分子在热运动中输运质量的过程,宏观上就表现为气体的扩散.

由上述讨论可知,黏滞现象的本质是动量迁移,热传导现象的本质是能量传输,而扩散现象的本质是质量迁移. 这三种过程统称为气体的输运过程. 它们有着共同的宏观特征,即气体内部都是从不均匀趋于均匀,从非平衡态趋于平衡态.

*11.10　实际气体的范德瓦耳斯方程

理想气体模型主要在两个问题上对实际气体分子进行了简化：一是忽略了分子的体积，二是忽略了分子之间的相互作用. 在高温、低压条件下，实际气体的行为接近理想气体，这说明在高温、低压条件下，实际气体分子的体积和分子之间的相互作用是可以忽略的. 由此，我们可以推断：当偏离高温、低压条件时，实际气体的行为偏离理想气体，是因为此时分子的体积和分子之间的相互作用不能再忽略了. 下面从分子的体积和分子之间的相互作用这两个方面对理想气体状态方程进行修正，从而得到更能描述实际气体行为的范德瓦耳斯(van der Waals)方程.

11.10.1　分子体积引起的修正

1 mol 理想气体的状态方程为

$$pV=RT,$$

其中，V 为每个分子可以自由活动的空间体积. 对于理想气体，分子无大小，V 就是容器的容积. 但是，对于实际气体，需考虑分子本身的大小 b，即每个分子可以自由活动的空间体积为 $V-b$. 因此实际气体的状态方程应修改为

$$p=\frac{RT}{V-b}. \tag{11-36}$$

假设 1 mol 实际气体中除了某一分子 α 外，其他分子都是静止的. 分子 α 不断与其他分子碰撞. d 为分子的有效直径，当分子 α 与任一分子 β 的中心之间的距离为 d 时，它们就会发生碰撞，如图 11-17 所示. 此时，可将分子 α 看作一个点，分子 β 看作一个半径为 d 的小球，当分子 α 的中心在半径为 d 的球形区域内时，或者分子 α 的体积至少有一半在球形区域内时，两个分子才会发生碰撞. 这样，就可以确定修正量 b 的大小为

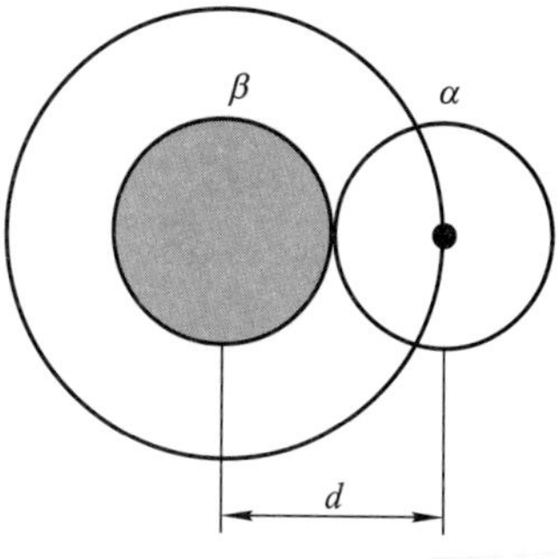

图 11-17　气体分子碰撞

$$b=(N_{\mathrm{A}}-1)\times\frac{1}{2}\times\frac{4}{3}\pi d^{3}\approx N_{\mathrm{A}}\times\frac{16}{3}\pi\left(\frac{d}{2}\right)^{3}.$$

因为每个分子的体积为$\frac{4\pi}{3}\left(\frac{d}{2}\right)^{3}$，所以 b 的量值约为 1 mol 气体分子体积的 4 倍. 对于给定的气体，b 是一个常量，可由实验测定.

11.10.2　分子之间引力引起的修正

实际气体的分子之间存在引力，引力的大小随着分子之间距离的增大而迅速减小. 当两个分子中心之间的距离小于或等于分子之间相互作用的半径 r 时，引力才有作用；超出该作用半径时，引力可忽略不计. 对于任意一个分子而言，与它发生引力作用的分子都处于以该分子中心为球心、r 为半径的球体内. 显然，容器内部的分子(见图 11－18 中的分子 α)所受其他分子的引力作用是球对称的，它们对分子 α 的引力作用相互抵消；而处于靠近器壁、厚度为 r 的边界层内的分子(见图 11－18 中的分子 β)，情形就大不相同了，其所受其他分子的引力作用不再是球对称的，引力的合力也不再为零，可以看出，分子 β 将受到垂直于器壁并指向气体内部的拉力 F 的作用.

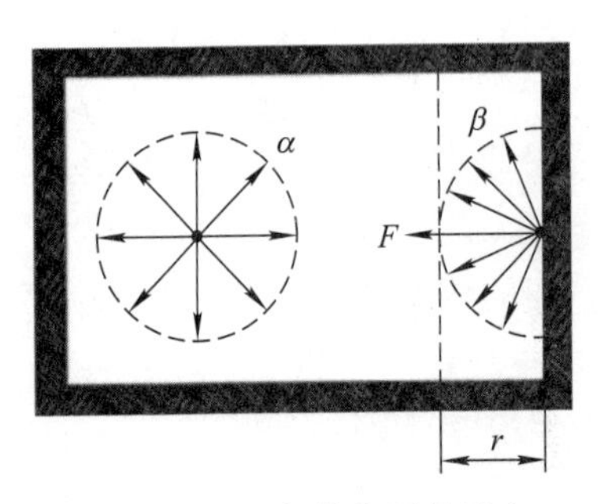

图 11－18　气体分子的受力

气体对器壁的压强是由分子对器壁的碰撞引起的. 分子要与器壁碰撞，就必须通过边界区域. 在进入边界区域之前，分子的运动与理想气体模型中的运动没有区别. 但是进入边界区域之后，它就会受到垂直于器壁并指向气体内部的拉力的作用，使得垂直于器壁方向上的动量减小，此时，分子与器壁碰撞时作用于器壁的冲量也相应减小，从而减小了分子对器壁的冲力. 根据牛顿第三定律可知，器壁实际受到的冲力要比理想气体的情形小些. 也就是说，由于分子之间引力的存在而产生了一个内压强 Δp，因此器壁实际受到的压强应为

$$p = \frac{RT}{V-b} - \Delta p, \tag{11-37a}$$

即

$$(p + \Delta p)(V - b) = RT. \tag{11-37b}$$

内压强 Δp 等于气体单位面积表面上在单位时间内所受到的内向拉力. 若单位体积内的分子数为 n，则分子受到的内向拉力与 n 成正比；同时，单位时间内与单位面积碰撞的分子数也与 n 成正比. 因此气体的内压强 $\Delta p \propto n^2 \propto \frac{1}{V^2}$，可以写作

$$\Delta p = \frac{a}{V^2}, \tag{11-38}$$

其中，a 是一个比例系数，由气体的性质决定.

11.10.3　范德瓦耳斯方程

将式(11－38)代入式(11－37b)，可以得到适用于1 mol实际气体的范德瓦耳斯方程：

$$\left(p+\frac{a}{V^2}\right)(V-b)=RT, \tag{11-39}$$

其中，a 和 b 称为范德瓦耳斯常数. a 和 b 都可由实验测定. 对于不同种类的气体，范德瓦耳斯常数是不同的. 表11－4列出了不同种类气体的范德瓦耳斯常数. 范德瓦耳斯方程只是一个近似的状态方程，实际气体分子的运动要复杂得多. 表11－5列出了1 mol氮气在273 K时在等温压缩过程中的实验值和理论值. 可以看出，压强较低时，理想气体状态方程和范德瓦耳斯方程得到的结果较符合，都近似满足 $RT=22.68$. 随着压强增大，理想气体状态方程不再适用，但是范德瓦耳斯方程得到的结果却与实验结果符合得很好. 这表明，在很大范围内，范德瓦耳斯方程可以很好地反映实际气体的热运动规律.

表11－4　不同种类气体的范德瓦耳斯常数

气体	$a/(10^{-6}\ \mathrm{atm\cdot m^6\cdot mol^{-2}})$	$b/(10^{-6}\ \mathrm{m^3\cdot mol^{-1}})$
氢气(H_2)	0.244	27
氦气(He)	0.034	24
氮气(N_2)	1.39	39
氧气(O_2)	1.36	32
氩气(Ar)	1.34	32
水蒸气(H_2O)	5.46	30
二氧化碳(CO_2)	3.59	43
正戊烷(C_5H_{12})	19.0	146
正辛烷(C_8H_{18})	37.3	237

表11－5　1 mol氮气在273 K时在等温压缩过程中的实验值和理论值

实验值		理论值/(atm·L)	
p/atm	V/L	pV	$\left(p+\frac{a}{V^2}\right)(V-b)$
1	22.41	22.41	22.41

续表

实验值		理论值/(atm·L)	
100	0.2224	22.24	22.40
500	0.06235	31.18	22.67
700	0.05325	37.27	22.65
900	0.04825	43.43	22.40
1000	0.04640	48.40	22.00

习题

一、填空题

1. 一定量的理想气体，在保持温度 T 不变的情况下，使其压强由 p_1 增大到 p_2，则单位体积内分子数的增量为________.

2. 一个具有活塞的圆柱形容器中盛有一定量的理想气体，压强为 p，温度为 T，若将活塞压缩并加热气体，使其体积减小一半，温度升高到 $2T$，则气体压强的增量为________，气体分子的平均平动动能的增量为________.

3. N 个同种类的理想气体分子组成的系统处于平衡态，分子速度 $\boldsymbol{v}$ 在直角坐标系中用 v_x，v_y，v_z 表示，按照统计假设可知，$\bar{v}_x=\bar{v}_y=\bar{v}_z=$________.

4. A，B 两个容器中皆盛有理想气体，它们的分子数密度之比为 $n_A:n_B=2:1$，而分子的平均平动动能之比为 $\bar{\varepsilon}_A:\bar{\varepsilon}_B=1:2$，则它们的压强之比为 $p_A:p_B=$________.

5. 当气体的温度变为原来的 4 倍时，其方均根速率变为原来的________倍.

6. 在温度为 127 ℃时，1 mol 氧气分子的平动总动能为________，转动总动能为________.

7. 已知某理想气体分子在温度为 T_1 时的方均根速率等于温度为 T_2 时的最概然速率，则 $T_2/T_1=$________.

二、选择题

1. 一定量的理想气体，当其体积变为原来的 3 倍，而分子的平均平动动能变为原来的 6 倍时，其压强变为原来的(　　).

(A) 9 倍　　(B) 2 倍　　(C) 3 倍　　(D) 4 倍

2. 氧气和氦气分子的平均平动动能分别为 $\bar{\omega}_1$ 和 $\bar{\omega}_2$，它们的分子数密度分别为 n_1 和 n_2，若它们的压强不同，但温度相同，则(　　).

(A) $\bar{\omega}_1=\bar{\omega}_2$，$n_1\neq n_2$　　(B) $\bar{\omega}_1\neq\bar{\omega}_2$，$n_1=n_2$

(C) $\bar{\omega}_1\neq\bar{\omega}_2$，$n_1\neq n_2$　　(D) $\bar{\omega}_1=\bar{\omega}_2$，$n_1=n_2$

3. 一定量的理想气体可以(　　).

(A) 保持压强和温度不变的同时减小体积

(B) 保持体积和温度不变的同时增大压强

(C) 保持体积不变的同时增大压强且降低温度

(D) 保持温度不变的同时增大体积且降低压强

4. 当双原子分子气体的分子结构为非刚性时,分子的平均能量为(　　).

(A) $7kT/2$　　(B) $6kT/2$　　(C) $5kT/2$　　(D) $3kT/2$

5. 两瓶不同种类的理想气体,若它们的分子的平均平动动能相同,但单位体积内的分子数不同,则两种气体的(　　).

(A) 内能一定相同　　(B) 分子的平均动能一定相同

(C) 压强一定相同　　(D) 温度一定相同

6. 两容器中分别盛有两种不同的双原子分子理想气体,若它们的压强和体积相同,则两种气体的(　　).

(A) 内能一定相同

(B) 内能不同,因为它们的温度可能不同

(C) 内能不同,因为它们的质量可能不同

(D) 内能不同,因为它们的分子数可能不同

7. 一定量的理想气体,若保持压强不变,当温度升高时,分子的平均碰撞频率 $\bar{Z}$ 和平均自由程 $\bar{\lambda}$ 的变化情况是(　　).

(A) $\bar{Z}$ 增加, $\bar{\lambda}$ 减少　　(B) $\bar{Z}$ 减少, $\bar{\lambda}$ 增加

(C) $\bar{\lambda}$, $\bar{Z}$ 均增加　　(D) $\bar{Z}$, $\bar{\lambda}$ 均减少

三、计算题

1. 设某理想气体的体积为 V,压强为 p,温度为 T,每个气体分子的质量为 μ,玻尔兹曼常量为 k,求该气体的总分子数.

2. 盛有氧气的容器以速度 $v=100\ \mathrm{m\cdot s^{-1}}$ 运动,假设该容器突然停止运动,则其定向运动总动能都变为气体分子的热运动动能,问容器中氧气的温度将会升高多少?

3. 设想太阳是由氢原子组成的理想气体,其密度可认为是均匀的. 若此理想气体的压强为 1.35×10^{14} Pa,试估计太阳的温度(已知氢原子的质量为 1.67×10^{-27} kg,太阳的半径为 6.96×10^{8} m,太阳的质量为 1.99×10^{30} kg).

4. 有一体积为 V 的房间内充满着双原子分子理想气体,冬天室温为 T_1,压强为 p_0. 现经供暖将室温升高到 T_2,因房间不是封闭的,故压强仍为 p_0. 试证:室温由 T_1 升高到 T_2 时,房间内气体的内能不变.

5. 有一具有活塞的容器中盛有一定量的气体,如果压缩气体并对它加热,使它的温度从 27 ℃升高到 177 ℃,体积减小一半,求气体的压强变化了多少? 这时气体分子的平均平动动能变化了多少?

6. 一容积为 20 L 的瓶子以速度 $200\ \mathrm{m\cdot s^{-1}}$ 做匀速运动,瓶子中盛有 100 g 氮气. 若瓶子突然停止运动,则其定向运动总动能都变为气体分子的热运动动能,且瓶子与外界无热量交换,试求热平衡后氮气的(1) 温度升高了多少? (2) 压强增加了多少? (3) 内能增加了多少? (4) 分子的平均动能增加了多少?

7. 2 g 氢气与 2 g 氮气分别盛在两个容积相同、温度也相同的封闭容器中，试求氢气和氮气的(1) 平均平动动能之比；(2) 压强之比；(3) 内能之比.

8. 计算在 300 K 时氧气分子的最概然速率、平均速率和方均根速率.

9. 气体的温度 $T=273$ K，压强 $p=1.0\times10^5$ Pa，密度 $\rho=1.24\ \mathrm{kg/m^3}$. 试求：(1) 气体的分子量，并确定它是什么气体；(2) 气体分子的方均根速率.

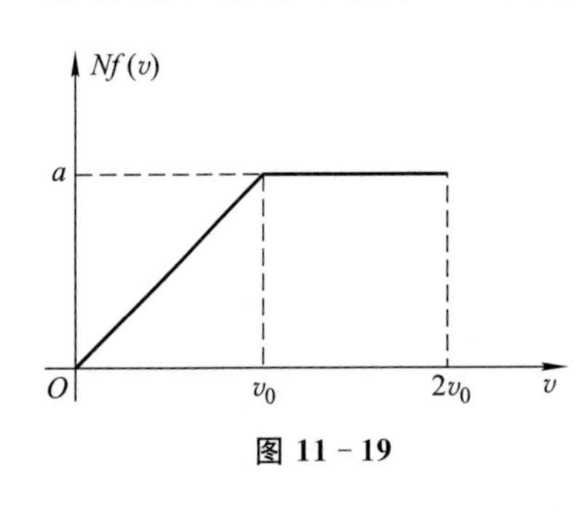

图 11-19

10. 有 N 个质量均为 m 的同种类的气体分子，它们的速率分布曲线如图 11-19 所示.(1) 说明曲线与横坐标所包围面积的含义；(2) 由 N 和 v_0 求 a；(3) 求速率在 $v_0/2\sim3v_0/2$ 之间的分子数；(4) 求分子的平均平动动能.

11. 假定 N 个粒子的速率分布函数为

$$f(v)=\begin{cases}a, & v_0>v>0,\\ 0, & v>v_0.\end{cases}$$

(1) 作出速率分布曲线；(2) 由 v_0 求常量 a；(3) 求粒子的平均速率.

12. 设氢气的温度是 300 K，求速率在 3000～3010 $\mathrm{m\cdot s^{-1}}$ 之间的分子数 ΔN_1 与速率在 1500～1510 $\mathrm{m\cdot s^{-1}}$ 之间的分子数 ΔN_2 之比.

13. 一飞机在地面时机舱中压力计示数为 1.013×10^5 Pa，到高空后，压强降为 8.104×10^4 Pa，设大气的温度为 27 ℃，问此时飞机距地面的高度是多少(设空气的摩尔质量为 $2.89\times10^{-2}\ \mathrm{kg\cdot mol^{-1}}$)？

14. 氧气在标准状态下的扩散系数为 $1.887\times10^{-5}\ \mathrm{m^2\cdot s^{-1}}$，求氧气分子的平均自由程和有效直径.

15. 在温度为 273 K、压强为 1.0×10^5 Pa 的情况下，空气的密度为 $1.293\ \mathrm{kg\cdot m^{-3}}$，$\bar{v}=4.6\times10^2\ \mathrm{m\cdot s^{-1}}$，$\bar{\lambda}=6.4\times10^{-8}$ m，求空气的黏滞系数.

第 12 章

热力学基础

学习目标

- 熟练掌握内能、功和热量等基本概念，理解准静态过程.
- 掌握热力学第一定律，理解理想气体的等体摩尔热容、等压摩尔热容的概念，并能熟练应用热力学第一定律分析等值过程中的功、内能和热量的改变.
- 掌握循环的概念和意义，重点掌握卡诺循环，理解循环过程中的能量转化关系，会计算循环效率.
- 理解热力学第二定律及其统计意义，掌握卡诺定理、熵和熵增加原理.

第 11 章从气体分子的热运动出发，运用统计力学方法研究了热运动的基本规律及理想气体的一些性质. 在本章中，我们将从能量的观点出发，以实验观测为基础，研究关于物质热现象的宏观基本规律及应用.

12.1 热力学第一定律

在热力学中，一般把所研究的宏观对象(例如，气体、固体、液体、电(磁)介质等)称为热力学系统，简称系统. 把与热力学系统相互作用的周围环境称为外界. 若系统与外界之间有能量和物质交换，则称其为开放系统；若系统与外界之间无物质交换，但有能量交换，则称其为封闭系统；若系统与外界之间既没有能量交换，也没有物质交换，则称其为孤立系统.

12.1.1 准静态过程

热力学系统从一个状态过渡到另一个状态的变化过程称为热力学过程. 当系统从平衡态开始变化时，原来的平衡态被破坏，从而成为非平衡态，需要经过一段时间才能达到新的平衡态，这段时间称为弛豫时间，用符号 τ 表示. 如果热力学过程进行得较快，即 $t<\tau$，非平衡态还没有达到新的平衡态时，就又开始了下一个变化过程，此时，在热力学过程中必然会有一个(或多个)中间态是非平衡态，则整个过程就称为非静态过程．如果热力学过程进行得较慢，即 $t>\tau$，使得系统中每一时刻的状态都无限接近平衡态，则此过程就定义为准静态过程．

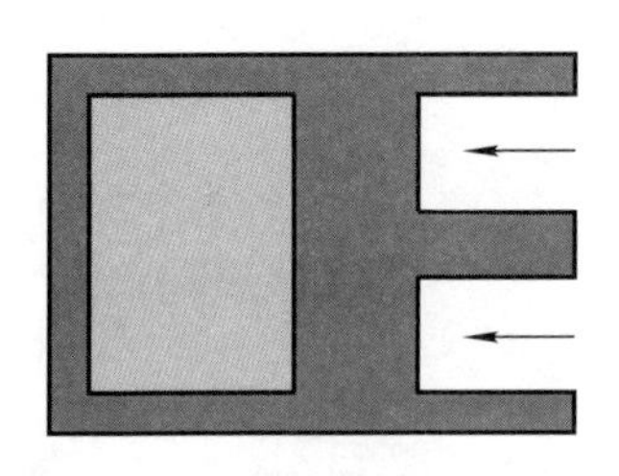

图 12-1 无限缓慢地压缩气缸

应当指出，严格的准静态过程是不存在的，它只是一种理想化模型，是实际过程的理想化和抽象化．在实际问题中，通常将无摩擦的无限缓慢过程近似看作准静态过程．图 12-1 所示为无限缓慢地压缩气缸，在这个过程中，由非平衡态过渡到平衡态的弛豫时间约为 1×10^{-3} s，而实际压缩一次所用时间为 1 s，故可以将其看作准静态过程．然而，对于爆炸，由于整个过程进行得极快，因此属于非静态过程．在后续章节中，如未做特殊说明，所讨论的过程都是准静态过程．准静态过程在 $p-V$ 图中对应一条曲线(见图 11-2)，称为准静态过程曲线，简称过程曲线．

12.1.2 功

功是能量传递和转化的量度．大量实验证实，对系统做功可以改变系统的热运动状态(例如，摩擦生热就是通过摩擦力做功使得系统的温度升高，从而改变系统的热运动状态)，也就是将宏观运动的能量转化为热运动的能量．

这里，我们以一气缸为例，设气缸内气体的压强为 p，活塞的面积为 S．如图 12-2 所示，当活塞移动一微小位移 $\mathrm{d}l$ 时，气体所做的元功为

$$\mathrm{d}A=F\mathrm{d}l=pS\mathrm{d}l=p\mathrm{d}V, \tag{12-1}$$

其中，$\mathrm{d}V$ 表示气体体积的微小变量．当气体膨胀时，$\mathrm{d}V>0$，$\mathrm{d}A>0$，表示系统对外界做正功；当气体压缩时，$\mathrm{d}V<0$，$\mathrm{d}A<0$，表示外界对系统做功，或者系统对外界做负功．当气体从状态 1 变化到状态 2 时，系统对外界做的功为

$$A=\int_{V_1}^{V_2}p\mathrm{d}V, \tag{12-2}$$

其中，V_1，V_2 分别表示气体在状态 1、状态 2 时的体积．$p-V$ 曲线如图 12-3 所示，曲线下的阴影面积就是系统对外界做功的大小．由此可以得到结论：当系统从一个状态变化到另一个状态时，所做的功不仅与初末状态有关，还与系统所经历的过程有关，因此功是一个过程量．

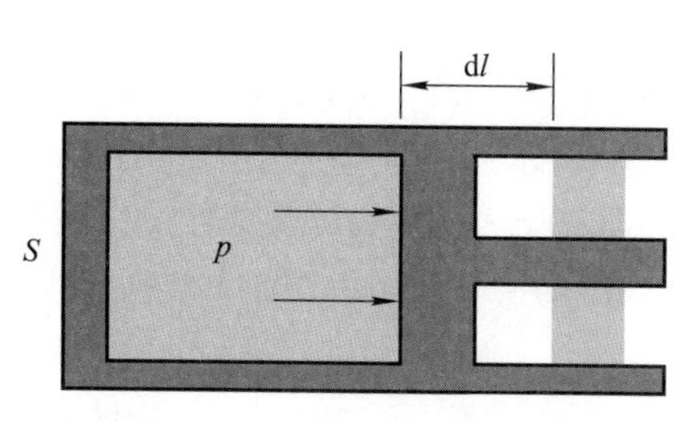

图 12-2 气体膨胀时所做的功

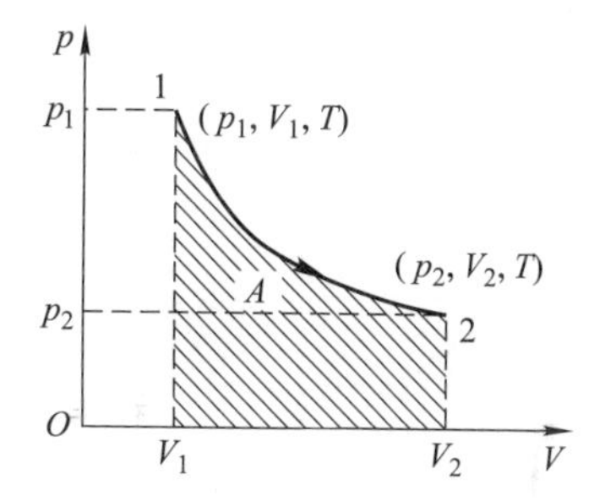

图 12-3 气体膨胀做功的 $p-V$ 图

12.1.3 热量

上文已指出,对系统做功可以改变系统的状态. 此外,通过热传递的方式向系统传递热量也可以改变系统的状态. 这类例子非常多. 例如,将一块冰放进一杯热水中,冰能够吸收能量而融化,从而使得冰和水的状态都发生改变. 又如,将一杯冷水放在电炉上加热,电炉不断向冷水提供能量,从而使得水温上升,水的状态发生改变. 我们把系统与外界之间由于存在温度差异而传递的能量叫作热量.

由上述分析可知,无论是做功还是热传递,都能使系统的状态发生改变. 实验表明:对于改变热力学系统的状态,热传递和做功是等效的. 焦耳(Joule)通过实验测定了热量和功之间的当量关系,即

$$1\ \mathrm{cal}=4.18\ \mathrm{J}.$$

和功一样,热量也是一个过程量,一般用符号 Q 表示. 应当指出的是,对于功和热量这样的过程量,描述"系统有多少功""系统有多少热量"是毫无意义的,我们只能说"系统对外界做了多少功""系统吸收或释放了多少热量". 但是,对于状态参量,例如,温度、压强等,我们就可以直接描述"系统的温度是多少""系统的压强是多少".

12.1.4 内能

要使热力学系统的状态发生改变,既可以通过系统对外界做功来实现,也可以通过热传递来实现. 只要系统的初末状态确定,做功和热传递的量值就是相当的. 这说明系统初末状态的能量差具有确定值. 也就是说,系统处于一定状态时应具有一定的能量,称为系统的内能,用符号 E 表示,单位为焦耳(J). 系统状态变化所引起的内能变化 ΔE 只与系统的初末状态有关,而与中间过程无关. 若系统经过一系列变化后又回到初态,那么系统的内能将保持不变. 因此内能是状态函数. 系统的内能是系统中所有热运动的动能和分子之间相互作用势能的总和. 对于一定量的

理想气体,内能只是温度的单值函数,式(11－12)已经给出

$$E=\nu\frac{i}{2}RT.$$

尽管做功和热传递都能改变系统的内能,但它们有着本质差别.做功是有规则运动与无规则运动两种不同运动形式能量之间的转化;而热传递是无规则运动能量通过分子碰撞从一个系统转移到另一个系统,是同种运动形式能量之间的传递.

12.1.5 热力学第一定律

18世纪末19世纪初,随着蒸汽机在生产中的广泛应用,人们越来越关注热和功的转化问题,于是热力学应运而生.德国物理学家迈耶(Meyer)在1841—1843年间提出了热与机械运动之间相互转化的观点,这是热力学第一定律的雏形.焦耳通过实验测定了电热当量和热功当量,确立了一个热力学过程中功、热量和内能之间的关系,即

$$Q=\Delta E+A. \tag{12-3}$$

这就是热力学第一定律.式(12－3)的物理意义是:系统从外界所吸收的热量,一部分用于增加系统的内能,另一部分用于对外界做功.很显然,热力学第一定律是包含热现象在内的能量守恒定律.

使用式(12－3)时需做如下规定:系统从外界吸收热量时,Q为正,系统向外界释放热量时,Q为负;系统对外界做功时,A为正,外界对系统做功时,A为负;系统内能增加时,ΔE为正,系统内能减少时,ΔE为负.功、内能和热量的单位均为J.

热力学第一定律适用于所有的热力学过程,在应用时只要确定初末状态为平衡态,而中间态并不要求一定为平衡态,即热力学第一定律适用于两个平衡态之间的任何过程.对于无限小的变化过程,热力学第一定律可表示为

$$\mathrm{d}Q=\mathrm{d}E+\mathrm{d}A. \tag{12-4}$$

在热力学第一定律建立之前,历史上有不少人曾试图制造一种不需要动力的机器,它可以源源不断地对外界做功,这样就可以创造无穷的财富,这种机器称为第一类永动机,但所有的尝试终究以失败告终.热力学第一定律的建立使得人们坚定地认识到,任何一种机器都只能使能量从一种形式转化为另一种形式,而不能凭空产生能量.因此热力学第一定律又可表述为:第一类永动机是不可能制造出来的.

12.2 热力学第一定律在等值过程中的应用

本节将利用热力学第一定律定量分析理想气体在几个等值(等体、等压、等温)过程中的功、内能和热量的改变.

12.2.1 等体过程 等体摩尔热容

等体过程是系统的体积始终保持不变的过程，即 V 为常量，$\mathrm{d}V=0$. 等体过程方程(简称等体方程)为

$$\frac{p}{T}=\text{常量}.$$

设有一气缸，活塞位置固定不变，气缸与一系列温度相差微小且依次升高的恒温热源接触，使气缸内气体的温度逐渐升高、压强逐渐增大，但保持气体的体积不变，这个过程就是等体过程，如图 12-4(a)所示. 在 $p-V$ 图中等体过程曲线为一条平行于 p 轴的直线，如图 12-4(b)所示.

接下来分别对一定量的理想气体在等体过程中的做功、内能的变化，以及吸收(释放)的热量做如下分析：

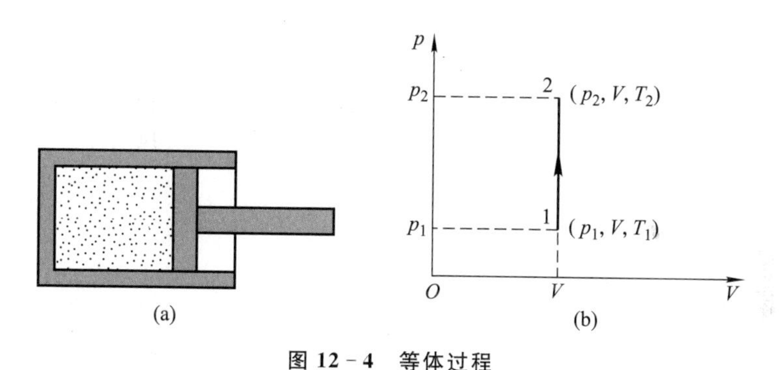

图 12-4 等体过程

(1) 由于 $\mathrm{d}V=0$，因此 $A=\int_{V_1}^{V_2}p\,\mathrm{d}V=0$. 也就是说，在等体过程中，系统不对外界做功.

(2) 内能是状态函数，是温度的单值函数，也就是说，内能的变化只与初末状态的温度变化有关，即

$$\Delta E=\nu\frac{i}{2}R(T_2-T_1). \tag{12-5}$$

(3) 根据热力学第一定律可知，在等体过程中，系统吸收(释放)的热量为

$$Q_V=\Delta E+A=\Delta E=\nu\frac{i}{2}R(T_2-T_1). \tag{12-6}$$

由此可见，在等体升压过程中，系统不对外界做功，系统从外界吸收的热量将全部用来增加系统的内能. 同理可知，在等体降压过程中，外界不对系统做功，系统将向外界释放热量，从而使得系统的内能减少.

摩尔热容.设一定量的理想气体在热力学过程中吸收的热量为 dQ,温度升高 dT,则定义

$$C=\frac{dQ}{dT} \tag{12-7}$$

为气体在该过程的热容.它表示物体在该过程中温度升高(降低)1 K 时吸收(释放)的热量,单位为焦耳每开尔文($J \cdot K^{-1}$).我们把 1 mol 物质的热容称为摩尔热容,常用 C_m 表示,单位为焦耳每摩尔每开尔文($J \cdot mol^{-1} \cdot K^{-1}$).

等体摩尔热容.设 1 mol 理想气体在等体过程中吸收的热量为 dQ_V,温度升高 dT,则定义

$$C_{V,m}=\frac{dQ_V}{dT} \tag{12-8}$$

为气体的等体摩尔热容,单位为焦耳每摩尔每开尔文($J \cdot mol^{-1} \cdot K^{-1}$).根据热力学第一定律,有

$$dQ_V=dE+p\,dV. \tag{12-9}$$

因为等体过程中 $dV=0$,所以

$$C_{V,m}=\frac{dE}{dT}. \tag{12-10}$$

将 1 mol 理想气体的内能 $E=\frac{i}{2}RT$ 代入式(12-10),可以得到气体的等体摩尔热容的一般表达式为

$$C_{V,m}=\frac{i}{2}R. \tag{12-11}$$

式(12-11)表明,等体摩尔热容 $C_{V,m}$ 取决于气体的自由度.对于单原子分子理想气体,$C_{V,m}=\frac{3}{2}R$;对于刚性双原子分子理想气体,$C_{V,m}=\frac{5}{2}R$;对于刚性多原子分子理想气体,$C_{V,m}=3R$.由式(12-5)可知,一定量的理想气体经历任意一个热力学过程的内能变化还可以表示为

$$\Delta E=\nu C_{V,m}\Delta T. \tag{12-12}$$

12.2.2 等压过程 等压摩尔热容

等压过程是系统的压强始终保持不变的过程,即 p 为常量,$dp=0$.等压过程方程(简称等压方程)为

$$\frac{V}{T}=\text{常量}.$$

设一气缸与一系列温度相差微小且依次升高的恒温热源接触,受热使得气体推动活塞缓慢移动,以保持气缸内的压强恒定,这就是等压过程,如图 12-5(a)所

示. 在 $p-V$ 图中等压过程曲线为一条平行于 V 轴的直线,如图 12-5(b)所示.

接下来分别对一定量的理想气体从状态 1 等压膨胀到状态 2 的过程中的做功、内能的变化,以及吸收(释放)的热量做如下分析:

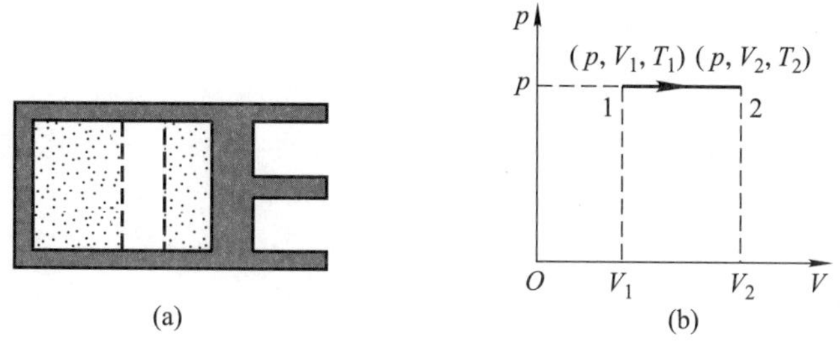

图 12-5 等压过程

(1) 在等压过程中,气体做的功为

$$A=\int_{V_1}^{V_2} p\,\mathrm{d}V=p(V_2-V_1)=\nu R(T_2-T_1). \tag{12-13}$$

(2) 在等压过程中,气体内能的变化为

$$\Delta E=\nu\,\frac{i}{2}R(T_2-T_1). \tag{12-14}$$

(3) 根据热力学第一定律可知,在等压过程中,系统吸收(释放)的热量为

$$Q_p=\Delta E+A=\nu\,\frac{i}{2}R(T_2-T_1)+\nu R(T_2-T_1)=\nu\,\frac{i+2}{2}R\Delta T. \tag{12-15}$$

由此可见,在等压过程中,系统从外界吸收的热量,一部分用于增加系统的内能,另一部分用于对外界做功.

等压摩尔热容. 设 1 mol 理想气体在等压过程中吸收的热量为 $\mathrm{d}Q_p$,温度升高 $\mathrm{d}T$,则定义

$$C_{p,\mathrm{m}}=\frac{\mathrm{d}Q_p}{\mathrm{d}T} \tag{12-16}$$

为气体的等压摩尔热容,单位为焦耳每摩尔每开尔文($\mathrm{J\cdot mol^{-1}\cdot K^{-1}}$). 根据热力学第一定律可知,$\mathrm{d}Q_p=\mathrm{d}E+p\,\mathrm{d}V$,故

$$C_{p,\mathrm{m}}=\frac{\mathrm{d}E}{\mathrm{d}T}+p\,\frac{\mathrm{d}V}{\mathrm{d}T}. \tag{12-17}$$

对于 1 mol 理想气体,$E=\frac{i}{2}RT$,$pV=RT$,将之代入式(12-17),可得

$$C_{p,\mathrm{m}}=\frac{i+2}{2}R=C_{V,\mathrm{m}}+R. \tag{12-18}$$

式(12-18)称为迈耶公式. 显然,对于1 mol理想气体,当温度升高1 K时,等压过程要比等体过程多吸收8.31 J的热量. 这是因为在等压过程中,系统温度升高(降低)时,其体积必然膨胀(压缩),所以气体必然对外界做正功(负功). 对于单原子分子理想气体,$C_{p,\mathrm{m}}=\frac{5}{2}R$;对于刚性双原子分子理想气体,$C_{p,\mathrm{m}}=\frac{7}{2}R$;对于刚性多原子分子理想气体,$C_{p,\mathrm{m}}=4R$.

结合式(12-15)和式(12-18)可知,一定量的理想气体在等压过程中吸收(释放)的热量为

$$Q_p=\nu C_{p,\mathrm{m}}\Delta T. \tag{12-19}$$

比热比. 在实际应用中,也常用到等压摩尔热容$C_{p,\mathrm{m}}$与等体摩尔热容$C_{V,\mathrm{m}}$的比值,称为比热比,用γ表示:

$$\gamma=\frac{C_{p,\mathrm{m}}}{C_{V,\mathrm{m}}}=\frac{2+i}{i}. \tag{12-20}$$

对于单原子分子理想气体,$\gamma\approx1.67$;对于刚性双原子分子理想气体,$\gamma=1.40$;对于刚性多原子分子理想气体,$\gamma\approx1.33$. γ只与气体分子的自由度有关,而与气体的状态无关.

【例12-1】 2 mol单原子分子理想气体从300 K加热到350 K,试求下列两过程中气体的做功、内能的变化,以及吸收(释放)的热量.

(1) 等体过程;

(2) 等压过程.

解:(1) 在等体过程中,气体对外界做的功为$A=0$.

由热力学第一定律可得,$Q=\Delta E+A=\Delta E$,所以气体内能的变化和吸收的热量都为

$$Q_V=\Delta E=\nu C_{V,\mathrm{m}}(T_2-T_1)=\nu\frac{i}{2}R(T_2-T_1)$$

$$=2\times\frac{3}{2}\times8.31\times(350-300)\ \mathrm{J}=1246.5\ \mathrm{J}.$$

(2) 在等压过程中,$Q_p=\nu C_{p,\mathrm{m}}(T_2-T_1)=\nu\frac{i+2}{2}R(T_2-T_1)$,所以气体吸收的热量为

$$Q_p=2\times\frac{5}{2}\times8.31\times(350-300)\ \mathrm{J}=2077.5\ \mathrm{J}.$$

又因为$\Delta E=\nu C_{V,\mathrm{m}}(T_2-T_1)$,所以气体内能的变化为

$$\Delta E=2\times\frac{3}{2}\times8.31\times(350-300)\ \mathrm{J}=1246.5\ \mathrm{J}.$$

由热力学第一定律可知,$Q=\Delta E+A$,所以气体对外界做的功为

$$A = Q_p - \Delta E = (2077.5 - 1246.5)\ \text{J} = 831\ \text{J}.$$

12.2.3　等温过程

等温过程是热力学过程的一种，是指热力学系统在恒定温度下发生的各种物理或化学过程. 在整个过程中，系统与外界处于热平衡态，即 T 为常量，$\mathrm{d}T = 0$. 等温过程方程(简称等温方程)为

$$pV = 常量.$$

设一气缸内盛有理想气体，气缸左侧导热，其余部分均绝热，现使气缸左侧与一温度为 T 的恒温热源接触，如图 12－6(a)所示. 当外界压强缓慢降低时，气缸内气体逐渐膨胀，对外界做功，推动活塞向右运动，当气缸内气体温度低于恒温热源温度时，恒温热源通过热传递向气体缓慢传热，维持气体温度恒定，这就是等温过程. 等温过程曲线如图 12－6(b)所示，是双曲线中的一条，称为等温线.

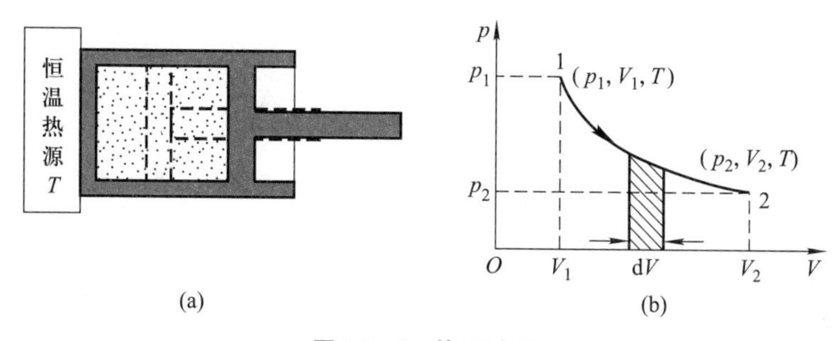

图 12－6　等温过程

由于理想气体的内能仅是温度的函数，因此该过程中的内能保持不变，这意味着系统吸收的热量全部用来对外界做功. 所以：

(1) 在等温过程中，气体内能的变化为 $\Delta E = 0$.

(2) 当理想气体从状态 1 等温地变化到状态 2 时，气体膨胀，对外界做的功为

$$A = \int_{V_1}^{V_2} p\,\mathrm{d}V = \int_{V_1}^{V_2} \nu\frac{RT}{V}\mathrm{d}V = \nu RT\ln\frac{V_2}{V_1}. \tag{12-21}$$

根据等温方程可知，$p_1V_1 = p_2V_2$，所以式(12－21)可改写为

$$A = \nu RT\ln\frac{p_1}{p_2}. \tag{12-22}$$

(3) 根据热力学第一定律可知，$Q = \Delta E + A$，所以

$$Q_T = A = \nu RT\ln\frac{V_2}{V_1} = \nu RT\ln\frac{p_1}{p_2}. \tag{12-23}$$

由此可见，在等温膨胀过程中，理想气体吸收的热量将全部用来对外界做功.

同理可知,在等温压缩过程中,外界对理想气体做的功将全部转化为系统向外界释放的热量.

12.3 理想气体的绝热过程 多方过程

在状态变化的过程中,若系统与外界之间无热量交换,则称该过程为绝热过程.自然界中完全绝热的系统是不存在的,我们实际接触的系统都是近似绝热系统.用绝热材料包起来的容器中的气体所经历的变化过程(如图12-7(a)所示)、声波传播时引起的空气的压缩和膨胀过程、内燃机气缸中燃料的燃烧过程等,其特点是:进行得较快,来不及与周围物质交换热量,因此这样的过程均可看作绝热过程.绝热过程的特征是 $Q=0$ 或 $\mathrm{d}Q=0$.绝热过程曲线如图12-7(b)所示.

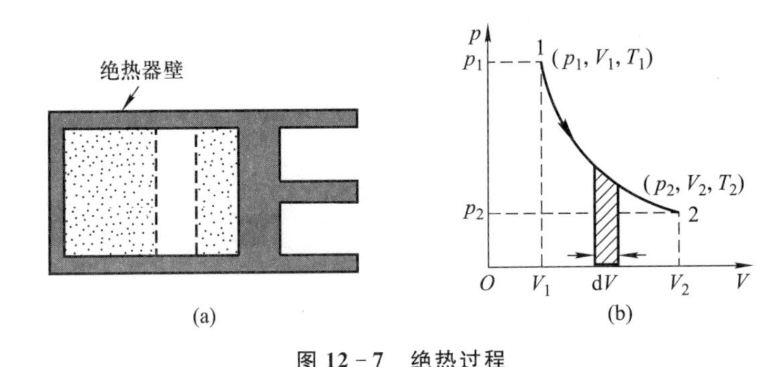

图12-7 绝热过程

12.3.1 绝热过程的做功、内能的变化和吸收(释放)的热量

根据热力学第一定律可知,$\mathrm{d}Q=\mathrm{d}E+\mathrm{d}A$,但是,在绝热过程中,$\mathrm{d}Q=0$,故

$$\mathrm{d}A=-\mathrm{d}E=-\nu C_{V,\mathrm{m}}\mathrm{d}T. \tag{12-24}$$

系统从如图12-7(b)所示的状态1变化到状态2的过程中,对外界做的功为

$$A=\int_{V_1}^{V_2}p\,\mathrm{d}V=-\int_{T_1}^{T_2}\nu C_{V,\mathrm{m}}\mathrm{d}T$$
$$=-\nu C_{V,\mathrm{m}}(T_2-T_1)=-\Delta E. \tag{12-25}$$

在绝热膨胀过程中,气体对外界做的功是以内能的减少为代价完成的;在绝热压缩过程中,外界对气体做的功将全部用来增加气体的内能.例如,柴油机气缸中的空气和雾状柴油的混合物被活塞急速压缩后,温度可升高到柴油的可燃点以上,从而使得柴油立即燃烧,形成高温高压气体,再推动活塞做功;给轮胎放气时,可以明显感觉到放出的气体比较凉,这正是由于气体压强下降得足够快,快到可视为绝

热过程的缘故，即气体的内能转化为机械能，因此气体的温度下降.

12.3.2 绝热方程

因绝热过程中 $\mathrm{d}Q=0$，故 $\mathrm{d}A=-\mathrm{d}E$，即

$$p\,\mathrm{d}V=-\nu C_{V,\mathrm{m}}\,\mathrm{d}T. \tag{12-26}$$

考虑理想气体状态方程 $pV=\nu RT$，可得

$$\nu\frac{RT}{V}\mathrm{d}V=-\nu C_{V,\mathrm{m}}\,\mathrm{d}T. \tag{12-27}$$

对式(12 - 27)进行分离变量，可得

$$\frac{\mathrm{d}V}{V}=-\frac{C_{V,\mathrm{m}}}{R}\frac{\mathrm{d}T}{T}, \tag{12-28}$$

对式(12 - 28)等号两端同时积分，有

$$\int\frac{\mathrm{d}V}{V}=-\int\frac{1}{\gamma-1}\frac{\mathrm{d}T}{T}, \tag{12-29}$$

即

$$V^{\gamma-1}T=常量. \tag{12-30a}$$

这就是在理想气体的绝热过程中 V 与 T 之间的关系. 将理想气体状态方程代入式(12 - 30a)，也可以得到 p 与 V 及 p 与 T 之间的关系：

$$pV^{\gamma}=常量, \tag{12-30b}$$

$$p^{\gamma-1}T^{-\gamma}=常量. \tag{12-30c}$$

式(12 - 30a)～(12 - 30c)统称为理想气体的绝热过程方程(简称绝热方程).

理想气体在绝热过程中做功的表达式也可以用 p,V 表示为(请读者自证)

$$A=\frac{p_2V_2-p_1V_1}{1-\gamma}. \tag{12-31}$$

12.3.3 绝热线和等温线的比较

在 $p-V$ 图中，绝热过程对应的也是双曲线中的一条，为区别于等温线，现将二者做一比较. 如图 12 - 8 所示，虚线表示等温线，实线表示绝热线. 两条曲线相交于一点 A，可以看出，绝热线要陡一些，现予以证明.

对绝热方程 $pV^{\gamma}=$常量等号两端同时取微分，有

$$\gamma pV^{\gamma-1}\mathrm{d}V+V^{\gamma}\mathrm{d}p=0, \tag{12-32}$$

则绝热线的斜率为

$$\left(\frac{\mathrm{d}p}{\mathrm{d}V}\right)_{\mathrm{a}}=-\gamma\frac{p_A}{V_A}. \tag{12-33}$$

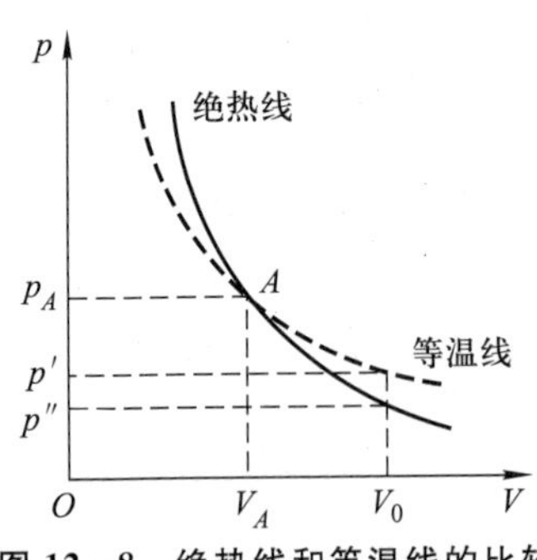

图 12-8 绝热线和等温线的比较

同理,对等温方程 $pV=$常量等号两端同时取微分,有

$$p\,\mathrm{d}V+V\,\mathrm{d}p=0, \tag{12-34}$$

则等温线的斜率为

$$\left(\frac{\mathrm{d}p}{\mathrm{d}V}\right)_T=-\frac{p_A}{V_A}. \tag{12-35}$$

因为 $\gamma>1$,所以绝热线斜率的绝对值大于等温线斜率的绝对值,即

$$\left|\left(\frac{\mathrm{d}p}{\mathrm{d}V}\right)_{\mathrm{a}}\right|>\left|\left(\frac{\mathrm{d}p}{\mathrm{d}V}\right)_T\right|. \tag{12-36}$$

若从状态 A 开始,分别通过绝热过程和等温过程使气体膨胀相同的体积,则从图 12-8 可以看出,绝热过程中压强的降低要比等温过程中大. 这是因为在等温过程中,压强的降低是由于气体对外界做功引起的,而在绝热过程中,除了气体对外界做功外,还要消耗系统的内能,使气体的温度降低,也就是说,两方面因素导致该过程中压强下降得更快.

【例 12-2】 一气缸中盛有空气,在压缩前,空气的压强为 1.013×10^5 Pa,温度为 300 K,假定气缸突然被压缩到原来体积的 1/10,试求末态的压强和温度. 设空气的比热比为 $\gamma=1.4$.

解:把空气看作理想气体,由题意可知,初态 $p_1=1.013\times10^5$ Pa,$T_1=300$ K,由于压缩过程进行得很快,因此可将其看作绝热过程.

由绝热方程 $p_1V_1^\gamma=p_2V_2^\gamma$ 可得,末态的压强为

$$p_2=p_1\left(\frac{V_1}{V_2}\right)^\gamma=1.013\times10^5\times10^{1.4}\ \mathrm{Pa}\approx2.54\times10^6\ \mathrm{Pa}.$$

根据 $T_1V_1^{\gamma-1}=T_2V_2^{\gamma-1}$ 可得,末态的温度为

$$T_2=T_1\left(\frac{V_1}{V_2}\right)^{\gamma-1}=300\times10^{0.4}\ \mathrm{K}\approx754\ \mathrm{K}.$$

【例 12-3】 1 L 氮气在温度为 300 K 时,由压强为 1 atm 压缩到压强为 10 atm. 试分别求氮气经(1)等温压缩及(2)绝热压缩后的体积、温度,以及对外界做的功.

解:(1) 等温压缩时,温度保持 300 K 不变. 由 $p_1V_1=p_2V_2$ 可得

$$V_2=\frac{p_1V_1}{p_2}=\frac{1}{10}\times0.001\ \mathrm{m}^3=1\times10^{-4}\ \mathrm{m}^3.$$

对外界做的功为

$$A=\nu RT\ln\frac{V_2}{V_1}=p_1V_1\ln\frac{V_2}{V_1}=p_1V_1\ln\frac{p_1}{p_2}$$

$$=1.013\times10^5\times0.001\times\ln 0.1\ \text{J}\approx-2.3\times10^2\ \text{J}.$$

(2) 绝热压缩时，由绝热方程可得

$$p_1V_1^{\gamma}=p_2V_2^{\gamma}.$$

对于氮气，$\gamma=\dfrac{7}{5}=1.4$，将之代入绝热方程可得

$$V_2=\left(\frac{p_1V_1^{\gamma}}{p_2}\right)^{\frac{1}{\gamma}}=\left(\frac{p_1}{p_2}\right)^{\frac{1}{\gamma}}V_1=\left(\frac{1}{10}\right)^{\frac{1}{1.4}}\times0.001\ \text{m}^3\approx1.93\times10^{-4}\ \text{m}^3.$$

由绝热方程 $T_1^{-\gamma}p_1^{\gamma-1}=T_2^{-\gamma}p_2^{\gamma-1}$ 可得

$$T_2=\left(\frac{T_1^{\gamma}p_2^{\gamma-1}}{p_1^{\gamma-1}}\right)^{\frac{1}{\gamma}}=(300^{1.4}\times10^{0.4})^{\frac{1}{1.4}}\ \text{K}\approx579\ \text{K}.$$

根据热力学第一定律 $Q=\Delta E+A$ 和理想气体状态方程 $pV=\dfrac{M}{M_{\text{m}}}RT$，以及 $Q=0$ 可得

$$A=-\frac{M}{M_{\text{m}}}C_{V,\text{m}}(T_2-T_1)=-\frac{p_1V_1}{RT_1}\frac{5}{2}R(T_2-T_1)$$

$$\approx-\frac{1.013\times10^5\times0.001}{300}\times\frac{5}{2}\times(579-300)\ \text{J}\approx-2.36\times10^2\ \text{J}.$$

*12.3.4 多方过程

等值过程和绝热过程都是理想过程，实际的气体过程往往与之有一定的偏离. 在热力学中，常用如下公式来表达气体进行的实际过程：

$$pV^n=\text{常量}. \tag{12-37}$$

满足式(12-37)的过程称为多方过程，其中，n 为常数，称为多方指数. 显然，等值过程和绝热过程是多方过程的特例. $n=0$ 对应等压过程；$n=1$ 对应等温过程；$n=\gamma$ 对应绝热过程；$n\to\pm\infty$时，则对应等体过程. 多方指数 n 可以是任意值，视具体情况而定.

类似于绝热过程中的做功(见式(12-31))，气体从状态 1(p_1,V_1)经历多方过程达到状态 2(p_2,V_2)的实际过程中做的功为

$$A=\frac{p_2V_2-p_1V_1}{1-n}. \tag{12-38}$$

表 12-1 列出了理想气体在热力学过程中的主要公式.

表12-1 理想气体在热力学过程中的主要公式

过程	过程方程	系统对外界做的功	系统从外界吸收的热量	内能的增量
等体过程	$\frac{p}{T}=$常量	0	$\nu C_{V,m}(T_2-T_1)$	$\nu C_{V,m}(T_2-T_1)$
等压过程	$\frac{V}{T}=$常量	$p(V_2-V_1)$或 $\nu R(T_2-T_1)$	$\nu C_{p,m}(T_2-T_1)$	$\nu C_{V,m}(T_2-T_1)$
等温过程	$pV=$常量	$\nu RT(\ln V_2/V_1)$或 $\nu RT(\ln p_1/p_2)$	$\nu RT(\ln V_2/V_1)$或 $\nu RT(\ln p_1/p_2)$	0
绝热过程	$pV^{\gamma}=$常量 $V^{\gamma-1}T=$常量 $p^{\gamma-1}T^{-\gamma}=$常量	$-\nu C_{V,m}(T_2-T_1)$或 $\frac{p_1V_1-p_2V_2}{\gamma-1}$	0	$\nu C_{V,m}(T_2-T_1)$
多方过程	$pV^n=$常量	$\frac{p_1V_1-p_2V_2}{n-1}$	$Q=\Delta E+A$	$\nu C_{V,m}(T_2-T_1)$

12.4 循环过程 卡诺循环

12.4.1 循环过程

系统从某一初态出发，经历一系列状态后，又回到原来状态的过程，称为热力学循环过程，简称循环过程. 参与循环过程的物质称为工作物质，简称工质. 例如，内燃机、蒸汽机，它们的本质是通过循环来实现热功转化，整个过程中的工质为气体.

下面以蒸汽机为例说明一般的循环过程. 如图12-9所示，在水泵的作用下，水进入高温锅炉，吸收热量后变为高温高压蒸汽. 蒸汽进入蒸汽机，推动涡轮转动对外界做功，在这一过程中，蒸汽的内能通过做功转化为机械能，使得蒸汽的内能减少. 剩下的“废气”进入低温冷凝器，释放热量后凝结成水，再在水泵的作用下，重新回到水池，如此循环不息地进行. 总的结果就是：工质从高温热源吸收热量用以增加其内能，然后一部分内能通过做功转化为机械能，另一部分内能则在冷凝器处通过释放热量的方式传递到外界，最后工质又重新回到原来的状态.

循环过程在 $p-V$ 图中表现为一条闭合曲线. 若循环是沿顺时针方向进行的，则称其为正循环，若循环是沿逆时针方向进行的，则称其为逆循环，如图12-10所示. 在正循环中，首先经历过程 acb，系统对外界做功为 A_1，大小等于曲线 acb 下对应的面积；然后经历 bda 过程，外界对系统做功为 A_2，大小等于曲线 bda 下对应的面积. 由此可见,在一个循环过程中,系统对外界做的净功为 $A=A_1-A_2$,即曲线 $acbda$ 包围的面积. 也就是说,在任何一个循环过程中,系统对外界做的净功都等于 $p-V$ 图中所示循环包围的面积. 因一个循环过程的初态和末态相同,故内能不发生改变,即 $\Delta E=0$. 这是循环过程的一个重要特征. 根据热力学第一定律可知,循环过程中系统从外界吸收的热量和向外界释放的热量的差值必定等于系统对外界做的净功.

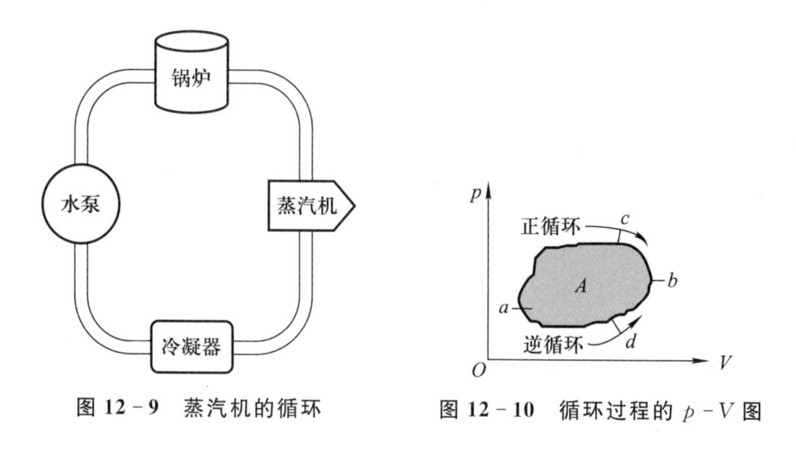

图 12-9 蒸汽机的循环

图 12-10 循环过程的 $p-V$ 图

正循环的能量转化反映了热机的基本工作过程,而逆循环的能量转化则反映了制冷机的基本工作过程.

12.4.2 热机与制冷机

一、热机的循环效率

蒸汽机、内燃机、火箭发动机等都是利用工质的正循环,都是把吸收的热量连续不断地转化为对外界做功,这样的装置称为热机.

从能量的角度来看,如图 12-11 所示,工质从高温热源吸收热量 Q_1,气体膨胀推动活塞对外界做功 A,同时向低温热源释放热量 $|Q_2|$,在完成一次正循环后,由于系统的内能无变化,即 $\Delta E=0$,则由热力学第一定律可知

$$A=Q_1-|Q_2|. \tag{12-39}$$

热机从外界吸收的热量有多少转化为对外界做的功是热机性能的重要标志之一. A/Q_1 称为热机的效率,常用 η 来表示,即

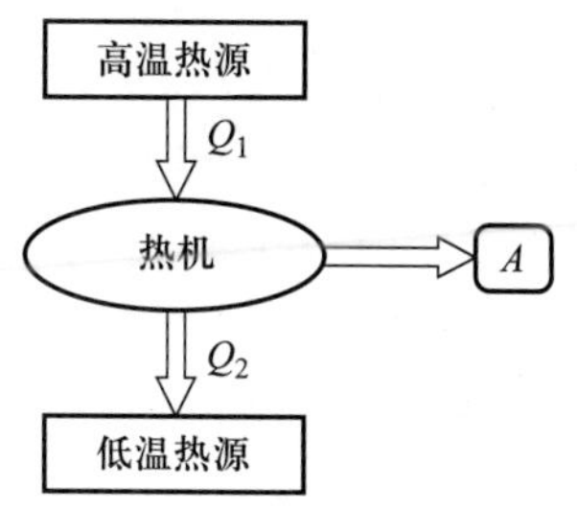

图 12-11 热机的示意图

$$\eta=\frac{A}{Q_1}=\frac{Q_1-|Q_2|}{Q_1}=1-\frac{|Q_2|}{Q_1},\tag{12-40}$$

其中，A 是一次循环中系统对外界做的净功，Q_1 是系统从高温热源吸收的热量，$|Q_2|$ 是系统向低温热源释放的热量. 若吸收的热量一定，那么，对外界做的功越大，表明热机把热量转化为有用功的本领越大，效率就越高. 对于不同的热机，循环过程不同，工作效率也不同.

二、制冷机的制冷系数

冰箱、制冷空调等装置是利用外界做功，使工质连续不断地从某一低温热源吸收热量，传递给高温热源，从而实现制冷的效果，这种装置叫作制冷机. 从循环过程的方向来看，制冷机与热机的循环方向相反. 工质从低温热源吸收热量，是以外界对工质做功为条件的，故制冷机的性能可用 $Q_2/|A|$ 来衡量. $Q_2/|A|$ 称为制冷系数，即

$$w=\frac{Q_2}{|A|}=\frac{Q_2}{|Q_1|-Q_2},\tag{12-41}$$

其中，Q_2 是一次循环中工质从低温热源吸收的热量，A 是外界对工质做的功，$|Q_1|$ 是工质向高温热源释放的热量. 由式(12－41)可知，Q_2 一定时，A 越小，w 越大，制冷效果越好. 这就意味着可以以较小的代价获得较大的效益.

12.4.3 卡诺循环

卡诺(Carnot，见图 12－12)是法国青年工程师，热力学的创始人之一. 1824 年，卡诺出版了《谈谈火的动力和能发动这种动力的机器》一书，书中谈到了他在地球上观察到的许多现象都与热有关，而且提出了著名的卡诺定理，为提高热机效率指出了方向，为热力学第二定律的建立打下了基础. 尽管他提出的热质说是错误的，但是卡诺定理是正确的.

图 12－12 卡诺

热机的发展见证了热力学的发展历史，1698 年萨弗里(Savery)和 1712 年纽科门(Newcomen)先后发明了蒸汽机. 当时蒸汽机的效率极低，只有 3%左右，1794—1840 年，热机的效率才提高到 8%左右. 散热、漏气、摩擦等因素一直是能量损耗的主要原因，如何减少这些因素，进一步提高热机的效率就成了当时工程师和科学家共同关心的问题. 1824 年，卡诺设计了一种理想热机——卡诺热机. 该热机从理论上给出了热机效率的极限值. 卡诺热机在温度为 T_1 的高温热源和温度为 T_2 的低温热源之间交换热量，整个循环过程是由两个准静态等温过程和两个准静态绝热过程构成的，称为卡诺循环.

一、卡诺热机

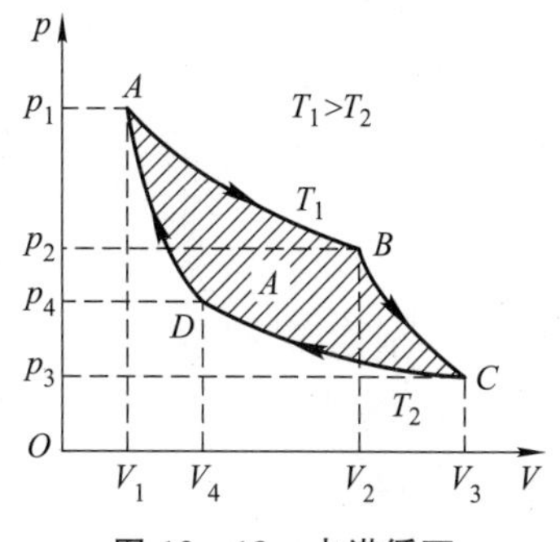

图 12-13　卡诺循环

设卡诺循环中的工质为理想气体，经过如图 12-13 所示的四个分过程，完成一个正向的卡诺循环. 为了求其效率，下面对整个循环中能量的转化情况进行分析.

(1) AB 段等温膨胀. 气体由状态 $A(p_1, V_1, T_1)$ 等温膨胀到状态 $B(p_2, V_2, T_1)$，气体将从高温热源吸收热量

$$Q_1 = \nu RT_1 \ln \frac{V_2}{V_1}. \qquad (12-42)$$

(2) BC 段绝热膨胀. 气体由状态 $B(p_2, V_2, T_1)$ 绝热膨胀到状态 $C(p_3, V_3, T_2)$，气体与外界之间无热量交换，由绝热方程可得

$$T_1 V_2^{\gamma-1} = T_2 V_3^{\gamma-1}. \qquad (12-43)$$

(3) CD 段等温压缩. 气体由状态 $C(p_3, V_3, T_2)$ 等温压缩到状态 $D(p_4, V_4, T_2)$，气体将向低温热源释放热量

$$Q_2 = \nu RT_2 \ln \frac{V_4}{V_3}. \qquad (12-44)$$

(4) DA 段绝热压缩. 气体由状态 $D(p_4, V_4, T_2)$ 绝热压缩到状态 $A(p_1, V_1, T_1)$，气体与外界之间无热量交换，由绝热方程可得

$$T_1 V_1^{\gamma-1} = T_2 V_4^{\gamma-1}. \qquad (12-45)$$

由式(12-43)和式(12-45)可得

$$\frac{V_2}{V_1} = \frac{V_3}{V_4}. \qquad (12-46)$$

因此卡诺热机的效率为

$$\eta = 1 - \frac{|Q_2|}{Q_1} = 1 - \frac{T_2 \ln \frac{V_3}{V_4}}{T_1 \ln \frac{V_2}{V_1}}, \qquad (12-47)$$

即

$$\eta = 1 - \frac{T_2}{T_1}. \qquad (12-48)$$

式(12-48)表明，卡诺热机的效率与工质无关，只与两个热源的温度有关. T_1 越高，T_2 越低，两个热源的温度差异越大，热机的效率越高. 但是 T_1 不可能无限大，T_2 也不可能达到绝对零度，故卡诺循环的效率总是小于 1，即热机不可能将从高温热源吸收的热量全部用来对外界做功.

二、卡诺制冷机

如图12-14所示，理想气体做逆向的卡诺循环. 做类似于卡诺热机效率的计算可得，制冷系数为

$$w=\frac{Q_2}{|A|}=\frac{Q_2}{|Q_1|-Q_2}=\frac{T_2}{T_1-T_2}. \tag{12-49}$$

在一般的制冷机中，高温热源通常是大气，因此制冷系数取决于低温热源的温度 T_2，T_2 越低，制冷系数 w 越小，制冷效果越差，说明要从低温热源吸收热量来降低它的温度，必须消耗更多的功.

【例12-4】 如图12-15所示，一定量的单原子分子理想气体，从状态 a 出发，经历一循环过程，又回到状态 a. 试求：

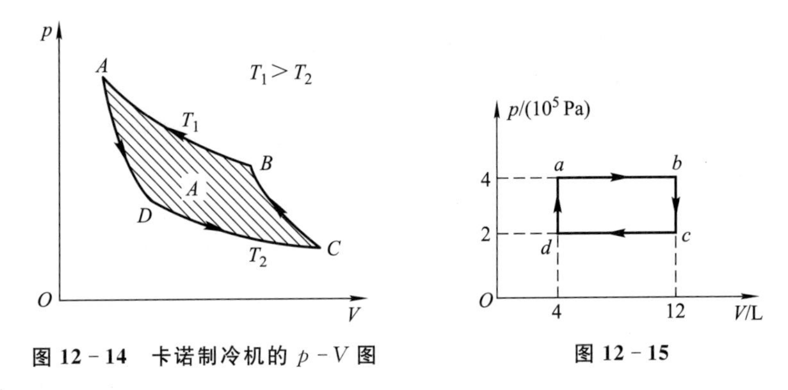

图12-14 卡诺制冷机的 $p-V$ 图　　　图12-15

(1) 各过程中的热量、内能的变化，以及做的功；

(2) 该循环过程的效率.

解：分析该循环的每一个过程中内能的变化，可用公式 $\Delta E=\nu C_{V,\mathrm{m}}\Delta T$，做功的大小就是曲线下所对应的面积. 最后可用热力学第一定律 $Q=\Delta E+A$ 计算系统热量的变化量.

(1) 从 $a\to b$ 过程中，气体对外界做的功为

$$A_{ab}=4\times10^5\times8\times10^{-3}\ \mathrm{J}=3.2\times10^3\ \mathrm{J},$$

气体内能的变化量为

$$\begin{aligned}\Delta E_{ab}&=\nu C_{V,\mathrm{m}}(T_b-T_a)=\nu\frac{3}{2}R(T_b-T_a)\\&=\frac{3}{2}(p_bV_b-p_aV_a)=\frac{3}{2}\times(4\times10^5\times12\times10^{-3}-4\times10^5\times4\times10^{-3})\ \mathrm{J}\\&=4.8\times10^3\ \mathrm{J},\end{aligned}$$

系统热量的变化量为

$$Q_{ab}=\Delta E_{ab}+A_{ab}=8.0\times 10^3\ \text{J}.$$

从 $b\to c$ 过程中,气体对外界做的功为 $A_{bc}=0$,系统热量的变化量等于内能的变化量,即

$$Q_{bc}=\Delta E_{bc}=-3.6\times 10^3\ \text{J}.$$

从 $c\to d$ 过程中,气体对外界做的功为 $A_{cd}=-1.6\times 10^3$ J,内能的变化量为 $\Delta E_{cd}=-2.4\times 10^3$ J,因此系统热量的变化量为

$$Q_{cd}=-4.0\times 10^3\ \text{J}.$$

从 $d\to a$ 过程中,气体对外界做的功为 $A_{da}=0$,系统热量的变化量等于内能的变化量,即

$$Q_{da}=\Delta E_{da}=1.2\times 10^3\ \text{J}.$$

(2) 已知热机效率公式为

$$\eta=\frac{A}{Q_1},$$

代入已知数据可得

$$\eta=\frac{A}{Q_1}=\frac{A_{ab}+A_{bc}+A_{cd}+A_{da}}{Q_{ab}+Q_{da}}=\frac{1.6\times 10^3}{9.2\times 10^3}\approx 17.39\%.$$

【例 12-5】 有一卡诺制冷机,从温度为 -10 ℃的冷藏室吸收热量,向温度为 20 ℃的物体释放热量. 设该制冷机所耗功率为 15 kW,试求:每分钟时间内从冷藏室吸收的热量,以及向物体释放的热量.

解:由题意可知,$T_1=293$ K,$T_2=263$ K,则制冷系数 $w=\dfrac{T_2}{T_1-T_2}=\dfrac{263}{30}\approx 8.77$.

每分钟时间内外界对系统做的功为 $A=15\times 10^3\times 60\ \text{J}=9\times 10^5$ J.

每分钟时间内从冷藏室吸收的热量为

$$Q_2=Aw=9\times 10^5\times\frac{263}{30}\ \text{J}=7.89\times 10^6\ \text{J}.$$

每分钟时间内向物体释放的热量为

$$Q_1=Q_2+A=(7.89\times 10^6+9\times 10^5)\ \text{J}=8.79\times 10^6\ \text{J}.$$

12.5 热力学第二定律 卡诺定理

随着科学技术的发展,各种热机的效率有所提高,而且热机已广泛应用于工业上. 热力学第一定律给各种热机的能量传递和转化提供了理论基础,指出热机必须满足能量守恒定律. 那么,满足热力学第一定律的过程是否均能发生,热机的效率

是否有极限等一系列问题在当时亟待解决. 经过长期的实践经验和科学知识的积累,人们总结了一条新的规律,即热力学第二定律,它是独立于热力学第一定律的另一个基本规律,很好地解释了自然界中能量传递和转化过程进行方向的问题.

12.5.1 热力学第二定律的两种表述

一、开尔文表述

1851年,英国物理学家开尔文(Kelvin)从热功转化的角度出发,提出:不可能制造出这样一种热机,它只从单一热源吸收热量,使之全部转化为有用功而不产生其他影响.

(1) 如果从单一热源吸收热量全部用来对外界做功,则必定会引起其他变化. 例如,理想气体在等温膨胀过程中,温度不发生变化,故系统的内能不变,系统从热源吸收的热量将全部用来做功,气体的体积膨胀就是系统所发生的其他变化. 应当注意的是,单一热源指的是温度均匀且恒定不变的热源,如果物质可从热源中温度较高的地方吸收热量,而向温度较低的地方释放热量,这时就相当于两个热源.

(2) 如果从单一热源吸收的热量用来对外界做功,而系统没有发生变化,这种情况也是可能的,只是吸收的热量不会完全用来做功. 历史上曾有人设想制造一种热机,使该热机从单一热源吸收热量,并全部转化为有用功而不产生其他影响,即热机效率为 $\eta=100\%$,这种热机称为第二类永动机. 第二类永动机符合能量转化和守恒定律. 若这种热机可行的话,最经济适用的热源就是空气和大海,它们都含有大量的能量,是取之不尽、用之不竭的. 可以通过从大海中吸收热量用来对外界做功,如果大海的温度下降1 ℃,则产生的能量可供全世界使用100年. 但是,只用大海作为单一热源制造出 $\eta=100\%$ 的热机,违反了热力学第二定律. 因此开尔文表述又可以表述为:第二类永动机是不可能实现的.

二、克劳修斯表述

1850年,德国物理学家克劳修斯(Clausius)在大量客观实践的基础上,从热量传递的方向出发,提出:不可能使热量从低温物体自发地传递到高温物体而不引起外界变化.

(1) 热量只能自发地从高温物体传递到低温物体,例如,冰块和水的混合.

(2) 热量可以从低温物体传递到高温物体,但是一定会引起其他变化. 例如,制冷机可以实现将热量从低温物体传递到高温物体,其他变化就是制冷的效果.

热力学第二定律是大量经验和事实的总结,它与其他物理定律不同的是:热力学第二定律有多种表述方式,每一种表述都可以从不同角度说明热力学过程的方向性,所有的表述具有等价性. 各种实际过程的方向具有一定的关联性,只需说明一个实际过程进行的方向即可. 所以说,热力学第二定律的任何一种表述都具有普遍意义,可以反映所有宏观过程进行方向的规律.

热力学第一定律指出:热力学过程中能量是守恒的.热力学第二定律阐明了一切与热现象相关的物理、化学过程进行方向的规律,表明自发过程是沿着由有序向无序转化的方向进行的.热力学第二定律和第一定律是互不包含、彼此独立、相互制约的,并一起构成了热力学的理论基础.

三、两种表述的等价性

对于热力学第二定律的开尔文表述和克劳修斯表述,虽然其表述不同,但它们却是等价的.即如果一种表述是正确的,则另一种表述也必然是正确的;如果一种表述不成立,则另一种表述也必然不成立.下面我们用反证法证明它们的等价性,即证明如果开尔文表述不成立,则克劳修斯表述也必然不成立.

设计如图 12-16 所示的热力学系统,在高温热源 T_1 和低温热源 T_2 之间有一个单源热机 C,如果违反开尔文表述,则单源热机 C 可以从高温热源吸收热量 Q_1-Q_2,并全部用来对外界做功 A,以维持一个实际可能的制冷机 D 工作,使其从低温热源吸收热量 Q_2,向高温热源释放热量 $Q_1=Q_2+A$.因为 $Q_1-Q_2=A$,这意味着两台机器联合完成了一个热力学过程,即热量 Q_2 从低温热源传递到高温热源而未引起外界变化.这就说明,如果开尔文表述不成立,则克劳修斯表述也必然不成立.反之,也可以证明,如果克劳修斯表述不成立,则开尔文表述也必然不成立.这就是热力学第二定律的两种表述的等价性.

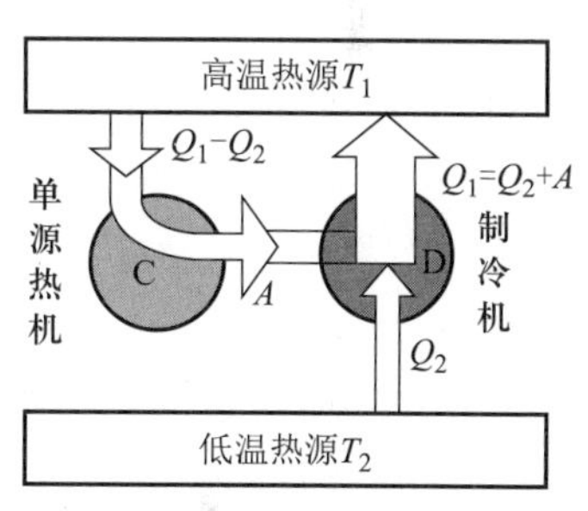

图 12-16 热力学第二定律的两种表述的等价性

12.5.2 可逆过程与不可逆过程

上面已经证明了热力学第二定律的两种表述是等价的,这说明热功转化和热传递在方向性上存在密切联系.为深刻理解热力学第二定律的本质并探究这两种表述之间的关联,我们在这里引入可逆过程和不可逆过程的定义.设在某个过程中,系统从初态 A 变为另一个状态 B,若使该系统沿反方向变化,即从状态 B 再回到初态 A,而且当系统回到初态 A 时,外界也都恢复原样,则这样的过程称为可逆过程.如果系统不能回到初态 A,或者当系统回到初态 A 时,外界不能恢复原样,即对外界造成的影响不能消除,则这样的过程称为不可逆过程.注意:通常情况下,不可逆过程并不是不能在反方向进行的过程,而是当逆过程完成后,对外界造成的影响不能消除.

因此开尔文表述指出了功转化为热的过程是不可逆的,克劳修斯表述指出了热传导过程是不可逆的.热力学第二定律又可以表述为:与热现象相关的自发的宏观过程都是不可逆的. 实际上,自然界中的一切自发过程都是不可逆过程,例如,气体的扩散和自由膨胀、水的汽化、固体的升华、各种爆炸过程等. 通过考察这些不可逆过程,不难发现它们有着共同的特征,也就是说,开始时系统存在某种不平衡因素,或者过程中存在摩擦等损耗因素. 不可逆过程就是系统由非平衡态达到平衡态的过程.

下面以气体的自由膨胀过程为例来说明可逆过程和不可逆过程. 设一气缸中盛有理想气体,当气缸中的活塞无限缓慢地运动时,气体在任意时刻的状态近似处于平衡态,故气体状态变化的过程可看作准静态过程. 如果能略去活塞与气缸壁之间的摩擦力、气体之间的黏滞力等引起的能量耗散效应,那么,不仅气体的正、逆两过程经历了相同的平衡态,而且由于没有能量耗散效应,在正、逆两过程结束时,外界也不发生任何变化. 总之,当活塞无限缓慢地运动时,气缸中气体的状态变化过程可视为准静态过程,并且可忽略能量耗散效应时,气体的状态变化过程方为可逆过程. 但是,对于实际过程,活塞与气缸壁之间总有摩擦力,摩擦力做功向外界释放热量,从而使外界的温度发生变化,导致外界的状态发生变化. 所以有摩擦的过程是不可逆过程. 此外,活塞的运动不可能无限缓慢,在正、逆两过程中,不仅气体的状态不能重复,而且也不能实现准静态过程,这种情况下的过程是不可逆过程.

综上所述,可逆过程只是一种理想过程,要想实现可逆过程,要求该过程必须为准静态过程,而且过程中没有摩擦损耗等因素. 这时,按原过程的反方向进行,当系统回到初态时,外界也能恢复原样,这个过程就可认为是可逆过程. 所以无摩擦的准静态过程是可逆过程. 与热现象相关的实际过程都是不可逆过程,但是可以做到非常接近可逆过程,因此可逆过程的研究有着重要的意义. 除特别说明外,后续讨论的热力学过程均视为可逆过程.

12.5.3 卡诺定理

一、卡诺定理的内容

根据热机的循环过程的特点,我们可以将其分为两类:循环过程可逆的称为可逆热机,循环过程不可逆的称为不可逆热机. 卡诺以他富有创造性的想象力,建立了理想模型——卡诺可逆热机(卡诺热机),并于1824年提出了作为热力学重要理论基础的卡诺定理,从理论上解决了提高热机效率的途径的根本问题. 卡诺定理具体可总结为以下两点:

(1) 在相同的高温热源(温度为 T_1)和相同的低温热源(温度为 T_2)之间工作的任意工质的可逆热机都具有相同的效率,且 $\eta_{\text{可逆}}=1-\dfrac{T_2}{T_1}$.

(2) 在相同的高温热源(温度为 T_1)和相同的低温热源(温度为 T_2)之间工作

的一切不可逆热机的效率都不可能大于可逆热机的效率，即 $\eta_{不可逆} \leqslant \eta_{可逆} = 1 - \dfrac{T_2}{T_1}$（其中，“＝”只适用于可逆热机，“＜”适用于不可逆热机）.

二、卡诺定理的证明

下面我们根据热力学第二定律来证明卡诺定理. 此处依然利用反证法. 先证明卡诺定理(1)，设计在温度为 T_1 的高温热源和温度为 T_2 的低温热源之间工作的两个可逆热机 E 和 E′，如图 12－17(a)所示，其中，E 机正向工作，从高温热源吸收热量 Q_1，对外界做功 A，同时向低温热源释放热量 Q_2；E′机逆向工作，当外界对系统做功 $A'=A$ 时，它将从低温热源吸收热量 Q_2'，向高温热源释放热量 Q_1'. 两个可逆热机的效率分别为 $\eta = \dfrac{A}{Q_1}$ 和 $\eta' = \dfrac{A'}{Q_1'}$.

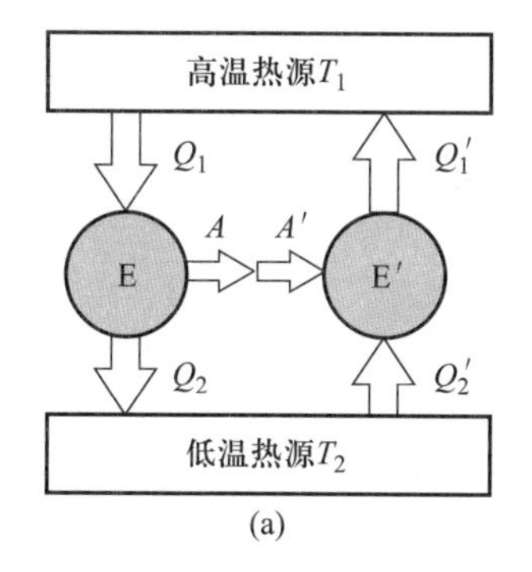

(a)

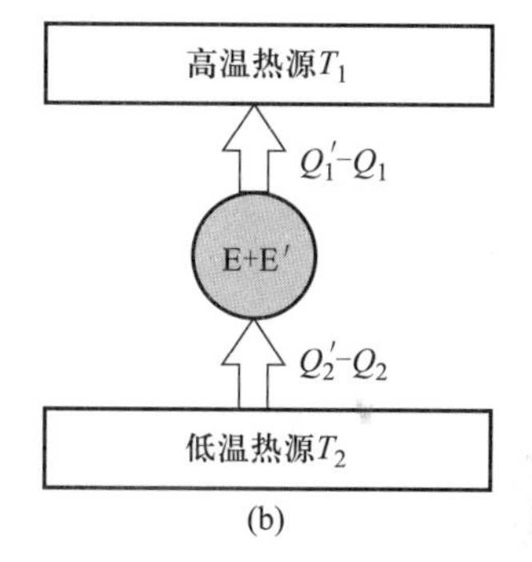

(b)

图 12－17

假定 $\eta > \eta'$，即

$$\frac{A}{Q_1} > \frac{A'}{Q_1'}.$$

因为 $A=A'$，所以 $Q_1 - Q_2 = Q_1' - Q_2'$，且 $Q_1' > Q_1$，因此可得

$$Q_1' - Q_1 = Q_2' - Q_2. \tag{12－50}$$

图 12－17(b)是图 12－17(a)中两个可逆热机联合工作的效果图. 考虑到式(12－50)，这意味着，如果假定 $\eta > \eta'$，则会得到无功热机，这显然违反了热力学第二定律. 因此无法证明 $\eta > \eta'$ 成立.

同样，我们可以使 E 机逆向工作，E′机正向工作. 重复上述证明过程，可以得到 $\eta < \eta'$ 也不成立. 也就是说，只有 $\eta = \eta'$ 成立. 由于上述证明不涉及具体工质，因此具有普适性，即在相同的高温热源和相同的低温热源之间工作的任意工质的可逆热机都具有相同的效率，也就是等于卡诺热机的效率. 卡诺定理(1)得证.

对于卡诺定理(2)的证明，可以假定 E 机不可逆，E′机可逆，使 E 机正向工作，

E′机逆向工作，重复卡诺定理(1)前半部分的证明，可以证得 $\eta>\eta'$ 无法成立，而只能是 $\eta\leqslant\eta'$. 由于证明过程具有普适性，因此

$$\eta_{\text{不可逆}} \leqslant \eta_{\text{可逆}} = 1-\frac{T_2}{T_1}. \tag{12-51}$$

因为 E 机不可逆，所以证明到此为止. 卡诺定理(2)得证.

卡诺定理从理论上指出了提高热机效率的方法. 就热源而言，尽可能提高它们的温度差异可以极大地提高热机效率. 但是，在实际过程中，降低低温热源的温度比较困难，通常只能采取提高高温热源的温度的方法，例如，选用高燃料值的材料等；并且要尽可能减少造成热机循环的不可逆因素，例如，减少摩擦、漏气、散热等耗散因素.

12.6　熵 熵增加原理

在生活中，用导线连接两个带电体，电流将从高电势体流向低电势体，直到两个带电体的电势相等；将不同温度的两个物体相接触也会出现类似的情况. 类似于上面所述的不可逆过程还有很多. 热力学第二定律表明，一切与热现象相关的实际宏观过程都是不可逆的. 那么，这些不可逆过程是否有各自的判断准则？能否用一个共同的准则来判断不可逆过程进行的方向？我们知道，实际的自发过程不仅反映了其不可逆性，而且反映出初态和末态之间很大的差异. 因此我们希望找到一个新的物理量，它可以对不可逆过程的初态和末态进行描述，同时也可以判断实际过程的进行方向. 1854 年，克劳修斯首先找到了这个物理量，并取名为“熵”. 和内能一样，熵也是状态函数.

12.6.1　熵

根据卡诺定理，在相同的高温热源(温度为 T_1)和相同的低温热源(温度为 T_2)之间工作的任意工质的可逆热机都具有相同的效率，即

$$\eta = 1-\frac{|Q_2|}{Q_1} = 1-\frac{T_2}{T_1}, \tag{12-52}$$

其中，Q_1 是从高温热源吸收的热量，Q_2 是向低温热源释放的热量. 整理可得

$$\frac{Q_1}{T_1} = \frac{|Q_2|}{T_2}.$$

由于 $Q_1>0$，$Q_2<0$，因此上式又可写为

$$\frac{Q_1}{T_1} + \frac{Q_2}{T_2} = 0. \tag{12-53}$$

式(12-53)表明,在可逆卡诺循环中,系统经历一个循环回到初态后,热量和温度的比值的总和是零. 这个结论可以推广到任意可逆循环. 如图 12-18 所示,对于任意一个可逆循环,可将其看作由无数个微小的可逆卡诺循环组成. 任意两个相邻的微小可逆卡诺循环总有一段绝热线是共有的,因为它们进行的方向相反而效果相互抵消,所以这些微小的可逆卡诺循环的总效果和可逆循环是等效的. 由式(12-53)可知,对于任意一个微小的可逆卡诺循环,热量和温度的比值的总和都等于零,于是,对于整个可逆循环,有

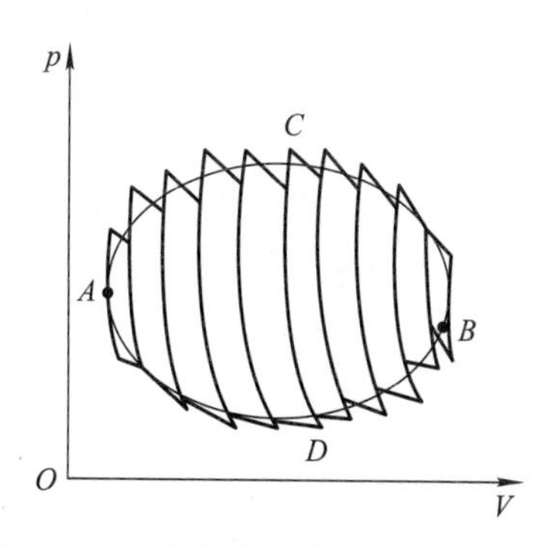

图 12-18 把任意一个可逆循环看作由无数个微小的可逆卡诺循环组成

$$\sum_{i=1}^{n}\frac{\Delta Q_i}{T_i}=0, \tag{12-54}$$

其中,n 是微小可逆卡诺循环的数目. 令 $n\to\infty$,则式(12-54)可写为

$$\oint\frac{\mathrm{d}Q}{T}=0. \tag{12-55}$$

式(12-55)称为克劳修斯公式,其中,$\mathrm{d}Q$ 表示系统在无穷小过程中从温度为 T 的热源吸收的热量. 若把 A 看作可逆循环的初态,则整个循环 $ACBDA$ 就可以分为 ACB 和 BDA 两段,于是有

$$\int_{ACB}\frac{\mathrm{d}Q}{T}+\int_{BDA}\frac{\mathrm{d}Q}{T}=0. \tag{12-56}$$

由于是可逆循环,因此

$$-\int_{BDA}\frac{\mathrm{d}Q}{T}=\int_{ADB}\frac{\mathrm{d}Q}{T}. \tag{12-57}$$

将式(12-57)代入式(12-56),可得

$$\int_{ACB}\frac{\mathrm{d}Q}{T}=\int_{ADB}\frac{\mathrm{d}Q}{T}. \tag{12-58}$$

式(12-58)表明,系统从平衡态 A 到平衡态 B 的 $\int_A^B\frac{\mathrm{d}Q}{T}$ 值与路径无关,是由系统的初末状态决定的. 为此,我们引入一个新的状态函数——熵(S),它的定义为

$$\mathrm{d}S=\frac{\mathrm{d}Q}{T} \tag{12-59}$$

或

$$S_B - S_A = \int_A^B \frac{dQ}{T}. \tag{12-60}$$

式(12-60)表明，在任意一个可逆过程中，两个平衡态之间的熵变等于该过程中热量与温度的比值 dQ/T 的积分. 其中，S_A 和 S_B 分别表示系统在平衡态 A 和平衡态 B 时的熵. 熵的单位是焦耳每开尔文($J\cdot K^{-1}$).

12.6.2 熵变的计算

式(12-60)可以用来计算两个平衡态之间的熵变，应用时需要注意以下几点：

(1) 熵是状态函数，与过程无关. 当给定系统的状态时，其熵值就是确定的，与达到这一状态的路径无关.

(2) 计算熵变的积分路径必须是可逆过程. 如果系统经历的是不可逆过程，则需要在初末状态之间设计一个可逆过程，再利用式(12-60)进行计算.

(3) 熵具有可加性，当一个系统由几部分组成时，各部分的熵变之和等于整个系统的熵变.

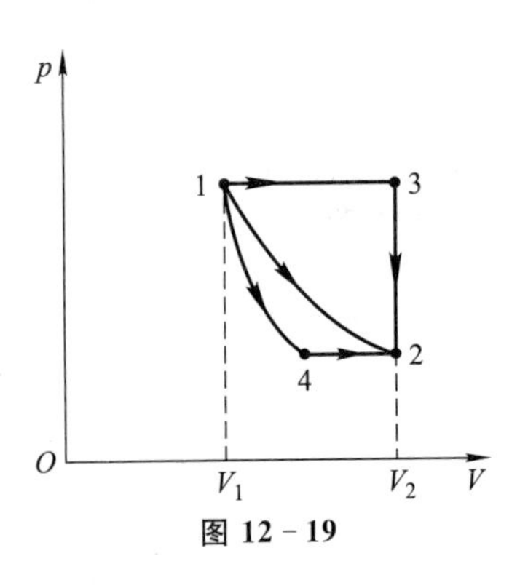

图 12-19

【例 12-6】 如图 12-19 所示，1 mol 单原子分子理想气体，从初态 $V_1=20\ L$，$T_1=300\ K$ 经历 3 个不同的过程达到末态 $V_2=40\ L$，$T_2=300\ K$. 图中 1→2 为等温线，1→4 为绝热线，4→2 和 1→3 为等压线，3→2 为等体线. 试分别沿 1→2，1→3→2，1→4→2 这 3 个过程计算气体的熵变.

解：(1) 1→2 的熵变.

在等温过程中，$dQ=dA=p\,dV$. 根据理想气体状态方程可知，$pV=RT$，所以

$$S_2 - S_1 = \int_1^2 \frac{dQ}{T} = \int_1^2 \frac{p\,dV}{T} = \frac{1}{T_1}\int_{V_1}^{V_2} \frac{RT_1}{V}dV$$

$$= R\ln\frac{V_2}{V_1} = R\ln 2 \approx 5.76\ J\cdot K^{-1}.$$

(2) 1→3→2 的熵变.

$$S_2 - S_1 = \int_1^3 \frac{dQ}{T} + \int_3^2 \frac{dQ}{T},$$

$$S_2 - S_1 = \int_{T_1}^{T_3} \frac{C_{p,m}dT}{T} + \int_{T_3}^{T_2} \frac{C_{V,m}dT}{T} = C_{p,m}\ln\frac{T_3}{T_1} + C_{V,m}\ln\frac{T_2}{T_3}.$$

由 $T_3/T_1=V_2/V_1$，$T_2/T_3=p_2/p_1$，$p_1V_1=p_2V_2$，可得

$$S_2 - S_1 = C_{p,m}\ln\frac{V_2}{V_1} + C_{V,m}\ln\frac{p_2}{p_1} = C_{p,m}\ln\frac{V_2}{V_1} + C_{V,m}\ln\frac{V_1}{V_2}$$

$$=C_{p,\mathrm{m}}\ln\frac{V_2}{V_1}-C_{V,\mathrm{m}}\ln\frac{V_2}{V_1}=R\ln\frac{V_2}{V_1}=R\ln 2$$

$$\approx 5.76\ \mathrm{J}\cdot\mathrm{K}^{-1}.$$

(3) 1→4→2 的熵变.

$$S_2-S_1=\int_1^4\frac{\mathrm{d}Q}{T}+\int_4^2\frac{\mathrm{d}Q}{T},$$

$$S_2-S_1=0+\int_{T_4}^{T_2}\frac{C_{p,\mathrm{m}}\mathrm{d}T}{T}=C_{p,\mathrm{m}}\ln\frac{T_2}{T_4}=C_{p,\mathrm{m}}\ln\frac{T_1}{T_4}.$$

由 $T_1V_1^{\gamma-1}=T_4V_4^{\gamma-1}$，$p_1V_1^\gamma=p_4V_4^\gamma$，$p_1V_1=p_2V_2$，可得

$$S_2-S_1=C_{p,\mathrm{m}}\ln\frac{T_1}{T_4}=C_{p,\mathrm{m}}\frac{\gamma-1}{\gamma}\ln\frac{V_2}{V_1}=R\ln 2\approx 5.76\ \mathrm{J}\cdot\mathrm{K}^{-1}.$$

通过上面的计算可以看出，从状态 1 达到状态 2，虽然经历了 3 个不同的过程，但是熵变是相同的. 这也表明，熵是状态函数，任意两确定状态之间的熵变是定值，与过程经历的路径无关.

12.6.3 熵增加原理

下面通过热传导过程中的熵变来探讨热力学过程进行的方向性. 设在一个由绝热材料做成的容器里，放有 A 和 B 两个物体，两个物体的温度分别为 T_A 和 T_B，且 $T_A>T_B$，若两个物体接触，则将发生热传导，如图 12-20 所示.

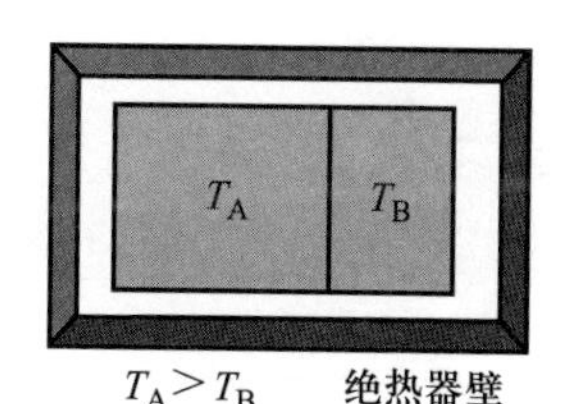

图 12-20 热传导装置

设在微小时间 Δt 内，从物体 A 传递到物体 B 的热量为 ΔQ，且是在可逆的等温过程中进行的，因此物体 A 的熵变为

$$\Delta S_A=\frac{-\Delta Q}{T_A},\tag{12-61}$$

物体 B 的熵变为

$$\Delta S_B=\frac{\Delta Q}{T_B},\tag{12-62}$$

两个物体的总熵变为

$$\Delta S=\Delta S_A+\Delta S_B=-\frac{\Delta Q}{T_A}+\frac{\Delta Q}{T_B}.\tag{12-63}$$

由于 $T_A>T_B$，因此 $\Delta S>0$. 由此可见，当热量从高温物体传递到低温物体时，整个系统的熵增加. 在气体的扩散、热功转化等不可逆过程中，也可得到同样的结果. 因此孤立系统内部的熵永不减少，即

$$\Delta S \geqslant 0. \tag{12-64}$$

这个结论称为熵增加原理. 孤立系统必然是绝热系统,系统内部进行不可逆过程时,熵要增加,即 $\Delta S>0$. 自然界中的一切自发过程都是不可逆过程,也都是熵增加过程,达到平衡时,系统的熵达到最大. 对于可逆过程,由于孤立系统与外界之间无能量交换,则 $\Delta Q=0$,因此系统的熵不变,即 $\Delta S=0$.

熵增加原理只适用于孤立系统或绝热系统. 例如,一杯放在空气中冷却的热水,对于杯子和水这个系统,熵是减少的,这是因为该系统并非孤立系统. 如果把这杯水和环境看作一个系统,这时,该系统为孤立系统,则整个系统的熵是增加的.

自然界中的一切自发过程都是不可逆的. 根据熵增加原理可知,在一个孤立系统中,自发进行的过程总是沿着熵增加的方向进行. 系统达到平衡时,熵达到最大. 也就是说,熵增加原理给出了热现象的不可逆过程进行的方向和限度. 而在热力学第二定律中又指出,热量只能自发地从高温物体传递到低温物体. 比较两种表述后可以发现,熵增加原理是热力学第二定律的数学表示.

12.7　热力学第二定律的统计意义

下面我们讨论 1 个不受外界影响的孤立系统内部发生的过程的方向性. 如图 12-21 所示,设有 1 个容器,被隔板分为体积相等的 A,B 2 个小室.开始时,A 室充满空气,B 室为真空. 现抽去隔板,让 A 室中的空气自由膨胀. 我们先考虑 A 室中的 a,b,c,d 4 个分子可能的分布情况. 对于任一分子在容器中的运动,我们知道,它可能运动到 B 室,也可能回到 A 室,即任一分子出现在 A 室或 B 室的概率是相等的,都是 1/2. 根据统计学知识可知,对于这 4 个分子,它们在 A 室和 B 室共有 2^4 种可能的分布,每种分布出现的概率都是 $1/2^4$. 每种分布称为 1 个微观状态. 如表 12-2 所示,在上述系统中共有 16 个微观状态. 若分子全部回到 A 室或全部运动到 B 室,则其微观状态数为 1,即实现该微观状态的概率为 1/16;而当分子均匀分布时,其微观状态数为 6,即实现该微观状态的概率达到最大(6/16),其无序度也达到最大. 若推广到 N 个分子,则其分布方式共有 2^N 种,每种分布出现的概率都是 $1/2^N$. 例如,若在 A 室充入 1 mol 气体,B 室为真空,则分子全部回到 A 室的概率为

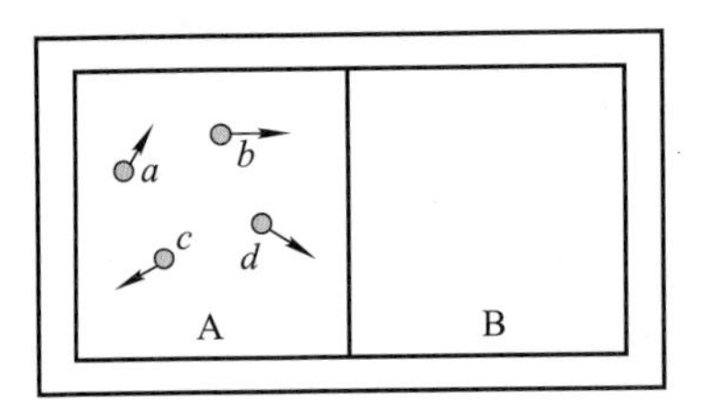

图 12-21　分子在容器中的分布

$$\frac{1}{2^{N_A}}=\frac{1}{2^{6\times10^{23}}}\approx 10^{-2\times10^{23}}.$$

这个值是极小的，这意味着气体不可能自动收缩回原状态，也说明气体的自由膨胀过程是不可逆的. 如果用无序度和有序度来描述微观状态数，则微观状态数越少，系统内部的运动越单一，越趋近于有序；随着微观状态数增多，系统内部的运动越混乱，越无序.

表 12-2 4个分子在容器中的位置分布

宏观状态	Ⅰ		Ⅱ		Ⅲ		Ⅳ		Ⅴ	
	A(4)	B(0)	A(3)	B(1)	A(2)	B(2)	A(1)	B(3)	A(0)	B(4)
微观状态	*abcd*		*bcd*	*a*	*ab*	*cd*	*a*	*bcd*		*abcd*
			acd	*b*	*ac*	*bd*	*b*	*acd*		
			abd	*c*	*ad*	*bc*	*c*	*abd*		
			abc	*d*	*bc*	*ad*	*d*	*abc*		
					bd	*ac*				
					cd	*ab*				
W	1		4		6		4		1	

注：*W* 指的是一个宏观状态包含的微观状态数.

玻尔兹曼提出，系统的热力学熵 S 与微观状态数 W 之间满足

$$S = k\ln W. \tag{12-65}$$

式(12-65)称为玻尔兹曼关系式. 其中，k 为玻尔兹曼常量. 为了纪念玻尔兹曼给予熵以统计解释的卓越贡献，在他的墓碑上寓意隽永地刻着 $S=k\ln W$，表达了人们对玻尔兹曼的深刻怀念和尊敬.

由上述讨论可知，对于 1 mol 气体，其在自由膨胀前后的微观状态数之比为

$$\frac{W_2}{W_1} = 2^{N_A},$$

则熵变为

$$\Delta S = k\ln 2^{N_A} = kN_A\ln 2 > 0. \tag{12-66}$$

这也表明，气体的自由膨胀过程是一个熵增加过程. 所以说玻尔兹曼关系式将熵 S 和微观状态数 W 联系起来，揭示了热力学过程方向性的微观实质.

通过上述分析可知，一个不受外界影响的孤立系统，其内部发生的过程总是由概率小的状态向概率大的状态进行，由包含微观状态数少的宏观状态向包含微观状态数多的宏观状态进行，这是熵增加原理的微观实质，也是热力学第二定律的统计意义所在.

习题

一、填空题

1. 质量为 100 g 的水蒸气，温度从 120 ℃升高到 150 ℃，若视水蒸气为理想气体，在体积保持不变的情况下加热，需要的热量 $Q_V=$________，在压强保持不变的情况下加热，需要的热量 $Q_p=$________.

2. 一定量的单原子分子理想气体在等压膨胀过程中对外界做的功 A 与吸收的热量 Q 之比 $A/Q=$________，若为双原子分子理想气体，则比值 $A/Q=$________.

3. 由刚性双原子分子组成的理想气体，若温度为 T，则 1 mol 该理想气体的内能为________.

4. 一定量的理想气体，由同一状态出发分别经等压过程和等温过程，使其体积都增加一倍，则做功较多的过程是________.

5. 当压强为 1×10^5 Pa、体积为 3 L 的空气（可视为理想气体）经等温压缩过程到体积为 0.5 L 时，空气________热量（填“吸收”或“释放”），传递的热量为________（已知 $\ln 6=1.79$）.

6. 2 mol 多原子分子理想气体，从状态（p_0，V_0）开始做准静态绝热膨胀，体积增大到原来的 3 倍，则膨胀后气体的压强 $p=$________.

7. 一卡诺热机在每次循环中都要从温度为 400 K 的高温热源吸收热量 418 J，向低温热源释放热量 334.4 J，那么低温热源的温度为________.

8. 1 mol 单原子分子理想气体，在 1 atm 的恒定压力下，温度由 0 ℃升高到 100 ℃，内能的变化量为________，从外界吸收的热量为________.

9. 如图 12－22 所示，容器中间为隔板，左边为理想气体，右边为真空. 现突然抽去隔板，则系统对外界做的功 $A=$________.

10. 一定量的双原子分子理想气体从压强为 1×10^5 Pa、体积为 10 L 的初态等压膨胀到末态，在此过程中对外界做功 200 J，则该过程中气体吸收的热量 $Q=$________，气体的体积变为________.

11. 2 mol 氢气（可视为理想气体）从状态参量为（p_0，T_0）的初态经等体过程达到末态，在此过程中，气体从外界吸收热量 Q，则氢气末态的温度 $T=$________，末态的压强 $p=$________.

12. 如图 12－23 所示，$abcda$ 为 1 mol 单原子分子理想气体进行的循环过程，在此循环过程中，气体从外界吸收的热量为________，对外界做的净功为________.

二、选择题

1. 摩尔数相同、分子自由度不同的两种理想气体从同一初态开始等压膨胀到同一末态，则它们（　　）.

(A) 对外界做的功相等，从外界吸收的热量不相等

(B) 对外界做的功相等，从外界吸收的热量相等

(C) 对外界做的功不相等，从外界吸收的热量相等

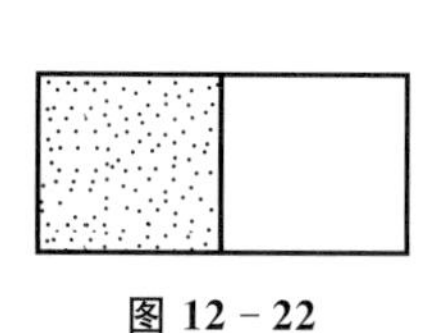
图 12 - 22

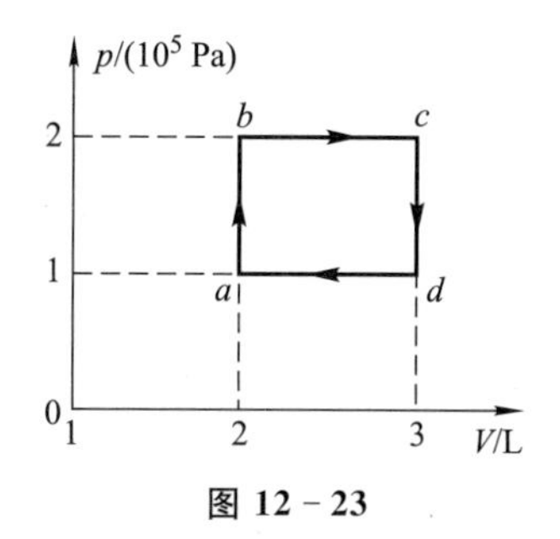

图 12 - 23

2. 一定量的理想气体在等压过程中对外界做功 40 J,内能增加 100 J,则该气体是(　　).

(A) 单原子分子理想气体　(B) 双原子分子理想气体　(C) 多原子分子理想气体

3. 下列说法中正确的是(　　).

(A) 物体的温度越高,其热量越多

(B) 物体的温度越高,其分子热运动的平均能量越大

(C) 物体的温度越高,其对外界做的功越多

4. 1 mol 理想气体从同一初态出发,分别经绝热、等压、等温 3 种膨胀过程,则内能增加的过程是(　　).

(A) 绝热过程　(B) 等压过程　(C) 等温过程

5. 一定量的理想气体绝热地向真空自由膨胀,则气体的内能将(　　).

(A) 减少　(B) 增加　(C) 不变　(D) 不能确定

6. 一定量的理想气体的初态温度为 T、体积为 V,先经绝热膨胀使其体积变为 $2V$,再经等体吸热使其温度恢复到 T,最后经等温压缩使其恢复到初态,则在整个过程中,气体(　　).

(A) 净放热　(B) 对外界做功　(C) 净吸热　(D) 内能增加

(E) 内能减少

7. 图 12 - 24 中的直线 ab 表示一定量理想气体的内能 E 与体积 V 之间的关系,其延长线通过原点 O,则直线 ab 代表的热力学过程是(　　).

(A) 等温过程　(B) 等压过程　(C) 绝热过程　(D) 等体过程

8. 一定量的理想气体从 $p-V$ 图(见图 12 - 25)中的初态 a 经历(1)或(2)过程达到末态 b,已知 a,b 两状态处于同一条绝热线上(图 12 - 25 中的虚线是绝热线),则气体在(　　).

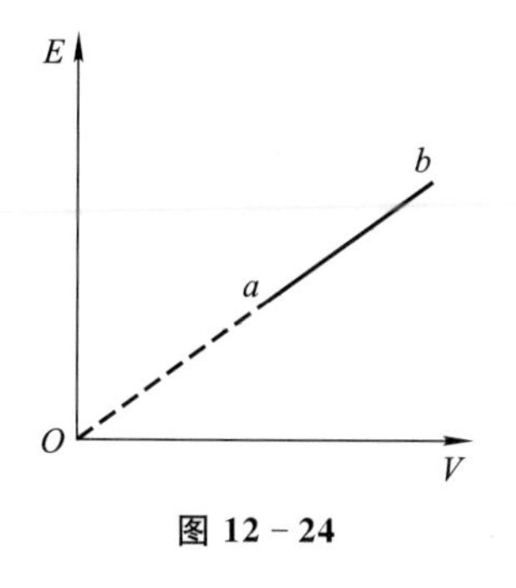

图 12 - 24

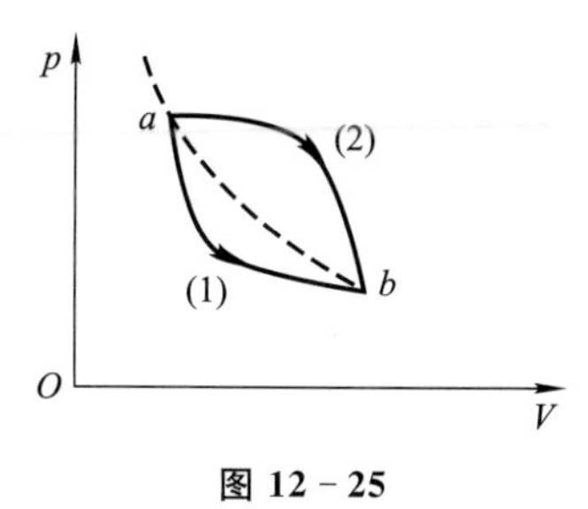

图 12 - 25

(A) (1)过程中吸收热量,(2) 过程中释放热量

(B) (1)过程中释放热量,(2) 过程中吸收热量

(C) 两种过程中都吸收热量

(D) 两种过程中都释放热量

9. 关于热功转化和热量传递过程,有下面一些叙述:

(1) 功可以完全转化为热量,但是热量不能完全转化为功;

(2) 一切热机的效率都只能小于 1;

(3) 热量不能从低温物体向高温物体传递;

(4) 热量从高温物体向低温物体传递是不可逆的.

上面这些叙述中(　　).

(A) 只有(2),(4)正确　　(B) 只有(2),(3),(4)正确

(C) 只有(1),(3),(4)正确　　(D) 全部正确

10. 一定量的理想气体经等体升压过程,设在此过程中,气体内能的增量为 ΔE,气体对外界做的功为 A,外界向气体传递的热量为 Q,则(　　).

(A) $\Delta E<0, A<0$　　(B) $\Delta E>0, A>0$

(C) $\Delta E<0, A=0$　　(D) $\Delta E>0, A=0$

11. 一定量的理想气体从体积为 V_0 的初态分别经等温压缩和绝热压缩,使其体积变为 $V_0/2$,设等温压缩过程中外界对气体做的功为 A_1,绝热压缩过程中外界对气体做的功为 A_2,则(　　).

(A) $A_1<A_2$　　(B) $A_1=A_2$　　(C) $A_1>A_2$

12. 一定量的理想气体经一准静态过程后,内能增加,并对外界做功,则该过程为(　　).

(A) 绝热膨胀过程　　(B) 绝热压缩过程

(C) 等压膨胀过程　　(D) 等压压缩过程

三、计算题

1. 原在标准状态下的 2 mol 氢气,经一过程吸热 500 J,问:(1) 若该过程是等体过程,则气体对外界做功多少?末态压强 p 是多少?(2) 若该过程是等压过程,则末态温度 T 是多少?气体对外界做功多少?

2. 在温度为 127 ℃的高温热源和温度为 27 ℃的低温热源之间工作的卡诺热机,对外界做净功 8000 J. 维持低温热源的温度不变,提高高温热源的温度,使其对外界做净功 10000 J. 若在这两个循环中,该热机都工作在两条相同的绝热线之间,试求:

(1) 后一个卡诺循环的效率;

(2) 后一个卡诺循环的高温热源的温度.

3. 1 mol 氦气从状态 $A(p_1, V_1)$ 变化到状态 $B(p_2, V_2)$,其变化的 $p-V$ 图如图 12-26 所示. 若氦气可视为理想气体,试求:

(1) 氦气内能的增量;

(2) 氦气对外界做的功;

(3) 氦气从外界吸收的热量.

4. 图 12-27 为 1 mol 单原子分子理想气体的循环过程,其中,$a\to b$ 是等压过程,试求:

（1）$a\to b$，$b\to c$，$c\to a$ 过程中的热量变化；

（2）经一个循环后的总功；

（3）该循环的循环效率.

5. 1 mol 氮气（可视为理想气体）做如图 12－28 所示的循环 $abca$，在图 12－28 中，ab 为等体线，bc 为绝热线，ca 为等压线，求该循环的循环效率.

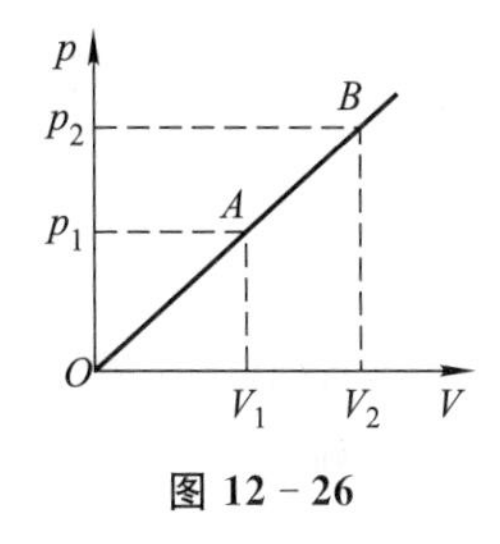

图 12－26

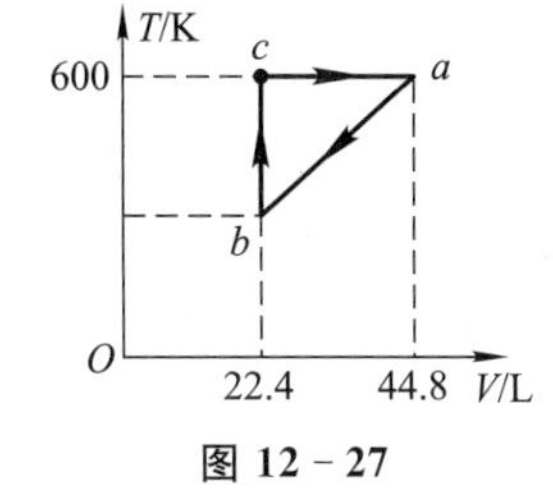

图 12－27

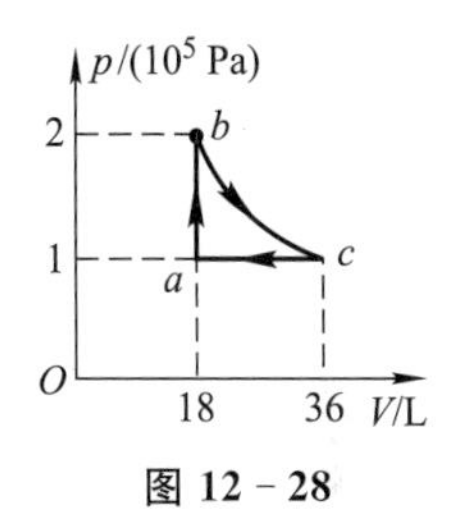

图 12－28

6. 压强为 1×10^5 Pa、体积为 0.0082 m^3 的氮气，从初始温度 300 K 加热到 400 K，如果加热时（1）体积不变，（2）压强不变，问两种情形各需多少热量？哪一个过程所需热量多？为什么？

7. 由物质的量为 ν_1 的单原子分子理想气体与物质的量为 ν_2 的刚性双原子分子理想气体组成某种混合气体，已知该混合气体在常温下的绝热方程为 $pV^{\frac{11}{7}}=$常量，试求 ν_1 和 ν_2 的比值.

8. 一气缸内盛有单原子分子理想气体，若经绝热压缩使其体积减半，问气体分子的平均速率变为原来的几倍？若为双原子分子理想气体，则其平均速率变为原来的几倍？

9. 一高压容器中盛有某种未知气体，可能是 N_2 或 Ar. 在 298 K 时取出试样，当其体积从 $5\times10^{-3}\,m^3$ 绝热膨胀到 $6\times10^{-3}\,m^3$ 时，温度降低到 277 K，试判断容器中是什么气体？

10. 试验用的火炮炮筒长为 3.66 m，内膛直径为 0.152 m，炮弹质量为 45.4 kg，射击后火药爆燃完全时炮弹已被推行 0.98 m，速度为 311 m/s，这时膛内的气体压强为 2.43×10^8 Pa. 设此后膛内气体做绝热膨胀，直到炮弹出口. 求：

（1）在这一绝热过程中，气体对炮弹做的功为多少（设气体的比热比为 $\gamma=1.2$）？

（2）若忽略摩擦，炮弹的出口速度为多少？

11. 1 mol 刚性双原子分子理想气体，初态为 $p_1=1.01\times10^5$ Pa，$V_1=1\times10^{-3}\ m^3$，然后经如图 12－29 所示的直线过程Ⅰ变到 $p_2=4.04\times10^5$ Pa，$V_2=2\times10^{-3}\ m^3$ 的状态，后又经过程方程为 $pV^{1/2}=c$（c 为常量）的过程Ⅱ变到压强 $p_3=p_1$ 的状态. 求：

（1）在过程Ⅰ中，气体吸收的热量；

（2）在整个过程中，气体吸收的热量.

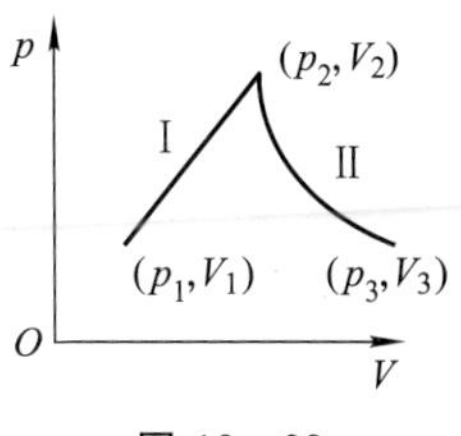

图 12－29

12. 一热机每秒钟时间内从温度为 $T_1=600$ K 的高温热源吸收热量 3.34×10^4 J，对外界做功后向温度为 $T_2=300$ K 的低温热源释放热量 2.09×10^4 J.

（1）问该热机的效率为多少？它是不是可逆热机？

（2）如果尽可能提高热机的效率，且每秒钟时间内从高温热源吸收热量 3.34×10^4 J，则该热机每秒钟时间内最多能做多少功？

13. 一冰箱为了制冰从温度为 260 K 的冷冻室取走热量 209 kJ，如果室温是 300 K，试问电流做功至少应为多少（假定冰箱为理想卡诺循环制冷机）？如果此冰箱能以 0.209 kJ/s 的速率取走热量，试问所需功率至少应是多少？

14. 设一动力暖气装置由一热机和一制冷机组合而成，热机靠燃料燃烧时释放的热量工作，向暖气系统中的水释放热量，并带动制冷机，制冷机从天然蓄水池中吸收热量，也向暖气系统释放热量. 若热机锅炉的温度为 210 ℃，天然蓄水池中水的温度为 15 ℃，暖气系统的温度为60 ℃，燃料的燃烧热为 5×10^6 cal/kg，且利用率为 80%，试求燃烧 1 kg 燃料，暖气系统所得的热量. 假设热机和制冷机的工作循环都是理想卡诺循环.

15. 在一个大房间内，空气保持温度为 294 K，户外空气的温度为 250 K，每小时时间内有 5.058×10^4 J 的热量从墙壁向外散逸，求：

（1）室内空气的熵变；

（2）室外空气的熵变；

（3）室内外空气的总熵变.

16. 1 mol 等体热容 C_V 已知的理想气体从初态（p_1，V_1）经某过程达到末态（p_2，V_2），求气体在该过程中的熵变.

17. 一容器被一铜片分为两部分，一边为 80 ℃的水，另一边为 20 ℃的水，经过一段时间后，从热的一边向冷的一边传递了 4186 J 的热量，问这个过程中的熵变为多少（设水足够多，所以传递热量后水的温度没有明显变化）？

第 13 章

机械振动

学习目标

- 掌握简谐振动的基本特征、描述简谐振动的物理量及各物理量之间的关系.
- 掌握简谐振动的运动方程,并理解其物理意义,会根据已知条件求解运动方程.
- 掌握描述简谐振动的旋转矢量表示法,并会灵活应用该方法讨论和分析简谐振动的规律.
- 掌握同方向、同频率简谐振动的合成,了解拍和相互垂直简谐振动的合成.
- 了解阻尼振动、受迫振动和共振.

机械振动是自然界中普遍存在的一种物质运动形式.所谓机械振动,是指物体或物体的一部分在某一位置附近做周期性的往复运动.例如,常见的钟摆的摆动、气缸-活塞的运动、心脏的跳动、晶体中原子的振动等都是机械振动.广义来讲,任一物理量在某一数值附近做周期性变化都可以称为振动.例如,交流电路中的电流、电压在某一数值附近做周期性变化;电磁波传播时,空间某点的电场强度和磁场强度随时间做周期性变化等.虽然这类振动在本质上与机械振动不同,但它们与机械振动所遵从的基本规律在本质上有许多共同点,因此机械振动的基本规律也是研究其他振动的基础,并且在生产技术中有着广泛应用.

简谐振动是一种最简单、最基本的振动,任何复杂的振动都可以看作若干个简谐振动的合成.本章主要介绍简谐振动的描述、特征、所遵从的规律,以及简谐振动的合成;并简要介绍阻尼振动、受迫振动、共振和电磁振荡现象等.

13.1 简谐振动

13.1.1 简谐振动的特征

物体振动时,若其相对于平衡位置的位移随时间按余弦(或正弦)函数的规律变化，则这种运动称为简谐振动，简称谐振动.忽略阻力的情况下，弹簧振子的小幅度振动、单摆的小角度摆动等都是简谐振动.

简谐振动的运动规律可由弹簧振子来演示说明.一个质量可忽略的弹簧，一端固定，另一端系一个可以自由运动的物体，这种系统称为弹簧振子.下面我们研究弹簧振子的运动规律.

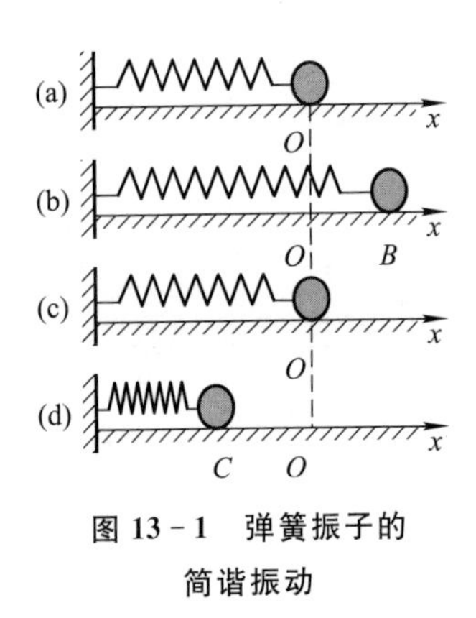

图 13-1 弹簧振子的简谐振动

图 13-1 为一个置于光滑水平面上的弹簧振子，物体所受的阻力可忽略不计.当物体位于位置 O 时，如图 13-1(a)所示，弹簧处于自然长度，即原长状态，此时物体在水平方向所受的合外力为零，位置 O 称为平衡位置. 以平衡位置 O 为坐标原点、水平向右为 x 轴正方向建立坐标系. 若将物体向右移至位置 B，如图 13-1(b)所示，并将其无初速度地释放，则物体将在弹簧的弹性力作用下向左运动. 由于弹簧被拉伸，因此物体受到弹簧向左并指向平衡位置的弹性力作用. 因为力的方向与运动方向相同，所以物体向左做加速运动，但是加速度的值越来越小.当物体回到平衡位置 O 时，如图 13-1(c)所示，弹簧恢复原长状态，物体所受的弹簧的弹性力为零，此时加速度为零，但速度的值达到最大，物体由于惯性继续向左运动，弹簧随之被压缩，此后物体受到弹簧向右并指向平衡位置的弹性力作用. 因为力的方向与运动方向相反，所以物体向左做减速运动，直到速度减为零时到达位置 C，如图 13-1(d)所示，此时物体所受的弹簧向右的弹性力最大.此后物体又由位置 C 向右做加速运动，类似于物体由位置 B 向平衡位置运动. 物体在弹簧弹性力的作用下始终围绕平衡位置 O 做往复运动，即机械振动. 从上述讨论中可以看出，物体在离开平衡位置运动的过程中，总是受到指向平衡位置的弹性力，这种力称为回复力，同时惯性又迫使物体离开平衡位置，这样，物体将一直做往复不已的运动，因此回复力和惯性是产生机械振动的两个基本原因.

由胡克(Hooke)定律可知，物体受到的弹性力 F 与物体相对于平衡位置的位移 x 的大小成正比，与位移的方向相反，即始终指向平衡位置，这种力称为线性回复力. 在线性回复力的作用下，物体围绕平衡位置的往复运动称为简谐振动，简称谐振动.

由上述分析我们知道了简谐振动的规律，但其具体的运动方程又如何表示呢? 下面我们将根据牛顿第二定律，推导出做简谐振动物体的运动方程.

设弹簧的劲度系数为 k，物体的质量为 m，忽略系统中的各种阻力，若某时刻物体的坐标为 x，见图 13-1，根据胡克定律可知，物体受到的弹性力 F 可以表示为

$$F=-kx, \tag{13-1}$$

其中,负号表示弹性力的方向与位移方向相反.由牛顿第二定律可知,物体的运动微分方程为

$$m\frac{\mathrm{d}^2x}{\mathrm{d}t^2}=-kx.$$

对于给定的弹簧振子,k 和 m 都是正的常量,若令 $\omega^2=\dfrac{k}{m}$,则上式可以改写为

$$\frac{\mathrm{d}^2x}{\mathrm{d}t^2}+\omega^2x=0. \tag{13-2}$$

式(13-2)就是简谐振动的运动微分方程,其解为

$$x=A\cos(\omega t+\varphi), \tag{13-3}$$

因 $\cos(\omega t+\varphi)=\sin\left(\omega t+\varphi+\dfrac{\pi}{2}\right)$,令 $\varphi'=\varphi+\dfrac{\pi}{2}$,则式(13-3)还可以写成

$$x=A\sin(\omega t+\varphi'). \tag{13-4}$$

余弦函数式(13-3)和正弦函数式(13-4)均是运动微分方程(13-2)的解,因此简谐振动的运动方程既可以采用余弦函数形式表示,也可以采用正弦函数形式表示,本书将统一采用余弦函数形式表示. 式(13-3)就是简谐振动的运动方程,其中,A 和 φ 是积分常量,由初始条件确定,它们的物理意义和求解方法将在下面的内容中进行讨论. 由式(13-3)或式(13-4)可以看出,弹簧振子运动时,其位置坐标 x(即物体相对于平衡位置 O 的位移)按照余弦(或正弦)函数的规律随时间变化,图 13-2 中的实线为简谐振子的位移-时间曲线.因此,只在线性回复力作用下的弹簧振子的运动是简谐振动.

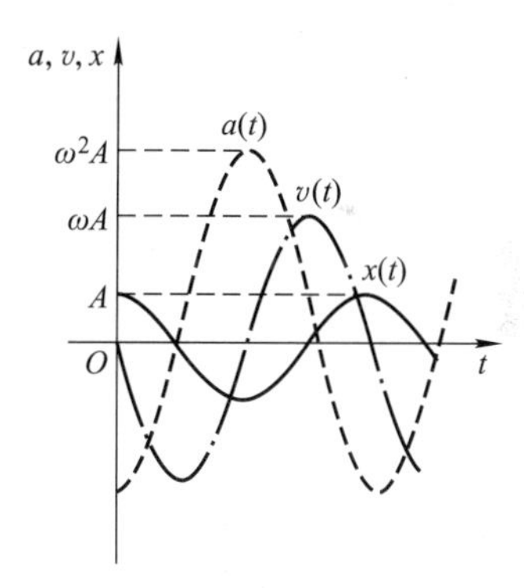

图 13-2 简谐振动的 $x-t$,$v-t$ 与 $a-t$ 曲线

若将式(13-3)等号两端分别对时间求一阶导数和二阶导数,可得物体的速度和加速度:

$$v=\frac{\mathrm{d}x}{\mathrm{d}t}=-A\omega\sin(\omega t+\varphi), \tag{13-5}$$

$$a=\frac{\mathrm{d}^2x}{\mathrm{d}t^2}=-A\omega^2\cos(\omega t+\varphi). \tag{13-6}$$

式(13-5)和式(13-6)表明,做简谐振动物体的速度和加速度也是按照余弦(或正弦)函数的规律随时间变化的,见图 13-2. 由式(13-6)可知,做简谐振动物体的加速度的大小总是与其离开平衡位置的位移大小成正比,且二者方向相反,这一结论通常被视为简谐振动的运动学特征. 而把式(13-1)表示的物体所受合力的大小总

是与其位移的大小成正比，且方向相反，或者把式(13-2)表示的运动微分方程作为简谐振动的动力学特征.因此，凡具有简谐振动的运动学特征或动力学特征的振动系统必做简谐振动，其运动方程都有式(13-3)的形式.

13.1.2 描述简谐振动的物理量

1. 振幅 A

在式(13-3)中，A 表示物体离开平衡位置 O 的最大距离，它反映了振动的幅度或物体运动的范围，称为振幅，且它的值恒为正，它取决于初始条件.在如图13-1所示的简谐振动中，若开始时将物体拉离平衡位置的距离更远些，则将物体释放后其振动的幅度会更大，即振幅 A 更大，因此物体振动的振幅取决于系统的初态. 在国际单位制中，振幅 A 的单位是米(m).

2. 周期 T

由运动方程(见式(13-3))可知，振动物体的位置变化具有时间上的周期性，即每隔一定的时间间隔 T，运动重复一次，这个固定的时间间隔 T 称为振动周期，即物体做一次完全振动所需要的时间. 在国际单位制中，周期 T 的单位是秒(s).根据周期的定义可知，任意时刻 t 的运动状态和 $t+T$ 时刻的运动状态相同，即

$$x = A\cos(\omega t + \varphi) = A\cos[\omega(t+T) + \varphi].$$

由于余弦函数的周期为 2π，故有

$$\omega T = 2\pi,$$

因此

$$T = \frac{2\pi}{\omega} = 2\pi\sqrt{\frac{m}{k}}. \tag{13-7}$$

物体在单位时间内振动的次数称为频率，用 ν 表示. 在国际单位制中，频率 ν 的单位是赫兹(Hz). 显然，它与周期 T 的关系为

$$\nu = \frac{1}{T} = \frac{1}{2\pi}\sqrt{\frac{k}{m}}, \tag{13-8}$$

$$\omega = 2\pi\nu = \sqrt{\frac{k}{m}}. \tag{13-9}$$

ω 可表示为物体在 2π s 时间内所完成的振动次数，称为振动的角频率，又称为振动的圆频率. 在国际单位制中，角频率 ω 的单位是弧度每秒(rad/s).

质量 m 和劲度系数 k 都是弹簧振子本身固有的性质，式(13-7)、式(13-8)、式(13-9)表明，T，ν 和 ω 三者都表示简谐振动的周期特性，且均完全取决于弹簧振子本身固有的性质，与其他因素无关，故三者又分别称为振动系统的固有周期、固有频率和固有角频率.

3. 相位

运动学中，物体在某一时刻的运动状态可用位矢和速度来描述.对于做简谐振动的物体来说，若其振幅和角频率都已确定，则由式(13－3)和式(13－5)可以看出，振动物体在任意时刻相对于平衡位置的位移 x、速度 v 由 $\omega t+\varphi$ 决定，即 $\omega t+\varphi$ 决定了该时刻的运动状态.量值 $\omega t+\varphi$ 叫作振动的相位.例如，如图 13－1 所示的弹簧振子，当相位 $\omega t_1+\varphi=\dfrac{\pi}{2}$时，$x=0$，$v=-\omega A$，即在 t_1 时刻，物体位于平衡位置，并以速率 ωA 向左运动；当相位 $\omega t_2+\varphi=\dfrac{3\pi}{2}$时，$x=0$，$v=\omega A$，即在 t_2 时刻，物体位于平衡位置，并以速率 ωA 向右运动. 由此可见，在 t_1 和 t_2 两时刻，由于振动的相位不同，物体的运动状态也不同，因此物体在任意时刻的运动状态都对应于一个确定的相位.换言之，做简谐振动的物体在任意时刻的相位决定了该时刻的运动状态，因此，从这个角度来讲，相位是描述物体运动状态的物理量.

当 $t=0$ 时，相位 $\omega t+\varphi=\varphi$，其中，φ 表示初始时刻的相位，称为初相位，简称初相.它决定了初始时刻(即计时起点)振动物体的运动状态，它的值取决于初始条件.另外，相位还能反映周期性，当相位变化为 2π 时，物体的运动状态完全相同，所以相位的变化也反映了振动过程中物体运动的周期性.

在实际中，常用相位来反映两个同频率的简谐振动的步调.设两个同频率的简谐振动的运动方程分别为

$$x_1=A_1\cos(\omega t+\varphi_1),$$
$$x_2=A_2\cos(\omega t+\varphi_2),$$

任意 t 时刻，它们的相位差为

$$\Delta\varphi=(\omega t+\varphi_2)-(\omega t+\varphi_1)=\varphi_2-\varphi_1.$$

由此可见，任意时刻，它们的相位差都等于它们的初相差，由初相差就可以比较它们的振动步调.

对于两个同频率的振动，若它们的初相差 $\Delta\varphi=0$ 或 π 的偶数倍，则它们在任意时刻的相位差均是 0 或 π 的偶数倍，因此它们将同时通过平衡位置向左(或向右)运动，同时到达各自位移的最大值、最小值，且在任意时刻，它们的运动方向都相同，即振动的步调相同，如图 13－3(a)所示. 我们称这样的两个振动为同相.

若它们的初相差 $\Delta\varphi=\pi$ 或 π 的奇数倍，则当一个物体通过平衡位置向右运动时，另一个物体通过平衡位置向左运动，当一个物体到达最大正位移时，另一个物体刚好到达最大负位移，且在任意时刻，它们的运动方向都相反，即振动的步调相反，如图 13－3(b)所示. 我们称这样的两个振动为反相.

若它们的初相差 $\Delta\varphi$ 为其他值，一般说这两个物体不同相. 对于如图 13－3(c)所示的振动，常用相位超前或相位落后来描述.若 $\Delta\varphi>0$，则 x_2 将先于 x_1 到达同

方向的极大值，常说 x_2 的振动超前于 x_1 的振动 $\Delta\varphi$ 的相位，或者 x_1 的振动落后于 x_2 的振动 $\Delta\varphi$ 的相位.若 $\Delta\varphi<0$，则表示 x_2 的振动落后于 x_1 的振动 $|\Delta\varphi|$ 的相位，或者 x_1 的振动超前于 x_2 的振动 $|\Delta\varphi|$ 的相位.一般情况下，$|\Delta\varphi|$ 的值限定在 $0\sim\pi$ 的范围内. 但是，若 $\Delta\varphi>\pi$，我们一般不说 x_2 的振动超前于 x_1 的振动 $\Delta\varphi$ 的相位，例如，$\Delta\varphi=3\pi/2$，而是将其改写为 $\Delta\varphi=3\pi/2-2\pi=-\pi/2$，我们这时说 x_2 的振动落后于 x_1 的振动 $\pi/2$ 的相位，或者 x_1 的振动超前于 x_2 的振动 $\pi/2$ 的相位.

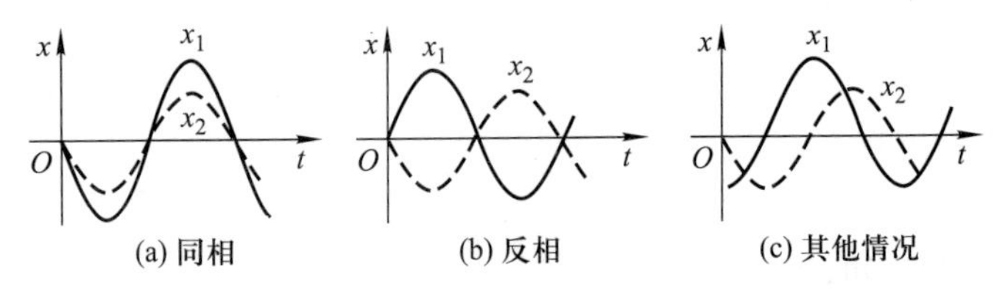

图 13－3 相位差的图示

相位(初相)和相位差(初相差)都是十分重要的概念，它们在振动、波动，以及光学、电工学、无线通信技术等方面都有广泛的应用.

振幅、周期(频率、角频率)和相位是描述简谐振动的三个特征物理量，三者确定后相应的简谐振动就随之确定了.

13.1.3 振幅 A 和初相 φ 的确定

对于如图 13－1 所示的弹簧振子，虽然系统本身的固有性质决定了角频率 ω，但是物体仍可以做振幅不同、初相不同的简谐振动，即在运动方程 $x=A\cos(\omega t+\varphi)$ 中，在角频率 ω 已经确定的情况下，如何确定振幅 A 和初相 φ 呢？假如知道了 $t=0$ 时刻物体相对于平衡位置的位移 x_0 和速度 v_0，就可以确定出振动的振幅 A 和初相 φ.由式(13－3)和式(13－5)可得

$$x_0=A\cos\varphi,$$
$$v_0=-A\omega\sin\varphi.$$

将上述两式联立，可得

$$A=\sqrt{x_0^2+\frac{v_0^2}{\omega^2}}, \tag{13-10}$$

$$\tan\varphi=-\frac{v_0}{\omega x_0}. \tag{13-11}$$

需要说明的是，根据式(13－11)所求的初相在 2π 的周期内一般有两个值，要根据初始条件进行取舍，把 φ 唯一确定下来.换句话说，φ 所在的象限由位移 x_0 和速度 v_0 的正负号共同确定.

物体在 $t=0$ 时刻的位移 x_0 和速度 v_0 叫作初始条件. 上述结果表明，对于角

频率一定的简谐振动,它的振幅 A 和初相 φ 是由初始条件决定的.

总之,对于给定的振动系统,周期(频率、角频率)由振动系统本身的固有性质决定,而振幅和初相则由初始条件决定.

【例 13-1】 一物体沿 x 轴做简谐振动,振幅为 12 cm,周期为 2 s. 当 $t=0$ 时,物体的位移为 6 cm,且向 x 轴正方向运动.

(1) 求该振动的初相;

(2) 写出运动方程;

(3) 求物体在初始时刻的速度和加速度.

解:取平衡位置为坐标原点,物体做简谐振动,其运动方程为

$$x=A\cos(\omega t+\varphi).$$

(1) 由题意可知,$A=12$ cm,$T=2$ s,所以

$$\omega=\frac{2\pi}{T}=\frac{2\pi}{2}\ \mathrm{rad\cdot s^{-1}}=\pi\ \mathrm{rad\cdot s^{-1}}.$$

当 $t=0$ 时,$x_0=6$ cm,$v_0>0$,将之代入运动方程可得

$$x_0=12\cos\varphi\ \mathrm{cm}=6\ \mathrm{cm},$$

因此

$$\cos\varphi=\frac{1}{2},$$

所以 $\varphi=\frac{\pi}{3}$ 或 $\frac{5}{3}\pi$. 因为 $v_0=-12\omega\sin\varphi>0$,所以 $\varphi=\frac{5}{3}\pi$.

(2) 物体的运动方程为

$$x=12\cos\left(\pi t+\frac{5}{3}\pi\right)\ \mathrm{cm}.$$

(3) 当 $t=0$ 时,物体的速度、加速度分别为

$$v_0=-12\pi\sin\frac{5}{3}\pi\ \mathrm{cm\cdot s^{-1}}$$

$$\approx 32.63\ \mathrm{cm\cdot s^{-1}},$$

$$a_0=-12\pi^2\cos\frac{5}{3}\pi\ \mathrm{cm\cdot s^{-2}}$$

$$\approx -59.16\ \mathrm{cm\cdot s^{-2}},$$

其中,负号表示初始时刻物体的加速度和 x 轴正方向相反.

【例 13-2】 一根不可伸长的长为 l 的轻绳,一端固定,另一端悬挂一体积很小、质量为 m 的小球形成单摆,如图 13-4 所示.忽略空气阻力,当轻绳与竖直方向之间成 $\theta(\theta<5^\circ)$ 角时,试证明小球做的运动是简谐振动,并求其振动周期.

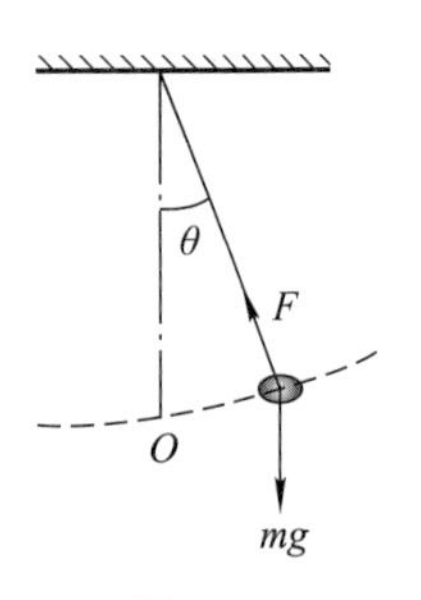

图13-4

证明:设轻绳位于竖直位置时,小球所在的位置为其平衡位置O;当轻绳与竖直方向之间成θ角时,小球受重力mg和拉力F的作用,并沿圆弧运动.取逆时针方向为角位移的正方向,则沿其切向的力为

$$F_\tau=-mg\sin\theta,$$

其中,负号表示力的方向与所规定的正方向相反. 因为角位移很小($\theta<5°$),故$\sin\theta\approx\theta$,所以近似有

$$F_\tau=-mg\theta.$$

根据牛顿第二定律可得

$$ml\frac{\mathrm{d}^2\theta}{\mathrm{d}t^2}=-mg\theta,$$

即

$$\frac{\mathrm{d}^2\theta}{\mathrm{d}t^2}+\frac{g}{l}\theta=0.$$

令$\omega^2=\dfrac{g}{l}$,则上式可改写为

$$\frac{\mathrm{d}^2\theta}{\mathrm{d}t^2}+\omega^2\theta=0.$$

此式与式(13-2)具有相同的形式,因此上式的解应与式(13-3)具有相同的形式,即

$$\theta=\theta_{\mathrm{m}}\cos(\omega t+\varphi),$$

其中,θ_{m},φ是积分常量,由初始条件决定.所以在角位移θ很小的情况下,小球做的运动是简谐振动,振动周期为

$$T=\frac{2\pi}{\omega}=2\pi\sqrt{\frac{l}{g}}.$$

上式表明,小球做的简谐振动的振动周期与振幅无关,它取决于系统本身的固有性质,即取决于轻绳的长度和重力加速度. 因此,可利用单摆的轻绳长度和振动周期测量某地的重力加速度.

13.1.4　简谐振动的旋转矢量表示法

在前述内容中,我们用数学表达式法表征了简谐振动,下面介绍一种更直观、更方便的描述方法——旋转矢量表示法.如图13-5所示,自Ox轴的原点O作一矢量$\boldsymbol{A}$,使它的模等于简谐振动的振幅A,并使它绕原点O沿逆时针方向做匀角速度旋转,其旋转平面与Ox轴在同一平面内,并使其角速度的大小与简谐振动的角频率ω相等,则矢量$\boldsymbol{A}$称为旋转矢量.当$t=0$时,使旋转矢量$\boldsymbol{A}$与Ox轴之间的夹角为φ，即等于简谐振动的初相，其矢端位于M_0点处. t时刻，旋转矢量$\boldsymbol{A}$沿逆时针方向转过的角度为ωt，与Ox轴之间的夹角为$\omega t+\varphi$，恰好等于简谐振动在t时刻的相位，此时旋转矢量$\boldsymbol{A}$的矢端位于M点，则矢端M在Ox轴上的投影点P的坐标为

$$x = A\cos(\omega t+\varphi).$$

这正是简谐振动的运动方程.由此可见，旋转矢量$\boldsymbol{A}$绕O点沿逆时针方向做匀角速度旋转时，其矢端M在Ox轴上的投影点P的运动与简谐振动的运动规律相同. 若旋转矢量$\boldsymbol{A}$以角速度ω沿逆时针方向旋转一周，则其矢端在Ox轴上的投影点将围绕O点做一次完整的振动. 需要强调的是，旋转矢量$\boldsymbol{A}$本身的运动并不是简谐振动，我们可以用其矢端M在Ox轴上的投影点来形象地展示简谐振动的规律.

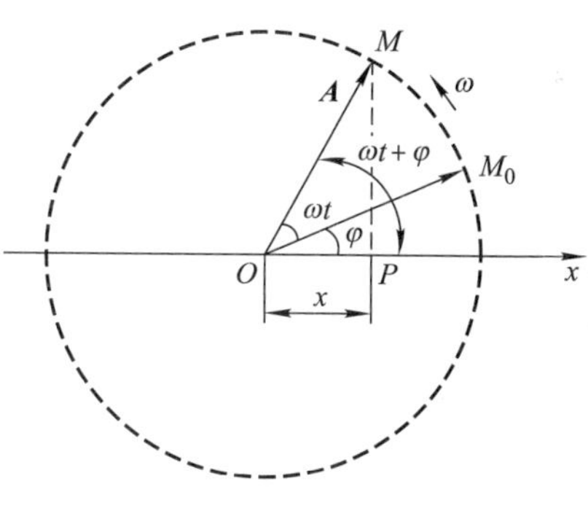

图 13-5　旋转矢量图

借助旋转矢量表示法，我们还可以获得简谐振动的速度矢量和加速度矢量. 由式(13-5)和式(13-6)可知，速度和加速度可分别表示为

$$v=\frac{\mathrm{d}x}{\mathrm{d}t}=-A\omega\sin(\omega t+\varphi)=A\omega\cos\left(\omega t+\varphi+\frac{\pi}{2}\right),$$

$$a=\frac{\mathrm{d}^2x}{\mathrm{d}t^2}=-A\omega^2\cos(\omega t+\varphi)=A\omega^2\cos(\omega t+\varphi+\pi).$$

类比简谐振动的表达式，我们可以采用类似的方法描述速度和加速度.速度可用一模为ωA，相位较旋转矢量$\boldsymbol{A}$超前$\frac{\pi}{2}$，并以角速度ω旋转矢量的矢端在Ox轴上的投影点的运动来表示；同样，加速度可用一模为ω^2A，相位较旋转矢量$\boldsymbol{A}$超前π，并以角速度ω旋转矢量的矢端在Ox轴上的投影点的运动来表示. 二者的旋转矢量图略.

通过旋转矢量图，我们可以把简谐振动转化成一个做匀角速度旋转的矢量来描述，从而使问题得以简化，并且旋转矢量表示法形象直观，它不仅将简谐振动的相位用角度表示出来，还将相位随时间变化的线性规律和周期性也清楚地描述出来. 采用这一描述，在确定简谐振动的初相和研究振动的合成方面，为我们带来了极大的便利.

【例 13-3】 已知一简谐振动的运动曲线如图 13-6 所示，试求：

(1) 运动方程；

(2) a，b两点对应的相位差；

(3) 由状态 a 到状态 b 的时间间隔.

解:(1) 设其运动方程为 $x=A\cos(\omega t+\varphi)$,则由运动曲线可知

$$A=4\ \text{cm},\quad T=2\ \text{s},\quad \omega=\frac{2\pi}{T}=\pi\ \text{rad}\cdot\text{s}^{-1}.$$

将上述各量代入简谐振动的运动方程 $x=A\cos(\omega t+\varphi)$,则有

$$x=4\cos(\pi t+\varphi)\ \text{cm}.$$

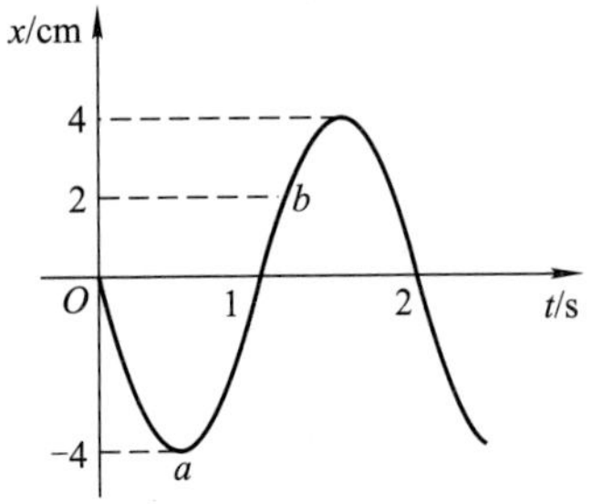

因为 $t=0$ 时,$x=0$,将之代入上式可得

$$0=4\cos\varphi,$$

所以

$$\varphi=\pm\frac{\pi}{2}.$$

又因为 $t=0$ 时,物体沿 x 轴负方向运动,即 $v_0<0$,所以

$$v_0=-4\pi\sin\varphi<0,$$

因此,取 $\varphi=\frac{\pi}{2}$,则运动方程为

$$x=4\cos\left(\pi t+\frac{\pi}{2}\right)\ \text{cm}.$$

x/cm
4
2
b
O
1
2
t/s
-4
a

图 13-6

也可用旋转矢量表示法来确定初相,因为 $t=0$ 时,$x_0=0$,$v_0<0$,所以其相应的旋转矢量图如图 13-7 所示,因此可得

$$\varphi=\frac{\pi}{2}.$$

由此可见,用旋转矢量表示法确定初相更直观、方便,在一定程度上简化了解题过程.

(2) 由图 13-6 可知,a 点对应的运动状态为

$$x_a=-4\ \text{cm},\quad v_a=0,$$

b 点对应的运动状态为

$$x_b=2\ \text{cm}=A/2,\quad v_b>0,$$

则两点对应的旋转矢量图如图 13-8 所示,即 $\varphi_a=\pi$,$\varphi_b=5\pi/3$,故两点的相位差为

$$\Delta\varphi=2\pi/3.$$

(3) 由旋转矢量的角位移的增量和时间间隔之间的关系,可得

$$\Delta\varphi=\omega\Delta t,$$

所以

$$\Delta t=\Delta\varphi/\omega=\frac{2\pi/3}{\pi}\ \text{s}=\frac{2}{3}\ \text{s}.$$

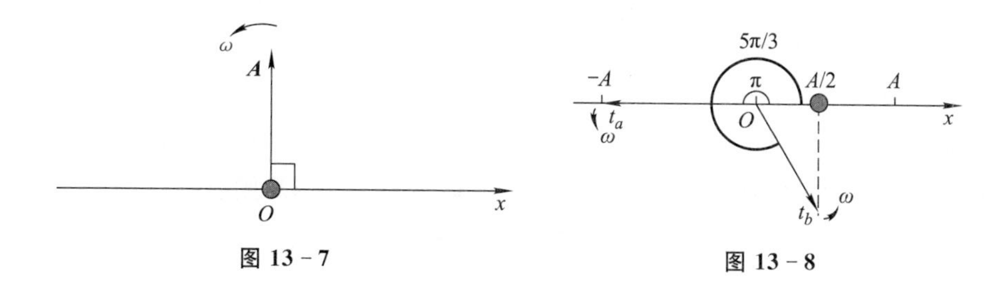

图 13－7　　图 13－8

【例 13－4】 一质量为 0.01 kg 的物体做简谐振动，其振幅为 0.08 m，周期为 4 s，初始时刻物体在 $x=0.04$ m 处，且向 x 轴负方向运动. 试求：

（1）物体的运动方程；

（2）$t=1.0$ s 时，物体所处的位置和所受的力；

（3）由初始位置运动到 $x=-0.04$ m 处所需要的最短时间.

解：（1）设其运动方程为 $x=A\cos(\omega t+\varphi)$，则由题意可知

$$A=0.08\ \text{m},\quad T=4\ \text{s},\quad \omega=\frac{2\pi}{T}=\frac{\pi}{2}\ \text{rad}\cdot\text{s}^{-1}.$$

因为 $t=0$ 时，$x_0=0.04\ \text{m}=\dfrac{A}{2}$，$v_0<0$，对应的旋转矢量图如图 13－9 所示，所以可得其初相为

$$\varphi=\frac{\pi}{3}.$$

故运动方程为

$$x=0.08\cos\left(\frac{\pi}{2}t+\frac{\pi}{3}\right)\ \text{m}.$$

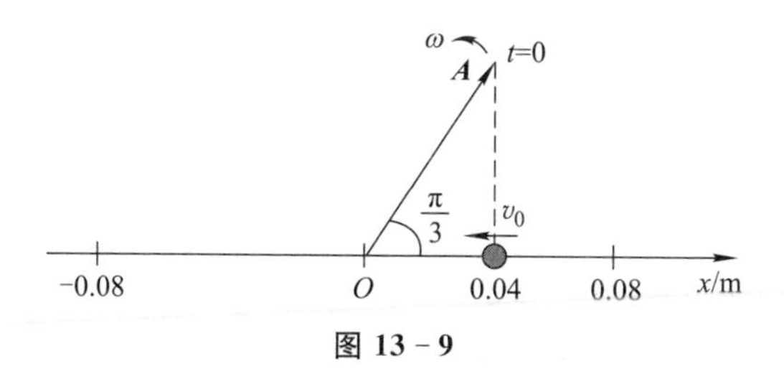

图 13－9

（2）$t=1.0$ s 时，物体所处的位置和所受的力分别为

$$x=0.08\cos\left(\frac{\pi}{2}+\frac{\pi}{3}\right)\ \text{m}\approx-0.07\ \text{m},$$

$$f = ma = -0.01 \times \left(\frac{\pi}{2}\right)^2 \times 0.08\cos\left(\frac{\pi}{2} + \frac{\pi}{3}\right)\ \mathrm{N} \approx 1.7 \times 10^{-3}\ \mathrm{N},$$

且力的方向沿 x 轴正方向.

(3) 由初始位置向左第一次经过位置 -0.04 m 时所需要的时间最短，两个时刻对应的旋转矢量图如图 13-10 所示，故最短时间为

$$t_{\min} = \frac{\Delta\varphi}{\omega} = \frac{2\pi/3 - \pi/3}{\pi/2}\ \mathrm{s} \approx 0.67\ \mathrm{s}.$$

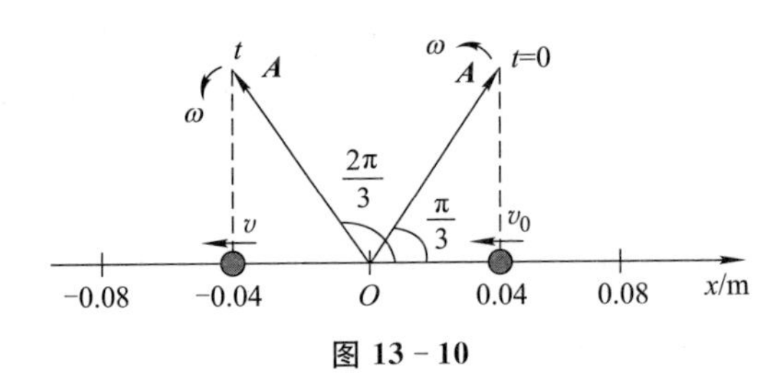

图 13-10

13.2 简谐振动的能量

我们仍以如图 13-1 所示的弹簧振子为例来说明振动系统的能量.设 t 时刻物体的速度 v 由式(13-5)确定，则系统的动能为

$$E_k = \frac{1}{2}mv^2 = \frac{1}{2}m\omega^2A^2\sin^2(\omega t + \varphi). \tag{13-12}$$

若该时刻物体的位移 x 由式(13-3)确定，以弹簧原长处为势能零点，则系统的弹性势能为

$$E_p = \frac{1}{2}kx^2 = \frac{1}{2}kA^2\cos^2(\omega t + \varphi). \tag{13-13}$$

由式(13-12)和式(13-13)可知，系统的动能和势能也随时间 t 做周期性变化.当弹簧振子通过平衡位置时，动能最大，势能为零；当弹簧振子达到最大位移时，动能为零，势能最大.由于 $\omega^2 = \frac{k}{m}$，因此

$$E_k = \frac{1}{2}mv^2 = \frac{1}{2}kA^2\sin^2(\omega t + \varphi), \tag{13-14}$$

系统的机械能为

$$E = E_k + E_p = \frac{1}{2}kA^2. \tag{13-15}$$

由此可知,弹簧振子的机械能不随时间变化,即机械能守恒.这是因为在振动过程中,忽略阻力的情况下,只有弹簧的弹性力做功,该力是保守力. 在只有保守力做功的情况下,系统的机械能守恒.在运动过程中,动能和势能相互转化,系统的机械能保持恒定,如图 13-11 所示(设初相 $\varphi=0$).

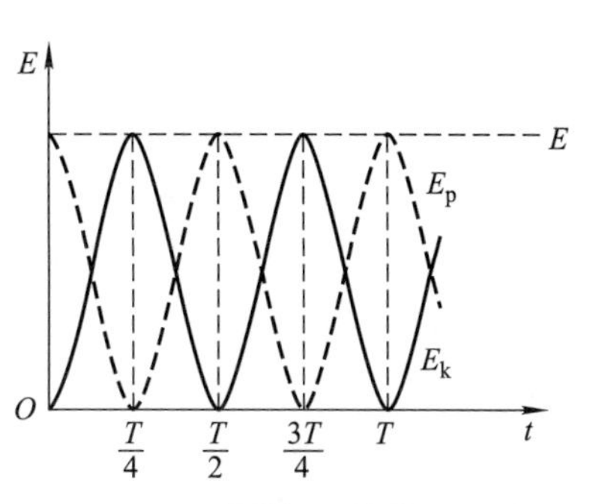

图 13-11　弹簧振子的能量和时间之间关系的曲线

式(13-15)表明,弹簧振子的机械能与其振幅的平方成正比.由此可见,振幅不仅给出了简谐振动的运动范围,还反映了振动系统的机械能的大小,或者说反映了振动的强度. 弹簧振子的能量特征也适用于其他简谐振动,具有普适性.

由式(13-12)和式(13-13)可以计算出简谐振动在一个周期 T 内的动能和势能的平均值.根据变量对时间的平均值的定义可得

$$\begin{aligned}\bar{E}_k &= \frac{1}{T}\int_0^T \frac{1}{2}mv^2\,\mathrm{d}t \\ &= \frac{1}{T}\int_0^T \frac{1}{2}m\omega^2 A^2\sin^2(\omega t+\varphi)\,\mathrm{d}t \\ &= \frac{1}{4}kA^2,\end{aligned}$$

$$\begin{aligned}\bar{E}_p &= \frac{1}{T}\int_0^T \frac{1}{2}kx^2\,\mathrm{d}t \\ &= \frac{1}{T}\int_0^T \frac{1}{2}kA^2\cos^2(\omega t+\varphi)\,\mathrm{d}t \\ &= \frac{1}{4}kA^2.\end{aligned}$$

由此可见,简谐振动在一个周期内具有相同的平均动能和平均势能,并且都等于机械能的一半.这也是简谐振动的一个重要性质,这一结论可应用于讨论能量均分定理.

我们还可以根据能量守恒定律推导出简谐振动的运动微分方程.已知系统的机械能为

$$E = \frac{1}{2}mv^2 + \frac{1}{2}kx^2 = 常量,$$

将上式对时间求导,有

$$\frac{\mathrm{d}}{\mathrm{d}t}\left(\frac{1}{2}mv^2 + \frac{1}{2}kx^2\right) = 0,$$

即

$$mv\,\frac{\mathrm{d}v}{\mathrm{d}t} + kx\,\frac{\mathrm{d}x}{\mathrm{d}t} = 0.$$

由于 $v=\frac{\mathrm{d}x}{\mathrm{d}t}, \frac{\mathrm{d}v}{\mathrm{d}t}=\frac{\mathrm{d}^2x}{\mathrm{d}t^2}$，因此上式可改写为

$$\frac{\mathrm{d}^2x}{\mathrm{d}t^2}+\frac{k}{m}x=0.$$

这正是简谐振动的运动微分方程，因此，在具体问题中，可以通过能量守恒定律推导出简谐振动的运动学方程，并可以由此求出振动周期和频率等，这在工程实际中有着广泛的应用.

【例 13－5】 由两根质量均匀且完全相同的金属棒，焊接成如图 13－12 所示的"T"字形，若该系统可绕通过 O 点且垂直于纸面的水平轴转动，忽略一切阻力，求系统做微小摆动(摆角 $\theta<5°$)时的周期.

解：设金属棒的质量为 m、长为 l，以地球和"T"字形金属棒为研究系统. 因为该系统在转动过程中只有重力做功，所以其机械能守恒.取系统处于平衡位置，即自由下垂时，金属棒的中点为系统的势能零点，则当系统偏离平衡位置的角度为 θ 时，其动能为

$$E_{\mathrm{k}}=\frac{1}{2}J\omega^2,$$

其中，J 为系统的转动惯量，且

$$J=J_{\text{竖直}}+J_{\text{水平}}=\frac{1}{3}ml^2+\left(\frac{1}{12}ml^2+ml^2\right)=\frac{17}{12}ml^2.$$

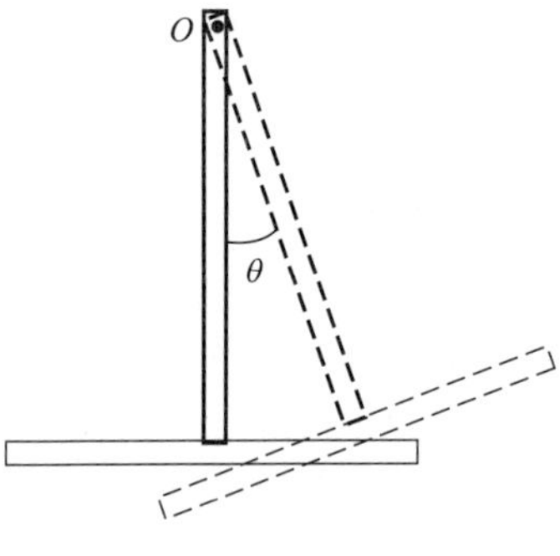

图 13－12

系统的势能为

$$E_{\mathrm{p}}=mg\ \frac{l}{2}(1-\cos\theta)+mgl\left(\frac{1}{2}-\cos\theta\right)$$

$$=mgl\left(1-\frac{3}{2}\cos\theta\right).$$

由系统的机械能守恒可得

$$E=E_{\mathrm{k}}+E_{\mathrm{p}}=\frac{1}{2}\times\frac{17}{12}ml^2\left(\frac{\mathrm{d}\theta}{\mathrm{d}t}\right)^2+mgl\left(1-\frac{3}{2}\cos\theta\right)=\text{常量}.$$

将上式对时间求导，有

$$\frac{17}{12}ml^2\ \frac{\mathrm{d}\theta}{\mathrm{d}t}\ \frac{\mathrm{d}^2\theta}{\mathrm{d}t^2}+\frac{3}{2}mgl\sin\theta\ \frac{\mathrm{d}\theta}{\mathrm{d}t}=0,$$

即

$$\frac{17}{12}l\ \frac{\mathrm{d}^2\theta}{\mathrm{d}t^2}+\frac{3}{2}g\sin\theta=0.$$

因系统的摆角 $\theta<5°$，故 $\sin\theta\approx\theta$，则上式又可改写为

$$\frac{\mathrm{d}^2\theta}{\mathrm{d}t^2}+\frac{18}{17}\frac{g}{l}\theta=0.$$

令 $\omega^2=\frac{18}{17}\frac{g}{l}$，则上式可改写为

$$\frac{\mathrm{d}^2\theta}{\mathrm{d}t^2}+\omega^2\theta=0.$$

该式与式(13-2)具有相同的形式，因此该系统做简谐振动，且其振动周期为

$$T=\frac{2\pi}{\omega}=2\pi\sqrt{\frac{17}{18}\frac{l}{g}}.$$

13.3 阻尼振动 受迫振动 共振

13.3.1 阻尼振动

前面所讨论的简谐振动是不计任何阻力的理想情况，振动过程中系统的机械能守恒，振幅保持不变，称这种振动为无阻尼自由振动. 实际上，振动物体总会受到外界的阻力作用，系统的机械能不断地转化为其他形式的能量，例如，转化为热耗散掉，或者转化为周围介质的能量，以波的形式向外传播，无论哪种情况，都会导致系统的能量逐渐减少，振幅不断变小，若无其他能量补充，振动最终将趋于停止.这种振幅随时间减小的振动称为阻尼振动或减幅振动.

一般情况下，振动处于空气或液体中，它所受的阻力来源于周围介质的黏滞阻力.实验指出，在物体运动速度较小的情况下，其受到的阻力与其速度的大小成正比，若用 f_{r} 表示阻力，则有

$$f_{\mathrm{r}}=-\gamma v=-\gamma\frac{\mathrm{d}x}{\mathrm{d}t}, \tag{13-16}$$

其中，γ 为阻力系数，是正的常量，它的大小由物体的形状、大小、表面状况，以及周围介质的性质共同决定.

若振动物体的质量为 m，在弹性力(或准弹性力)和上述阻力的作用下运动，则考虑阻力后的运动微分方程就可以改写为

$$m\frac{\mathrm{d}^2x}{\mathrm{d}t^2}=-kx-\gamma\frac{\mathrm{d}x}{\mathrm{d}t}. \tag{13-17}$$

令 $\omega_0^2=\frac{k}{m}$，$\beta=\frac{\gamma}{2m}$，这里，ω_0 为振动系统的固有角频率，β 为阻尼系数. 将之代入式(13-17)，可得

$$\frac{\mathrm{d}^2 x}{\mathrm{d}t^2}+2\beta\frac{\mathrm{d}x}{\mathrm{d}t}+\omega_0^2 x=0. \tag{13-18}$$

这是一个二阶线性常系数齐次运动微分方程，它的解与 ω_0，β 二者的相对大小有关.

若 $\beta^2<\omega_0^2$，即阻尼较小，则式(13-18)的解为

$$x=A_0\mathrm{e}^{-\beta t}\cos(\omega t+\varphi), \tag{13-19}$$

其中，A_0，φ 为积分常量，由初始条件决定.$\omega=\sqrt{\omega_0^2-\beta^2}$，称为阻尼振动的角频率.式(13-19)可看作振幅为 $A_0\mathrm{e}^{-\beta t}$、角频率为 ω 的振动.显然，其振幅随时间按指数形式衰减，且阻尼越大，衰减越快. 阻尼振动不是简谐振动，也不是严格的周期运动，因其位移不能恢复原值，其振动位移随时间变化的曲线如图 13-13 和图 13-14 中的曲线 a 所示.若仍把因子 $\cos(\omega t+\varphi)$ 的相位变化 2π 所经历的时间，即相邻两次沿同方向经过平衡位置的时间间隔叫作周期，则阻尼振动的周期为

$$T=\frac{2\pi}{\omega}=\frac{2\pi}{\sqrt{\omega_0^2-\beta^2}}. \tag{13-20}$$

显然，$T>\frac{2\pi}{\omega_0}$，而$\frac{2\pi}{\omega_0}$刚好是振动系统的固有周期，因此阻尼振动的周期大于振动系统的固有周期. 阻尼振动的周期不仅与振动系统本身有关，还与阻尼的大小有关，这种阻尼较小的情况称为欠阻尼.

若 $\beta^2>\omega_0^2$，即阻尼较大，则式(13-18)的解为

$$x=c_1\mathrm{e}^{-(\beta-\sqrt{\beta^2-\omega_0^2})t}+c_2\mathrm{e}^{-(\beta+\sqrt{\beta^2-\omega_0^2})t}, \tag{13-21}$$

其中，c_1，c_2 为常量，由初态决定.随着时间变化，振动位移单调递减，物体的运动不再具有周期性，且运动不是往复的.若将物体移至远离平衡位置后释放，则其将会慢慢回到平衡位置，然后停下来，其相应的位移随时间变化的曲线如图 13-14 中的曲线 b 所示，这种情况称为过阻尼.

若 $\beta^2=\omega_0^2$，即阻尼的大小介于前二者之间，则式(13-18)的解为

$$x=(C_1+C_2 t)\mathrm{e}^{-\beta t}, \tag{13-22}$$

其中，C_1，C_2 亦为由初态决定的常量. 物体受到的阻力比过阻尼时小，运动也不是往复的. 若将物体移至远离平衡位置后释放，则其还是一次性地回到平衡位置，然后停下来，但是比过阻尼用的时间要短，其相应的位移随时间变化的曲线如图 13-14 中的曲线 c 所示，这种情况称为临界阻尼.若想使物体以最短的时间一次性地回到平衡位置并停下来，常用临界阻尼的方法，该方法也经常被应用于测量工具上.

在现实中，经常根据实际情况选择避免或有效利用阻尼为我们的生活服务. 例如，为气缸、钟摆、机器的部件等涂抹润滑油来减小阻尼，以延长其工作寿命；为易碎物品包裹泡沫、为大型建筑物的弹簧门安装消振油缸、为防震系统安装阻尼器和

阻尼开关等,则都是增大阻尼的例子;而精密天平、灵敏电流计和陀螺经纬仪等在设计时,则选用临界阻尼系统,以使指针尽快停到应指示的位置,从而达到节约时间、便于测量的目的.

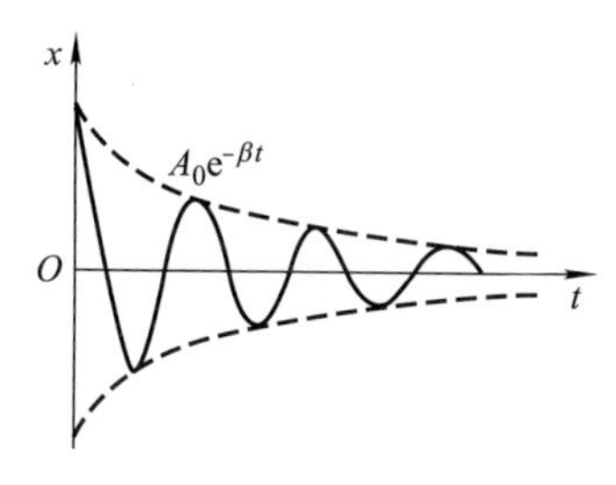

图 13-13 阻尼振动的 $x-t$ 曲线

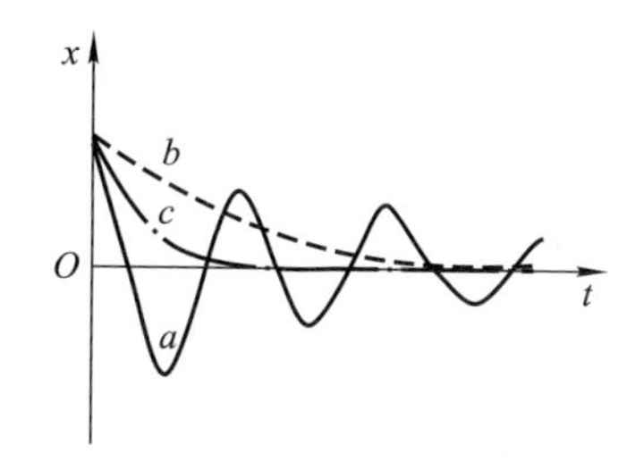

图 13-14 三种阻尼振动的示意图

13.3.2 受迫振动 共振

实际的振动系统总是避免不了由于阻力而消耗能量,因此导致振幅不断减小,若无能量补充,振动最终都将会停止.若想得到振幅不减的振动,则需给系统加上一个周期性外力,以不断地给系统进行能量补充.这种在周期性外力作用下的振动称为受迫振动,也称为强迫振动.这种周期性外力称为驱动力.例如,跳板在人走动时的振动、地震引起的建筑物的振动、听到声音时耳膜的振动、机器底座在机器运转时的振动、电磁打点计时器的振针的振动等都是典型的受迫振动的例子.

设振动的物体除了受回复力 $-kx$、黏滞阻力 $-\gamma v$ 外,还受一周期性外力 $F_0\cos\omega_P t$,则物体受迫振动的运动微分方程可以表示为

$$m\frac{d^2x}{dt^2}=-kx-\gamma\frac{dx}{dt}+F_0\cos\omega_P t. \tag{13-23}$$

令 $\omega_0=\sqrt{\frac{k}{m}}$,$\beta=\frac{\gamma}{2m}$,$f=\frac{F_0}{m}$,则式(13-23)又可写为

$$\frac{d^2x}{dt^2}+2\beta\frac{dx}{dt}+\omega_0^2x=f\cos\omega_P t. \tag{13-24}$$

在阻尼较小($\beta^2<\omega_0^2$)的情况下,式(13-24)的解为

$$x=A_0e^{-\beta t}\cos(\omega t+\varphi_0)+A\cos(\omega_P t+\varphi), \tag{13-25}$$

其中,A_0,φ_0,A 和 φ 为积分常量.由式(13-25)可以看出,受迫振动可看作是由两个振动合成的,第一项 $A_0e^{-\beta t}\cos(\omega t+\varphi_0)$ 表示的刚好是减幅的阻尼振动,第二项 $A\cos(\omega_P t+\varphi)$ 表示的是角频率为 ω_P 的简谐振动.开始振动时的情况较为复杂,但经过一段时间后,阻尼振动的振幅很快减小并趋于零,因此该部分可忽略不计,系

统将达到稳定状态，此时系统将做角频率为 ω_P 的简谐振动. 受迫振动达到稳定时的运动方程为

$$x = A\cos(\omega_P t + \varphi). \tag{13-26}$$

显然，在稳定状态下，振动的角频率 ω_P 和驱动力的角频率相同，振幅 A 和初相 φ 分别为

$$A = \frac{f}{\sqrt{(\omega_0^2 - \omega_P^2)^2 + 4\beta^2\omega_P^2}}, \tag{13-27}$$

$$\varphi = \arctan\left(-\frac{2\beta\omega_P}{\omega_0^2 - \omega_P^2}\right). \tag{13-28}$$

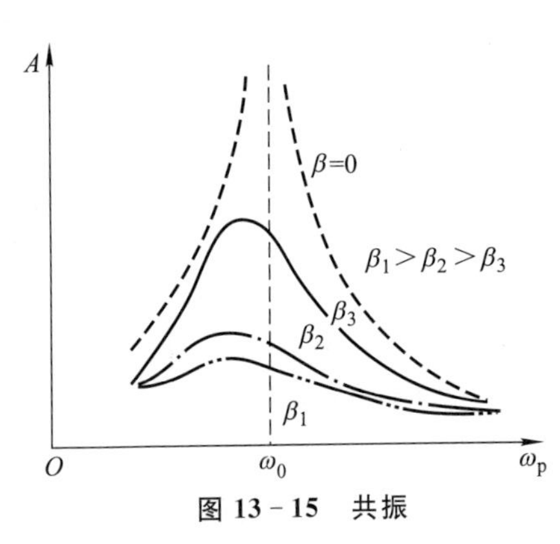

图 13-15 共振

显然，受迫振动达到稳定时的振幅 A 和初相 φ 与初始条件无关，而是由系统的固有性质、阻尼的大小和驱动力的特征共同决定的. 图 13-15 为不同阻尼时，振幅 A 和角频率 ω_P 之间的关系曲线. 可以看出，驱动力的角频率 ω_P 一定时，阻尼越小，受迫振动的振幅 A 越大；阻尼一定时，驱动力的角频率 ω_P 越接近固有角频率 ω_0，受迫振动的振幅 A 越大；驱动力的角频率 ω_P 与固有角频率 ω_0 相差越大，受迫振动的振幅越小.可利用数学中的求极值法求受迫振动振幅的最大值. 将式(13-27)对 ω_P 求一阶导数，并令其为零，即

$$\frac{dA}{d\omega_P} = \frac{d}{d\omega_P}\left[\frac{f}{\sqrt{(\omega_0^2 - \omega_P^2)^2 + 4\beta^2\omega_P^2}}\right] = 0,$$

也就是

$$-\frac{f\omega_P(-4\omega_0^2 + 4\omega_P^2 + 8\beta^2)}{2[(\omega_0^2 - \omega_P^2)^2 + 4\beta^2\omega_P^2]^{\frac{3}{2}}} = 0,$$

即

$$\frac{2f\omega_P(\omega_0^2 - \omega_P^2 - 2\beta^2)}{[(\omega_0^2 - \omega_P^2)^2 + 4\beta^2\omega_P^2]^{3/2}} = 0,$$

对上式求解可得，当 $\omega_P = \sqrt{\omega_0^2 - 2\beta^2}$ 时，受迫振动的振幅达到极大值，我们把这种受迫振动的振幅达到极大值的现象称为共振，也称为位移共振，对应的角频率称为共振角频率，记为 ω_r，显然

$$\omega_r = \sqrt{\omega_0^2 - 2\beta^2}. \tag{13-29}$$

将 ω_r 的值代入式(13-27)，可以得到共振时的振幅为

$$A_r = \frac{f}{2\beta\sqrt{\omega_0^2 - \beta^2}}. \tag{13-30}$$

由式(13－30)可知,阻尼系数 β 越小,共振时的振幅越大,共振越剧烈. 当 β 无限小时,共振角频率 ω_r 无限接近振动系统的固有角频率 ω_0,这时,共振时的振幅 A_r 将趋于无穷大,即产生极强烈的共振.但事实上,β 为零的理想情况并不存在.需要说明的是,我们这里讲的共振都是指位移共振,还有速度达到极大值时的共振,称为速度共振. 在弱阻尼情况下,二者可以不加区分.

在现实生活中,共振现象极为普遍,在声、力、光、电磁、原子内部及工程技术等中都会遇到.共振有对生活有益的一面,例如,乐器利用共振发出响亮、悦耳动听的乐曲,收音机利用电磁共振进行选台,核磁共振利用氢核共振用于医学诊断,共振筛利用共振选出不同密度的矿物等. 当然,共振也有对生活有害的一面,由于发生共振时系统的振幅过大,会造成建筑物或机器设备的损害. 1849 年,法国士兵齐步通过曼恩河大桥时,桥身突然断裂,导致许多人落水死于非命. 1905 年,一支俄罗斯的军队齐步通过圣彼得堡附近的丰坦卡河大桥时,也导致了大桥的垮塌. 1940 年,刚竣工 4 个月的美国塔科马海峡大桥因大风横扫而断塌. 这都是由于共振导致的大桥垮塌的实例.若驱动力的频率接近桥梁的固有频率,就会使桥梁振动的振幅显著增大,导致桥梁断裂,因此士兵过桥时,都会采用凌乱的步伐以免产生共振损害桥梁. 轮船航行时,若所受波浪冲击力的频率接近轮船左右摇摆的固有频率,则产生的共振有可能造成轮船的倾覆.机器运转时,如果驱动力的频率接近机器本身或支持物的固有频率,也会发生共振现象,使机器受到损坏. 因此共振有利有弊. 在需要利用共振时,应使驱动力的频率接近或等于振动物体的固有频率. 在需要防止共振时,可通过破坏驱动力的周期性,改变系统的固有频率或改变系统的阻尼等方法使驱动力的频率与物体的固有频率不同.

13.4 简谐振动的合成

在实际问题中,经常会遇到一个质点同时参与两个或多个振动的情况.例如,各种乐器的声音引起耳膜的振动、多列机械波在空间相遇时引起该点的振动等都是振动的合成问题.振动合成的基本知识在声学、光学、交流电工学及无线电技术等方面有广泛的应用. 一般振动的合成问题比较复杂,下面讨论几种特殊情况下的简谐振动的合成.

13.4.1 两个同方向、同频率简谐振动的合成

设一个质点在 x 轴上同时参与两个独立的同频率的简谐振动,两个简谐振动

的运动方程可分别表示为

$$x_1=A_1\cos(\omega t+\varphi_1),$$
$$x_2=A_2\cos(\omega t+\varphi_2).$$

由运动学知识可知,其合振动的运动方程为

$$\begin{aligned}x&=x_1+x_2\\&=A_1\cos(\omega t+\varphi_1)+A_2\cos(\omega t+\varphi_2)\\&=(A_1\cos\varphi_1+A_2\cos\varphi_2)\cos\omega t-(A_1\sin\varphi_1+A_2\sin\varphi_2)\sin\omega t.\end{aligned}$$

引入常量 A,φ,且使 $A_1\cos\varphi_1+A_2\cos\varphi_2=A\cos\varphi$,$A_1\sin\varphi_1+A_2\sin\varphi_2=A\sin\varphi$,将之代入上式,可得

$$\begin{aligned}x&=A\cos\varphi\cos\omega t-A\sin\varphi\sin\omega t\\&=A\cos(\omega t+\varphi).\end{aligned}\tag{13-31}$$

由式(13-31)可知,两个同方向、同频率的简谐振动的合振动仍是同频率的简谐振动,合振动的振幅 A 和初相 φ 分别为

$$A=\sqrt{A_1^2+A_2^2+2A_1A_2\cos(\varphi_2-\varphi_1)},\tag{13-32}$$

$$\tan\varphi=\frac{A_1\sin\varphi_1+A_2\sin\varphi_2}{A_1\cos\varphi_1+A_2\cos\varphi_2}.\tag{13-33}$$

前面我们学习了旋转矢量表示法,振动的合成也可以用旋转矢量表示法求得.假定两个分振动对应的旋转矢量分别为 $\boldsymbol{A}_1$ 和 $\boldsymbol{A}_2$,且在 $t=0$ 时刻两个矢量与 Ox 轴之间的夹角分别为 φ_1 和 φ_2. 因为两个分振动的角频率均为 ω,所以旋转矢量 $\boldsymbol{A}_1$ 和 $\boldsymbol{A}_2$ 绕 O 点以相同的角速度 ω 沿逆时针方向旋转,并且两个矢量之间的夹角 $\varphi_2-\varphi_1$ 在旋转过程中保持不变. 由于在旋转过程中平行四边形的形状保持不变,因此合矢量 $\boldsymbol{A}$ 的长度不变,并以相同的角速度 ω 绕 O 点沿逆时针方向旋转. 合矢量 $\boldsymbol{A}$ 的矢端在 Ox 轴上的投影点 P 的运动也是在 Ox 轴上做角频率为 ω 的简谐振动.若求出合矢量 $\boldsymbol{A}$ 的模和该矢量在 $t=0$ 时刻与 Ox 轴之间的夹角,则其合振动的运动方程便可以表示出来. $t=0$ 时刻的旋转矢量图如图 13-16 所示. 根据矢量投影点之间的关系可知,合矢量 $\boldsymbol{A}$ 在 Ox 轴上的投影 x 等于矢量 $\boldsymbol{A}_1$ 和 $\boldsymbol{A}_2$ 在 Ox 轴上的投影 x_1 和 x_2 的代数和.假设 $t=0$ 时刻合矢量 $\boldsymbol{A}$ 与 Ox 轴之间的夹角为 φ,则

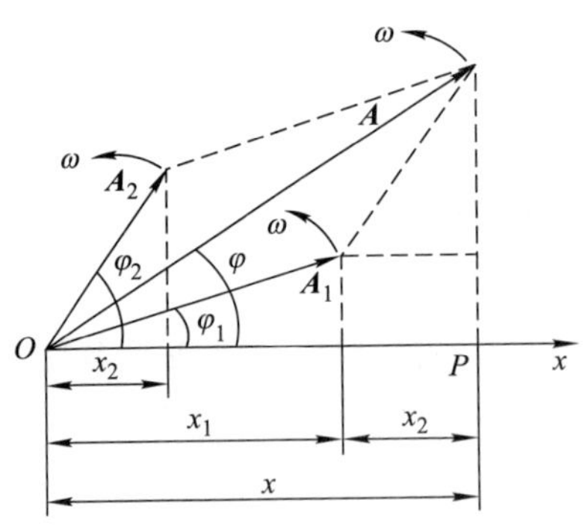

图 13-16　利用旋转矢量表示法求两个同方向、同频率简谐振动的合成

$$x=x_1+x_2=A\cos(\omega t+\varphi).$$

根据平行四边形法则,可以求得合振动的振幅与初相,即

$$A=\sqrt{A_1^2+A_2^2+2A_1A_2\cos(\varphi_2-\varphi_1)},$$

$$\tan\varphi=\frac{A_1\sin\varphi_1+A_2\sin\varphi_2}{A_1\cos\varphi_1+A_2\cos\varphi_2}.$$

这一结果和前面求得的结果是一致的.

由式(13-32)可以看出,合振动的振幅不仅与两个分振动的振幅 A_1,A_2 有关,而且与两个分振动的相位差 $\varphi_2-\varphi_1$ 有关.下面我们讨论两个特例,这两个特例在后面讨论机械波的干涉、光的干涉和衍射问题时经常用到.

(1) 若相位差 $\Delta\varphi=\varphi_2-\varphi_1=\pm 2k\pi(k=0,1,2,\cdots)$,则

$$A=\sqrt{A_1^2+A_2^2+2A_1A_2}=A_1+A_2.$$

即当两个分振动的相位差为 π 的偶数倍时,合振动的振幅最大,也就是两个分振动的振幅之和,这种情况称为振动互相加强,如图 13-17(a)所示.

(2) 若相位差 $\Delta\varphi=\varphi_2-\varphi_1=\pm(2k+1)\pi(k=0,1,2,\cdots)$,则

$$A=\sqrt{A_1^2+A_2^2-2A_1A_2}=|A_1-A_2|.$$

即当两个分振动的相位差为 π 的奇数倍时,合振动的振幅最小,也就是两个分振动的振幅之差的绝对值,这种情况称为振动互相减弱,如图 13-17(b)所示.

(3) 一般情况下,相位差 $\Delta\varphi=\varphi_2-\varphi_1$ 可取任意值,此时 $|A_1-A_2|<A<A_1+A_2$.

上面讨论的是一个质点同时参与两个同方向、同频率的简谐振动的情况. 对于一个质点同时参与多个同方向、同频率的简谐振动的情况,也可用同样的方法进行合成,其合振动仍为同方向、同频率的简谐振动,求出合振动的振幅和初相,便可求出合振动的运动方程.

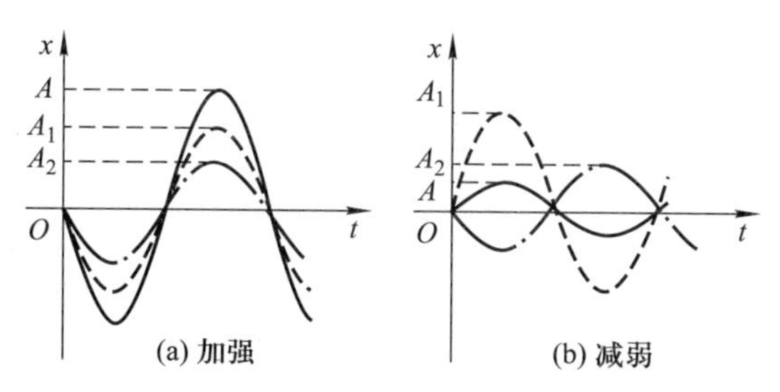

图 13-17 振动互相加强与互相减弱的示意图

【例 13-6】 一个质点同时参与两个同方向的简谐振动,其运动方程分别为 $x_1=0.05\cos\left(2t+\frac{\pi}{4}\right)\text{m}$,$x_2=0.03\cos(2t+\varphi_0)\text{m}$,问 φ_0 为何值时合振动的振幅最大,φ_0 为何值时合振动的振幅最小,并求其相应的合振动的运动方程.

解:(1) 要使合振动的振幅最大,则应要求合振动对应的旋转矢量的模最大,即两个分振动对应的旋转矢量平行且同向,其旋转矢量图如图 13-18(a)所示. 此

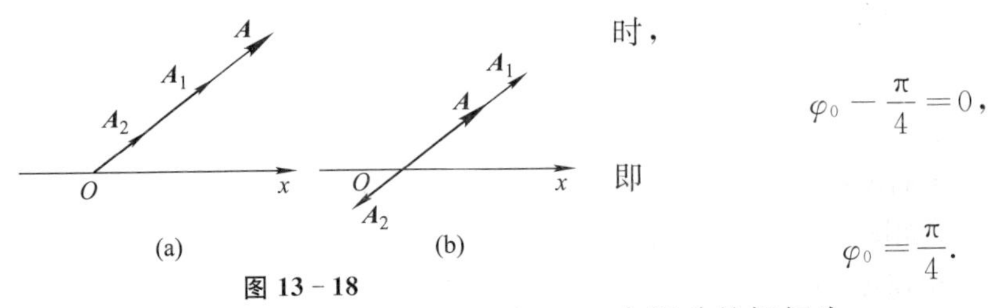

图 13-18

时，

$$\varphi_0-\frac{\pi}{4}=0,$$

即

$$\varphi_0=\frac{\pi}{4}.$$

合振动的振幅为

$$A=A_1+A_2=(0.05+0.03)\ \mathrm{m}=0.08\ \mathrm{m},$$

合振动的初相为

$$\varphi=\varphi_1=\varphi_2=\frac{\pi}{4},$$

合振动的运动方程为

$$x=0.08\cos\left(2t+\frac{\pi}{4}\right)\ \mathrm{m}.$$

(2) 要使合振动的振幅最小，则应要求合振动对应的旋转矢量的模最小，即两个分振动对应的旋转矢量平行且反向，其旋转矢量图如图 13-18(b)所示. 此时，

$$\varphi_0-\frac{\pi}{4}=\pm\pi,$$

即

$$\varphi_0=\frac{5}{4}\pi\text{ 或 }-\frac{3\pi}{4}.$$

合振动的振幅为

$$A=A_1-A_2=(0.05-0.03)\ \mathrm{m}=0.02\ \mathrm{m},$$

合振动的初相与振幅较大的分振动的初相相同，即 $\varphi=\frac{\pi}{4}$.

合振动的运动方程为

$$x=0.02\cos\left(2t+\frac{\pi}{4}\right)\ \mathrm{m}.$$

通过该例我们不难看出，当两个同方向、同频率的简谐振动合成时，若振动互相加强，则合振动的初相等于两个分振动的初相；若振动互相减弱，则合振动的初相与振幅较大的分振动的初相相同.

13.4.2　两个同方向、不同频率简谐振动的合成　拍

若一个质点同时参与两个同方向、不同频率的简谐振动，其角频率分别为 ω_1 和 ω_2，为简单起见，假定两个分振动的初相均为零，该结果不影响其普适性. 因此两个简谐振动的运动方程可分别表示为

$$x_1 = A_1 \cos \omega_1 t,$$
$$x_2 = A_2 \cos \omega_2 t,$$

其合振动的运动方程为

$$x = x_1 + x_2 = A_1 \cos \omega_1 t + A_2 \cos \omega_2 t.$$

相应的旋转矢量图如图 13-19 所示，两个旋转矢量 $\boldsymbol{A}_1$ 和 $\boldsymbol{A}_2$ 的角速度分别为 ω_1 和 ω_2，两矢量之间的夹角 $(\omega_2 - \omega_1)t$ 随时间变化，所以两矢量合成的平行四边形的形状和大小也随时间变化. 显然，合矢量 $\boldsymbol{A}$ 的大小，以及其绕 O 点旋转的角速度也随时间变化，合矢量 $\boldsymbol{A}$ 的矢端在 Ox 轴上的投影点 P 虽然围绕 O 点做周期性运动，但其不再是简谐振动. 由旋转矢量图 13-19，并结合余弦定理，仍然可以求出合振动的振幅，其大小为

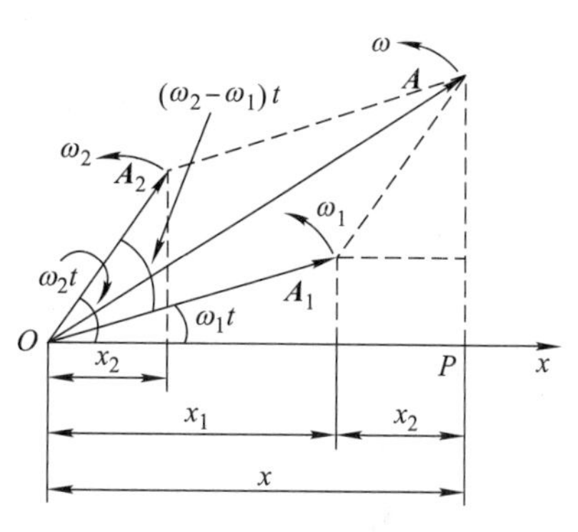

图 13-19 利用旋转矢量表示法求两个同方向、不同频率简谐振动的合成

$$A = \sqrt{A_1^2 + A_2^2 + 2A_1 A_2 \cos(\omega_2 - \omega_1) t}.$$

由上式可知，合振动的振幅 A 的大小在值 $A_1 + A_2$ 和 $|A_1 - A_2|$ 之间做周期性变化，一般情况下观察不到合振动有明显的周期性，但是，当两个分振动的频率都较大且相近时，合振动就表现出明显的周期特征. 因此我们在这里仅讨论这种情况，即 $|\omega_2 - \omega_1| \ll \omega_1 + \omega_2$ 的情况. 为简化计算，设两个分振动的振幅相等且均为 A_1，初相皆取为零. 它们的运动方程分别为

$$x_1 = A_1 \cos \omega_1 t,$$
$$x_2 = A_1 \cos \omega_2 t,$$

合振动的运动方程为

$$x = x_1 + x_2 = A_1(\cos \omega_1 t + \cos \omega_2 t).$$

由三角函数的和差化积公式可得

$$x = \left(2A_1 \cos \frac{\omega_2 - \omega_1}{2} t\right) \cos \frac{\omega_2 + \omega_1}{2} t. \tag{13-34}$$

因为 $|\omega_2 - \omega_1| \ll \omega_1 + \omega_2$，所以式(13-34)中的频率差项 $\cos \frac{\omega_2 - \omega_1}{2} t$ 的变化周期远大于频率和项 $\cos \frac{\omega_2 + \omega_1}{2} t$ 的变化周期，即前者随时间的变化要远慢于后者，因此我们可以把合振动近似看成角频率为 $\frac{\omega_2 + \omega_1}{2}$、振幅为 $\left| 2A_1 \cos \frac{\omega_2 - \omega_1}{2} t \right|$ 的简谐振动. 这样，合振动的振幅随时间在最大值 $2A_1$ 和最小值 0 之间缓慢地周期性变化着，见图 13-20. 这种合振动的振幅时大时小的现象称为拍. 单位时间内振幅大

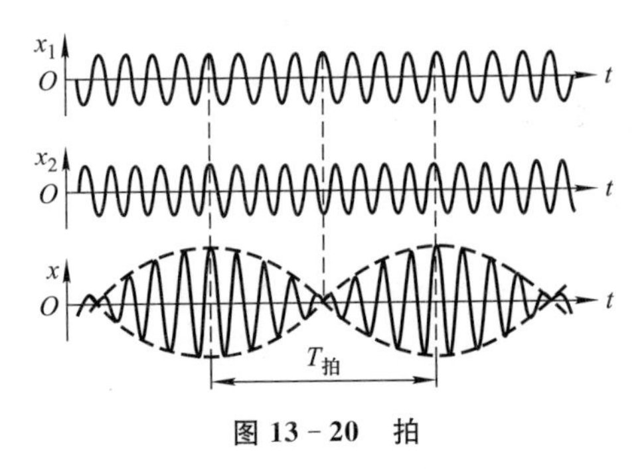

图 13-20 拍

小变化的次数称为拍频，显然，拍频 $\nu=|\nu_2-\nu_1|$.

拍现象在现实生活中有着广泛的应用. 例如，在声学中可利用拍现象校正乐器，若乐器的某一键(弦)不准时，其发出的音的频率与标准音叉的频率会有差异，就会出现拍音，将乐器调整至拍音消失，乐器的某一键(弦)就得以校正了.而双簧管发出的悠扬的颤音，则是使发出同一音的两个簧片的振动频率产生微小差别从而产生拍音.拍现象在无线电技术和卫星跟踪等方面也有着重要的应用.

13.4.3 两个垂直方向、同频率简谐振动的合成

若一个质点同时参与两个垂直方向、同频率的简谐振动，假定两个分振动分别发生在 x 轴和 y 轴上，其运动方程分别为

$$x=A_1\cos(\omega t+\varphi_1),$$
$$y=A_2\cos(\omega t+\varphi_2).$$

将上述两式联立，消去时间 t，可以得到合振动的轨迹方程为

$$\frac{x^2}{A_1^2}+\frac{y^2}{A_2^2}-\frac{2xy}{A_1A_2}\cos(\varphi_2-\varphi_1)=\sin^2(\varphi_2-\varphi_1). \tag{13-35}$$

一般情况下，它表示的是一个椭圆方程，该椭圆的形状由两个分振动的振幅和初相差 $\Delta\varphi=\varphi_2-\varphi_1$ 共同决定.特别地，当 $\Delta\varphi=\pm k\pi(k=0,1,2,\cdots)$时，合振动才是简谐振动，但合振动的方向和原来两个分振动的方向均不相同. 其他情况下，合振动的轨迹一般为椭圆. 当初相差 $\Delta\varphi=\frac{\pi}{2}$或$\frac{3\pi}{2}$时，合振动的轨迹为正椭圆(当 $A_1=A_2$ 时，椭圆退化成圆)，其他情况则为斜椭圆.需要说明的是，合振动的方向随初相差不同而变化，当 $0<\Delta\varphi<\pi$ 时，质点沿顺时针方向运动；当 $\pi<\Delta\varphi<2\pi$ 或 $-\pi<\Delta\varphi<0$ 时，质点沿逆时针方向运动. 各种情况下的合振动的轨迹见图 13-21.当然，任意方向的简谐振动、椭圆运动或圆运动也可以分解为两个垂直方向、同频率的简谐振动.

综上所述，只有当两个垂直方向、同频率的简谐振动是同相或反相时，其合振

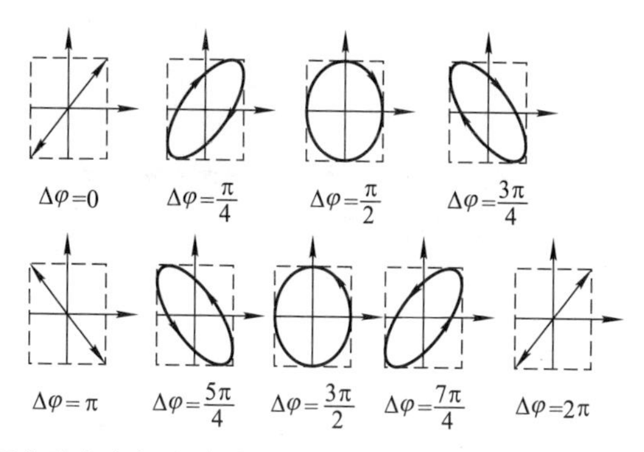

图 13－21 两个垂直方向、同频率、不同相位差的简谐振动的合振动的运动轨迹

动才是简谐振动.其他情况下，合振动不再是简谐振动，其轨迹将是不同方位的椭圆.

13.4.4 两个垂直方向、不同频率简谐振动的合成

若一个质点同时参与两个垂直方向、不同频率的简谐振动，则其合振动的运动轨迹与两个分振动的频率比和初相差都有关系. 这种情况一般比较复杂，其运动轨迹不能形成稳定的图案. 但是，如果两个分振动的频率比为整数，则合振动的运动轨迹可以形成稳定的闭合曲线，这种图形称为李萨如(Lissajous)图形. 该图形的花样与两个分振动的频率比、初相差有关，如图 13－22 所示.

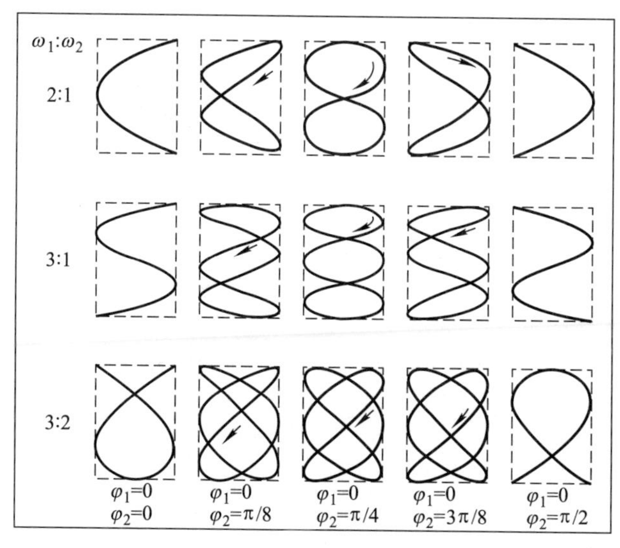

图 13－22 两个垂直方向、不同频率、不同相位差的简谐振动的合振动的运动轨迹

由于只有当两个分振动的频率比为整数时，才能形成闭合的李萨如图形，因此，可以在示波器上利用李萨如图形求未知信号的频率.沿垂直方向与水平方向同时输入两个分振动，已知其中一个分振动的频率，根据李萨如图形的花样判断两个分振动的频率比，由此可以求出另一个分振动的频率，且精度非常高.在数字频率计广泛应用之前，该方法是测量电信号频率的一种简单方法，在电学测量中占有重要地位.

习题

一、选择题

1. 一个质点做简谐振动，振幅为 A，在初始时刻质点的位移为 $\frac{1}{2}A$，且向 x 轴正方向运动，代表此简谐振动的旋转矢量图为(　　).

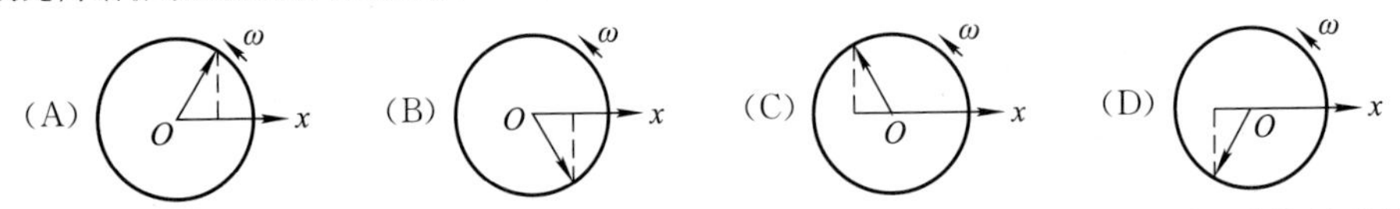

2. 将一个弹簧振子中的物体分别拉离平衡位置 1 cm 和 2 cm 后，由静止释放(弹簧的弹性形变在弹性限度内)，则在这两种情况下，物体做简谐振动的(　　).

(A) 最大速度相同　　(B) 振幅相同

(C) 周期相同　　(D) 最大加速度相同

3. 两个质点各自做简谐振动，它们的振幅和周期都相同. 第一个质点的运动方程为 $x_1 = A\cos(\omega t+\alpha)$，当第一个质点从相对于平衡位置的正位移回到平衡位置时，第二个质点正在最大正位移处，则第二个质点的运动方程为(　　).

(A) $x_2 = A\cos\left(\omega t+\alpha+\frac{1}{2}\pi\right)$　　(B) $x_2 = A\cos\left(\omega t+\alpha-\frac{1}{2}\pi\right)$

(C) $x_2 = A\cos\left(\omega t+\alpha-\frac{3}{2}\pi\right)$　　(D) $x_2 = A\cos(\omega t+\alpha+\pi)$

4. 两个同方向、同频率的简谐振动，其合振动的振幅为 20 cm，合振动与第一个分振动的相位差为 $\pi/3$，第一个分振动的振幅为 $A_1 = 10$ cm，则第一个分振动与第二个分振动的相位差为(　　).

(A) 0　　(B) $\pi/2$　　(C) $\pi/3$　　(D) $\pi/4$

5. 两个不同的轻质弹簧分别挂上质量相同的物体 1 和物体 2，若它们的振幅之比 $A_2/A_1 = 2$，周期之比 $T_2/T_1 = 2$，则它们的总振动能量之比 E_2/E_1 是(　　).

(A) 1　　(B) 1/4　　(C) 4　　(D) 2

6. 对于一个做简谐振动的物体，下列说法中正确的是(　　).

(A) 物体位于最大正位移处时，速度和加速度都达到正的最大值

(B) 物体位于平衡位置且向负方向运动时，速度和加速度都为零

(C) 物体位于平衡位置且向正方向运动时，速度最大，加速度为零

(D) 物体位于最大负位移处时，速度最大，加速度为零

7. 有两个同方向的简谐振动：$x_1=3\cos\left(400\pi t+\dfrac{\pi}{3}\right)$ m，$x_2=3\cos\left(404\pi t+\dfrac{\pi}{3}\right)$ m，合成产生拍，其拍频为(　　).

(A)1 Hz　　(B) 2π Hz　　(C) 2 Hz　　(D)100.5 Hz

二、计算题

1. 一质点做简谐振动，速度的最大值为 $v_m=5$ cm/s，振幅 $A=2$ cm，若从速度最大时开始计时，试求该质点的运动方程.

2. 一质量为 0.01 kg 的小球与轻质弹簧组成的系统的运动方程为 $x=0.1\cos\left(8\pi t+\dfrac{2\pi}{3}\right)$ m. 试求：(1) 振动周期、振幅和速度的最大值；(2) 振动能量，以及哪些位置处的动能与势能相等？

3. 有两个同方向、同频率的简谐振动，其合振动的振幅为 0.2 m，与第一个分振动的相位差为 $\pi/6$. 已知第一个分振动的振幅为 0.173 m，求第二个分振动的振幅，以及两个分振动的相位差.

4. 一轻质弹簧与一小球相连，小球在 x 轴方向的运动可视为振幅为 A 的简谐振动. 若 $t=0$ 时刻小球的运动状态分别为：(a) $x_0=-A$，(b) 速度最大且沿 x 轴负方向运动，(c) $x_0=A/2$ 且向 x 轴正方向运动. 试用旋转矢量表示法确定每种情况的初相分别是多少？

5. 两弹簧振子沿同一条直线做同频率、同振幅的简谐振动. 若在 $x_0=A/2$ 位置时它们相遇，且运动方向相反. 试求它们的相位差是多少？

6. 一弹簧振子的弹簧的劲度系数 $k=25$ N/m，振子的质量为 $m=0.1$ kg，其初始时刻的运动状态如图 13-23 所示，此时，振子的动能 $E_k=0.2$ J、势能 $E_p=0.6$ J. 试求：(a) 弹簧振子的振幅 A 是多少？(b) 此系统的振动频率是多少？

7. 如图 13-24 所示，一均匀的质量为 m 的长木板对称地平放在相距 $l=20$ cm 的两个滚轴上. 滚轴的转动方向如图 13-24 所示，滚轴表面与木板之间的摩擦系数为 $\mu=0.5$. 今使木板沿水平方向移动一段距离后释放. 试证明此后木板将做简谐振动，并求其周期.

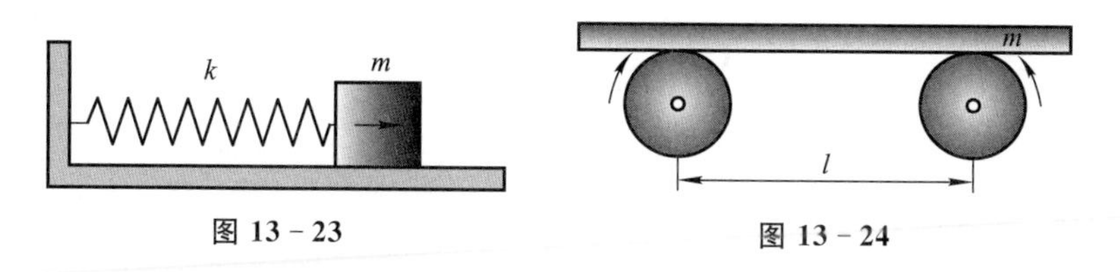

图 13-23　　　图 13-24

8. 一平板下装有弹簧(如图 13-25 所示)，平板上重物的质量为 1.0 kg. 此系统在竖直方向做简谐振动，振动周期为 0.5 s，振幅为 2.0×10^{-2} m. 求：此系统的简谐振动振幅至少为多大时，重物会跳离平板？

9. 一底面积为 S 的长方形木块漂浮于水面上(如图 13-26 所示)，此时，水面下的木块深度为 a，然后再将木块用力按下距离 x 后，由静止释放. 试证明撤去外力后木块的振动为简谐振

动，振动周期为 $2\pi\sqrt{\dfrac{a}{g}}$.

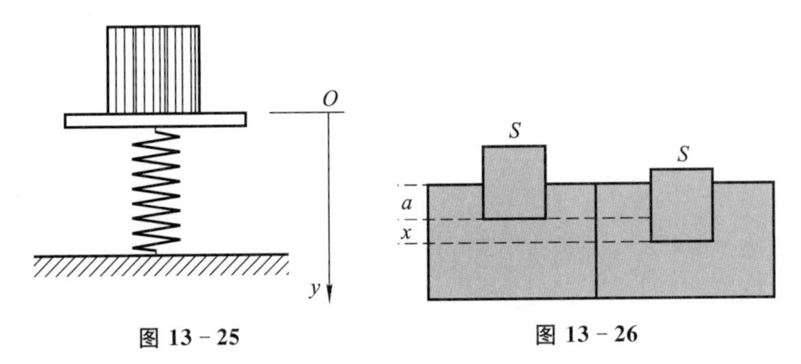

图 13 - 25　　　　图 13 - 26

10. 如图 13 - 27 所示，一轻弹簧的劲度系数为 k，其一端固定，另一端用轻绳通过一定滑轮（质量为 M、半径为 R）与质量为 m 的物体 B 连接. 不计任何摩擦力. 试证明物体 B 的运动为简谐振动，并求其角频率.

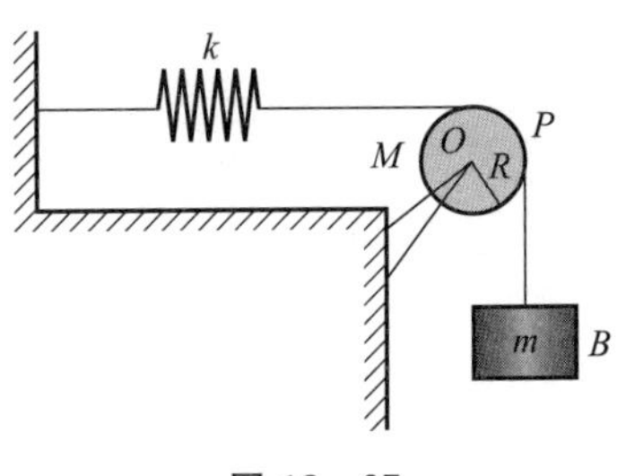

图 13 - 27

11. 一单摆摆长为 100 cm，摆球的质量为 $m=10$ kg，初始时刻摆球处于平衡位置. 此时，给摆球一个向右的水平冲量 10 g · cm · s^{-1}，求单摆的运动方程.

12. 有两个同方向、同频率的简谐振动，其运动方程分别为

$$x_1 = 0.5\cos\left(10t+\frac{\pi}{4}\right)\ \text{m},\quad x_2 = 0.5\cos\left(10t+\frac{7\pi}{12}\right)\ \text{m}.$$

试用旋转矢量图表示合振动的振幅和初相.

13. 一简谐振动的运动方程为 $x=5\cos\left(2\pi t+\dfrac{\pi}{4}\right)$ m，若计时起点提前 0.5 s，求其运动方程.

14. 一质量为 0.01 kg 的物体沿 x 轴方向做简谐振动，振幅为 $A=0.2$ m，角速度为 $\omega=\dfrac{\pi}{2}$ rad · s^{-1}，$t=0$ 时刻，$\boldsymbol{x}=-0.1$ m$\boldsymbol{i}$，且沿 x 轴负方向运动. 试求：

（1）$t=1$ s 时物体的位移；

（2）物体运动到 $\boldsymbol{x}=0.1$ m$\boldsymbol{i}$ 处所需的时间是多少？此时物体的速度和加速度分别是多少？

第 14 章

机械波

学习目标

• 掌握平面简谐波方程、描述简谐波的各物理量及各物理量之间的关系，并会根据已知条件求波函数和相关量.

• 掌握相干波干涉加强、减弱的条件，并会应用这些条件求干涉加强、减弱的位置.

• 理解波函数的物理意义.

• 理解波的能量特征，并了解能流、能流密度.

• 理解惠更斯原理.

• 理解驻波的形成条件.

• 了解多普勒效应及其产生原因.

在第 13 章中，我们讨论了自然界中一种常见的物质运动形式，即振动. 本章讨论振动在空间中的传播——波动，它是自然界中另外一种常见的物质运动形式.机械振动在介质中的传播称为机械波，例如，水、绳波、声波和地震波等.交变的电磁场在空间中传播便形成了电磁波，例如，光、无线电波等.尽管它们的本质和内容不同，但都表现出许多相同的特征和规律，例如，都具有一定的传播速度，在一定条件下都能发生反射、折射、干涉和衍射，并且具有相似的数学表达形式.

本章着重讨论机械波的主要特征和基本规律. 从最简单、最基本的平面简谐波出发，得到有关波的特征与规律.主要内容包括波的基本概念、波函数、波的能量、惠更斯(Huygens)原理、波的干涉和衍射、驻波等，并介绍声波、电磁波和多普勒(Doppler)效应等相关知识.

14.1 机械波的形成与传播

14.1.1 机械波产生的条件

机械振动在弹性介质(例如,固体、液体和气体)中传播,会形成机械波,这是由弹性介质本身的性质决定的.组成弹性介质的各质元之间可以发生弹性形变从而产生弹性力.当介质中的某质元受到外界的扰动而离开自己的平衡位置时,近邻质元将会对它施加回复力作用,迫使它回到平衡位置.与此同时,它也会对近邻质元施加弹性力作用,迫使近邻质元也离开自己的平衡位置而振动起来,这样,振动质元就会被依次带动并由近及远地传播开去,便形成了机械波. 例如,我们手执软绳的一端,抖动一次时,绳上就会出现一个突起状的扰动沿绳向另一端传去.若连续不断地进行周期性抖动,就会形成波. 若我们把软绳分成许多小部分,将每一小部分都看成一个质元,则两相邻质元之间存在弹性力作用.第一个质元在外力作用下振动后,就会带动第二个质元振动,只是第二个质元的振动比第一个质元要落后.这样,前一个质元的振动带动后一个质元的振动,依次带动下去,振动也就完成了向远处的传播. 因此波传播时每一个质元的振动都晚于前一个质元,但都无一例外地重复前一个质元的振动状态,且每一个质元都围绕自己的平衡位置(上下或左右)振动,质元本身不会沿波的传播方向向前移动,即"随波逐流"的现象不会发生.机械波可以看成振动这种运动形式的传播,因此波动是振动状态的传播. 状态是由相位决定的,因此也可以理解为是相位的传播,同时还是能量的传播.要产生波,首先要有做机械振动的物体,即波源,同时还要有弹性介质,二者是产生机械波的必备条件.

14.1.2 横波和纵波

根据质元的振动方向与波的传播方向之间的关系,可以把机械波分为横波和纵波,它们是最基本的两种波动形式.

在波动中,若质元的振动方向与波的传播方向相互垂直,则这种波称为横波.绳波是常见的横波,在横波中,凸起的最高处称为波峰,凹下的最低处称为波谷.

质元的振动方向与波的传播方向相互平行的波叫作纵波. 例如,我们将一根长弹簧水平放置,将其一端固定,另一端用手压缩或拉伸一下,使其端部沿弹簧的长度方向振动. 由于弹簧各部分之间的弹性力作用,使得端部的振动带动了其相邻部分的振动,而相邻部分的振动又带动了它附近部分的振动,因此弹簧各部分将相继振动起来.沿着波的传播方向,纵波表现出疏密相间的规律,其中,质元分布最密集的地方称为密部,质元分布最稀疏的地方称为疏部.

在弹性介质中形成横波时,必然伴随着介质质元之间的横向平移,即切向形变.只有固体介质才能产生切向弹性力,故横波只能在固体中传播. 而在弹性介质中形成纵波时,介质要被压缩或拉伸,即发生体变(也称为容变),固体、液体和气体都可以发生体变,因此纵波可以在固体、液体和气体中传播.常见的声波是纵波,可以在空气、水中传播,也可以在固体中传播. 还有一些波的形成原因比较复杂,例如,水面波,不能简单地将其归入基本的横波或纵波,由于水面上的各质元都受到重力和表面张力的共同作用,使得它沿着椭圆轨道运行,既有横向运动,也有纵向运动,因此水波既不是横波也不是纵波.

14.1.3 波面 波前 波线

为了形象地描述波在空间中的传播情况,常引入波面、波前和波线的概念.

波在传播过程中,介质中各质元都在各自的平衡位置附近振动,任一时刻介质中各质元的振动相位相同的点连成的面称为波面. 因为同一波面上所有质元的振动相位相同,所以波面又称为同相面. 波面为平面的波称为平面波,波面为球面的波称为球面波. 某一时刻,最前方的波面称为波前或波阵面.任一时刻的波面可以有任意多个,但波前只有一个.

沿波的传播方向作一些带有箭头的线(其箭头指向波的传播方向),称为波线.振动状态沿波线传播,因此沿波线方向上各质元的振动相位依次落后.

在各向同性均匀介质中,波线恒与波面垂直.对于平面波,波线是与波面垂直的一系列相互平行的射线,如图 14-1(a)所示.对于球面波,波线是由点波源发出并沿矢径方向的一系列射线,如图 14-1(b)所示.

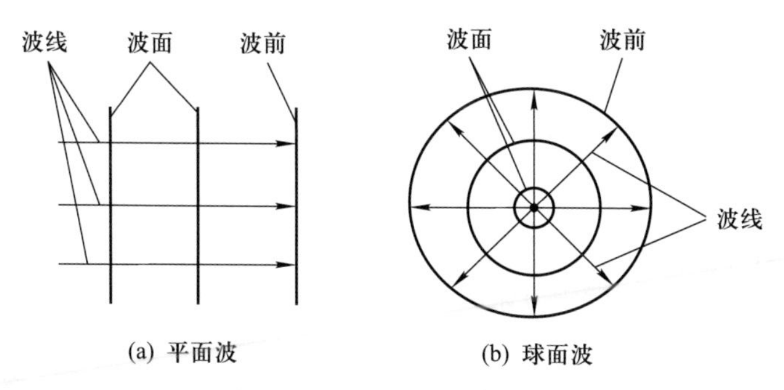

图 14-1 平面波和球面波

14.1.4 波长 波的周期和频率 波速

除了上述几何表征外，描述波的传播还需要知道其波长、周期(或频率)、波速等重要物理量，这也是波的特征量.

波传播时，同一波线上相位差为 2π 的两相邻质元之间的距离，称为波长，用 λ 表示，单位是米(m).波源做一次完全振动，波前进的距离(即振动状态传播的距离)等于一个波长，也是同一波线上振动状态相同的两相邻点之间的距离.波长体现了波的空间周期性.例如，在横波中，波长等于相邻“波峰-波峰”或相邻“波谷-波谷”之间的距离；在纵波中，波长等于相邻“密部-密部”或相邻“疏部-疏部”之间的距离.

波前进一个波长的距离所需要的时间称为波的周期，常用 T 来表示，单位是秒(s)，也是波源(或各质元)完成一次完全振动所需要的时间，它反映了波的时间周期性.

单位时间内，波前进距离中完整波的数目称为波的频率，常用 ν 来表示，单位是赫兹(Hz). 介质中任一质元在单位时间内完成完全振动的次数也是 ν.显然，频率与周期互为倒数关系，即

$$\nu = \frac{1}{T}. \tag{14-1}$$

在波的传播过程中，波的周期和频率都等于波源的周期和频率，与介质无关.波在不同介质中传播时，它的周期和频率是不变的.

单位时间内振动状态所传播的距离称为波速，常用 u 来表示，单位是米每秒(m/s). 波速体现了振动状态或振动相位在介质中传播的快慢程度，因此也称为相速度(简称相速).

波在一个周期内前进一个波长的距离，因此

$$u = \frac{\lambda}{T} = \nu\lambda. \tag{14-2}$$

式(14-2)通过波速这一概念将波的空间周期性和时间周期性联系在一起，它表明，质元每完成一次完全振动，波就向前移动一个波长的距离.式(14-2)适用于所有波，具有普适性.波长、周期(或频率)和波速是描述波动的重要物理量.

实验和理论都证明，固体中横波和纵波的波速 u 分别为

$$u = \sqrt{\frac{G}{\rho}} \quad (\text{横波}), \tag{14-3}$$

$$u = \sqrt{\frac{Y}{\rho}} \quad (\text{纵波}), \tag{14-4}$$

其中，G，Y，ρ 分别为介质的切变模量、杨氏模量和质量密度.

在拉紧的绳索或细线上,横波的波速为

$$u=\sqrt{\frac{T}{\rho_1}}, \tag{14-5}$$

其中,T 为绳索或细线上的张力,ρ_1 为质量线密度.

在液体或气体中,纵波的波速为

$$u=\sqrt{\frac{B}{\rho}}, \tag{14-6}$$

其中,B 为介质的体变模量.

以上各式表明,波速取决于介质的性质,与波源无关.

对于不同的介质,波速是不同的.对于弹性波,波速的大小取决于介质的特性,例如,0 ℃时,声波在空气、冰、玻璃中的速度分别是 331.5 m·s^{-1},3230 m·s^{-1},5500 m·s^{-1}.即便在同一介质中,不同温度下的波速一般也不同,例如,声波在 20 ℃的水中的波速是 1460 m·s^{-1}.因此波速受介质、温度等多种因素影响.

14.2 平面简谐波

波动是弹性介质中大量质元同时参与的一种集体运动,是波源振动状态的传播. 由于振动的复杂性,导致了波的复杂性. 若波源做的是简谐振动,则波传播到的空间中的各点都按波源的振动规律做简谐振动,这种波称为简谐波,也叫作正弦波或余弦波. 任何一种复杂的波都可以表示为若干简谐波的叠加,因此简谐波是一种最基本、最重要的波,研究它的运动规律是研究更复杂波的基础.

若简谐波的波面为平面,则这样的波称为平面简谐波.本节我们主要讨论简谐波在无能量吸收、各向同性、均匀且无限大的介质中传播时的物理特征.

14.2.1 平面简谐波的波函数

由于波是大量质元同时参与的集体运动,因此如何转化成函数形式描述它显得尤为重要. 描述波传播的函数称为波函数. 对于在无能量吸收、各向同性、均匀介质中传播的平面简谐波,波沿相互平行的波线方向传播,对于垂直于波线上的任一波面,其上各点的振动状态完全相同. 因此,只要知道了与波面垂直的任一波线上波的传播规律,就知道了整个空间中波的传播规律.换言之,只要能确定一条波线上各质元的运动方程,也就确定了波函数.

设有一平面简谐波,在无能量吸收、各向同性、均匀介质中沿 x 轴正方向传播,其波速为 u. 介质中各质元的振动方向沿 y 轴方向. 取其中一波线为 x 轴,任取一波面，其坐标为 x，则该波面和过原点的波面的相对位置如图 14－2(a)所示. 那么，所取波面与 x 轴的交点 P 的坐标为 x，如图 14－2(b)所示. 已知 O 点处质元在 t 时刻的运动方程为

$$y_0 = A\cos(\omega t + \varphi_0).$$

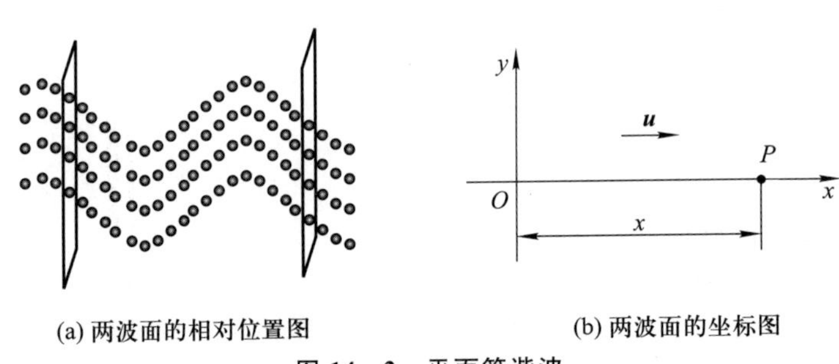

(a) 两波面的相对位置图　　(b) 两波面的坐标图

图 14－2　平面简谐波

现在，我们需要确定 P 点处质元的运动方程. 由于介质无能量吸收，因此位于 P 点处的波面上的所有质元均以相同的振幅 A 和角频率 ω 重复 O 点处质元的运动.波由 O 点传播到 P 点所需要的时间为 $\Delta t = \dfrac{x}{u}$，显然，P 点处质元在 t 时刻的振动状态与 O 点处质元在 $t-\Delta t$ 时刻的振动状态相同，也就是说，O 点处质元在 $t-\Delta t$ 时刻的振动状态经过 Δt 时间后传递给了 P 点处的质元. 从相位的角度来讲，P 点处质元的相位比 O 点处质元的相位落后了 $\omega\Delta t = \omega\dfrac{x}{u}$，故 P 点处质元在 t 时刻的运动方程为

$$y_P = A\cos\left(\omega t + \varphi_0 - \omega\frac{x}{u}\right).$$

因 P 点为 x 轴上的任意一点，故可略去下标，则 x 轴上坐标为 x 处质元的运动方程为

$$y = A\cos\left[\omega\left(t - \frac{x}{u}\right) + \varphi_0\right]. \tag{14-7}$$

式(14－7)中的 x 可以取遍整个 x 轴，它代表了空间所有波面上的质元在 t 时刻的位移，因此它反映了整个空间中的质元振动情况. 式(14－7)就是描述平面简谐波的波函数，也称为波动方程.

由于 $\lambda = uT$，$\omega = \dfrac{2\pi}{T} = 2\pi\nu$，因此平面简谐波的波函数也可写成其他形式：

$$y = A\cos\left[2\pi\left(\frac{t}{T} - \frac{x}{\lambda}\right) + \varphi_0\right], \tag{14-8}$$

$$y = A\cos\left[2\pi\left(\nu t - \frac{x}{\lambda}\right) + \varphi_0\right], \tag{14-9}$$

$$y = A\cos\left[\frac{2\pi}{\lambda}(ut - x) + \varphi_0\right]. \tag{14-10}$$

若平面简谐波在无能量吸收、均匀介质中沿 x 轴负方向传播，则 P 点处质元的相位比 O 点处质元的相位超前了 $\omega\Delta t = \omega\,\dfrac{x}{u}$，因此可得平面简谐波的波函数为

$$y = A\cos\left[\omega\left(t + \frac{x}{u}\right) + \varphi_0\right]. \tag{14-11}$$

同理，也可写成其他形式：

$$y = A\cos\left[2\pi\left(\frac{t}{T} + \frac{x}{\lambda}\right) + \varphi_0\right], \tag{14-12}$$

$$y = A\cos\left[2\pi\left(\nu t + \frac{x}{\lambda}\right) + \varphi_0\right], \tag{14-13}$$

$$y = A\cos\left[\frac{2\pi}{\lambda}(ut + x) + \varphi_0\right]. \tag{14-14}$$

14.2.2 波函数的物理意义

为了更好地理解平面简谐波的波函数的物理意义，我们对波函数 $y = A\cos\left[\omega\left(t - \dfrac{x}{u}\right) + \varphi_0\right]$ 做进一步讨论. 以沿 x 轴正方向传播的平面简谐波为例.

(1) 若 x 给定，即 $x = x_0$（x_0 为一常量），则波函数为

$$y = A\cos\left(\omega t - \omega\,\frac{x_0}{u} + \varphi_0\right).$$

此时，位移 y 仅是时间 t 的函数. 上式表示的是 x_0 处质元的位移随时间的变化.若令 $\varphi = -\omega\,\dfrac{x_0}{u} + \varphi_0$，$\varphi$ 为 x_0 处质元的初相，则上式变为

$$y = A\cos(\omega t + \varphi).$$

上式正是简谐振动的运动方程，相应的振动曲线如图 14-3 所示.这种情况相当于给特定位置 x_0 处的质元录像，以反映其在不同时刻的位移，这也反映了波的时间周期性.

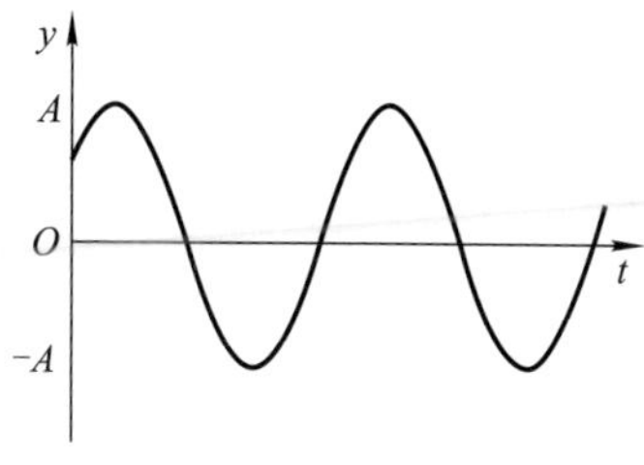

图 14-3 y-t 曲线

(2) 若 t 给定，即 $t = t_0$（t_0 为一常量），则波函数还可以改写成

$$y = A\cos\left(\omega t_0 - 2\pi\frac{x}{\lambda} + \varphi_0\right).$$

此时,位移 y 仅是位置坐标 x 的函数.上式表示的是 t_0 时刻波线上所有质元相对于各自平衡位置的位移分布情况,即 t_0 时刻波的瞬时波形,相当于在 t_0 时刻给所有质元拍集体照的情况.我们还可以根据上式画出 $y-x$ 曲线. 若 $\varphi_0=0$,则 t_0 时刻的波形图如图 14-4(a)所示, $t=\dfrac{T}{4}$时刻则变为如图 14-4(b)所示的波形图,它反映了波的空间周期性.

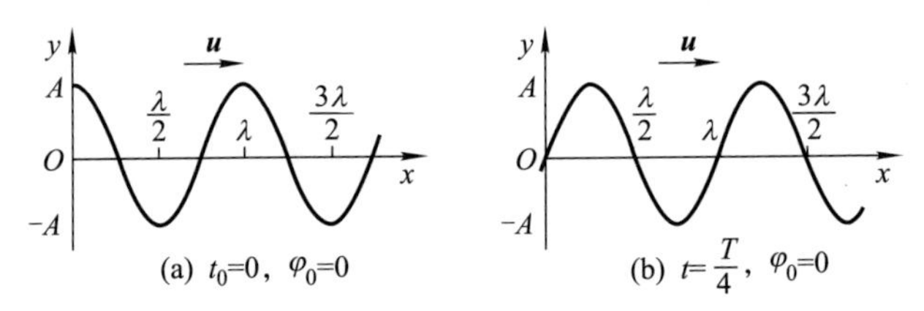

图 14-4 不同时刻的 $y-x$ 曲线

根据波形图,我们还可以求出波线上任意两点的相位差. t_0 时刻,坐标为 x_1 处质元的相位为

$$\varphi_1 = \omega t_0 - 2\pi\frac{x_1}{\lambda} + \varphi_0,$$

坐标为 x_2 处质元的相位为

$$\varphi_2 = \omega t_0 - 2\pi\frac{x_2}{\lambda} + \varphi_0,$$

两质元的相位差为

$$\begin{aligned}\Delta\varphi &= \left(\omega t_0 - 2\pi\frac{x_2}{\lambda} + \varphi_0\right) - \left(\omega t_0 - 2\pi\frac{x_1}{\lambda} + \varphi_0\right)\\ &= -2\pi\frac{x_2 - x_1}{\lambda}\\ &= -2\pi\frac{\Delta x}{\lambda}.\end{aligned}$$

若 $\Delta x>0$,则 $\Delta\varphi<0$,说明 x_2 处质元的振动相位落后于 x_1 处质元的振动相位,反映了沿波的传播方向上相位依次落后的这一规律.

(3) 若 x,t 都变化,则波函数表示波线上各质元在不同时刻的位移分布情况.式(14-7)表示 t 时刻 x 处质元的位移,则经过 Δt 时间后(即 $t+\Delta t$ 时刻), $x+\Delta x$ 处质元的位移为

$$y(x+\Delta x, t+\Delta t) = A\cos\left[\omega\left(t + \Delta t - \frac{x+\Delta x}{u}\right) + \varphi_0\right].$$

由于波是以波速 u 向前传播的，若取 $\Delta x=u\Delta t$，则上式可变为

$$y(x+\Delta x,t+\Delta t)=A\cos\left[\omega\left(t+\Delta t-\frac{x+u\Delta t}{u}\right)+\varphi_0\right]$$

$$=A\cos\left[\omega\left(t-\frac{x}{u}\right)+\varphi_0\right],$$

即

$$y(x+\Delta x,t+\Delta t)=y(x,t).$$

该结果说明，$t+\Delta t$ 时刻 $x+\Delta x$ 处质元的位移和 t 时刻 x 处质元的位移相同.也就是说，t 时刻 x 处质元的振动状态在经过 Δt 时间后传播了 $\Delta x=u\Delta t$ 的距离.上述振动状态是任意取的，这也说明任意振动状态经过 Δt 时间后都会向前传播同样的距离 Δx. 同时也意味着整个波形经过 Δt 时间后，在传播方向上会平移 $\Delta x=u\Delta t$ 的距离.图 14-5 给出的是 t 和 $t+\Delta t$ 时刻的波形图. 显然，经过一个周期的时间，波形平移的距离将是一个波长 λ. 这也告诉我们，波的传播是振动状态的传播，也是波形的传播，因此这种波也可称为行走的波，简称行波.

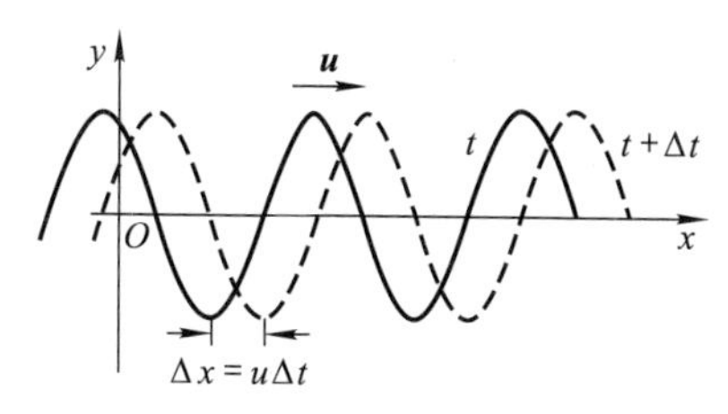

图 14-5 波的传播

【例 14-1】 一沿 x 轴正方向传播的平面简谐波，其波函数为

$$y=0.5\cos\left(2\pi t-\frac{\pi x}{20}-\frac{\pi}{2}\right)\ \text{m}.$$

(1) 求该波的振幅、周期、波长及波速；

(2) 在同一图中画出 $t=0$ 和 $t=0.25$ s 两时刻的波形图；

(3) 求距 O 点 5 m 和 10 m 处质元的运动方程及其相位差.

解:(1) 本例中的波函数可改写为

$$y=0.5\cos\left[2\pi\left(t-\frac{x}{40}\right)-\frac{\pi}{2}\right]\ \text{m},$$

将其与波函数的标准形式 $y=A\cos\left[\omega\left(t-\frac{x}{u}\right)+\varphi_0\right]$相比较，可得振幅 $A=0.5$ m，周期 $T=\frac{2\pi}{\omega}=1$ s，波速 $u=40\ \text{m}\cdot\text{s}^{-1}$，波长 $\lambda=uT=40$ m.

(2) 由题意可知，$t=0$ 时刻，

$$y=0.5\cos\left(-\frac{\pi x}{20}-\frac{\pi}{2}\right)\ \text{m}$$

$$=0.5\cos\left(\frac{\pi x}{20}+\frac{\pi}{2}\right)\ \text{m}$$

$$=-0.5\sin\frac{\pi x}{20}\ \mathrm{m}.$$

这是一个关于 x 的周期为 40 m 的正弦函数，其曲线如图 14-6 中的实线所示.

$t=0.25$ s 时刻，

$$y=0.5\cos\left(2\pi\times0.25-\frac{\pi x}{20}-\frac{\pi}{2}\right)\ \mathrm{m}$$

$$=0.5\cos\left(-\frac{\pi x}{20}\right)\ \mathrm{m}$$

$$=0.5\cos\frac{\pi x}{20}\ \mathrm{m}.$$

这是一个关于 x 的周期为 40 m 的余弦函数，其曲线如图 14-6 中的虚线所示.

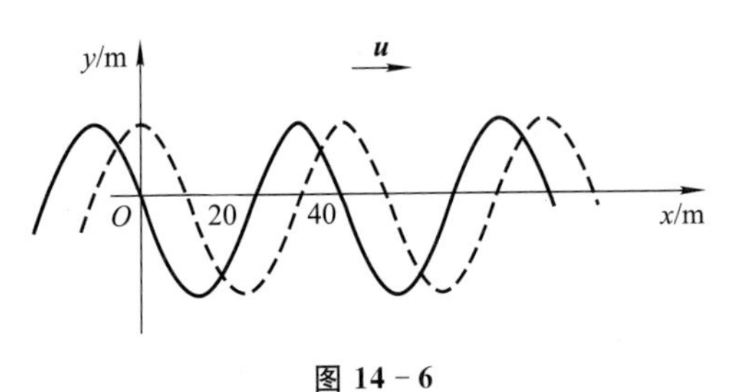

图 14-6

(3) 波函数

$$y=0.5\cos\left[2\pi\left(t-\frac{x}{40}\right)-\frac{\pi}{2}\right]\ \mathrm{m}$$

可以理解为 t 时刻 x 处质元的运动方程，因此，要得到 $x_1=5$ m 和 $x_2=10$ m 处质元的运动方程，只需将其坐标分别代入上式即可.

所以 $x_1=5$ m 和 $x_2=10$ m 处质元的运动方程分别为

$$y_5=0.5\cos\left(2\pi t-\frac{5\pi}{20}-\frac{\pi}{2}\right)\ \mathrm{m}$$

$$=0.5\cos\left(2\pi t-\frac{3\pi}{4}\right)\ \mathrm{m},$$

$$y_{10}=0.5\cos\left(2\pi t-\frac{10\pi}{20}-\frac{\pi}{2}\right)\ \mathrm{m}$$

$$=0.5\cos(2\pi t-\pi)\ \mathrm{m},$$

两质元的相位差为

$$\Delta\varphi=\varphi_{10}-\varphi_5$$

$$=(2\pi t-\pi)-\left(2\pi t-\frac{3\pi}{4}\right)$$

$$=-\frac{\pi}{4}.$$

根据前述波长的定义，我们知道，沿波的传播方向上相位差为 2π 的两质元之间的距离为 λ，因此相位差也可以根据 $\dfrac{\Delta\varphi}{-2\pi}=\dfrac{x_2-x_1}{\lambda}$ 求得.

【例 14－2】 一机械波沿 x 轴正方向传播，$t=0$ 时刻的波形图如图 14－7 所示，已知波速为 20 m·s^{-1}，波长为 4 m. 求：

(1) 原点处质元的运动方程；

(2) 波函数；

(3) P 点的坐标；

(4) P 点处质元回到平衡位置所需的最短时间.

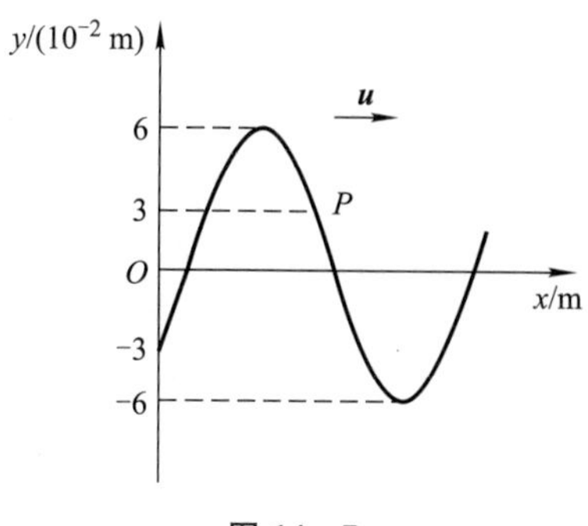

图 14－7

解：(1) 由图 14－7 可知，$A=0.06$ m，$t=0$ 时刻，$y_0=-0.03$ m $=-A/2$，$v_0<0$，其状态对应的旋转矢量图如图 14－8 所示.

由其旋转矢量图可得，原点处质元的初相为 $\varphi_0=\dfrac{2\pi}{3}$.

又知 $\lambda=4$ m，$u=20$ m·s^{-1}，则

$$\nu=\frac{u}{\lambda}=\frac{20}{4}\ \text{Hz}=5\ \text{Hz},\quad \omega=2\pi\nu=10\pi\ \text{rad}\cdot\text{s}^{-1}.$$

所以原点处质元的运动方程为

$$y=0.06\cos\left(10\pi t+\frac{2\pi}{3}\right)\ \text{m}.$$

(2) 波函数为 $y=0.06\cos\left[10\pi\left(t-\dfrac{x}{20}\right)+\dfrac{2\pi}{3}\right]$ m.

(3) 由图 14－7 可知，$t=0$ 时刻，$y_P=0.03$ m $=\dfrac{A}{2}$，$v_P>0$，其状态对应的旋转矢量图位于图 14－9 中实线所示的位置.

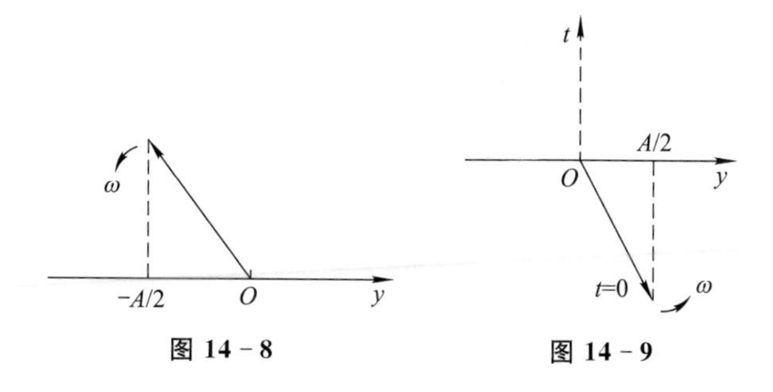

图 14－8　　图 14－9

根据波沿传播方向上的相位依次落后的特征，我们知道，P 点处质元的相位应该落后于原点处质元的相位，所以 P 点处质元的初相为 $\varphi_P=-\dfrac{\pi}{3}$，即

$$\left[10\pi\left(t-\frac{x}{20}\right)+\frac{2\pi}{3}\right]_{t=0}=-\frac{\pi}{3},$$

因此可得

$$x=2\ \mathrm{m}.$$

(4) P 点处质元回到平衡位置所需的最短时间应该是其第一次回到平衡位置所需的时间,也就是其对应的旋转矢量旋转至图14-9所示的虚线位置所需的时间,P 点处质元在 Δt 时间内的相位差等于旋转矢量在 Δt 时间内的角位移,故相位差为

$$\Delta\varphi=\frac{\pi}{2}-\left(-\frac{\pi}{3}\right)=\frac{5}{6}\pi,$$

所以

$$\Delta t=\frac{\Delta\varphi}{\omega}=\frac{5\pi/6}{10\pi}\ \mathrm{s}=\frac{1}{12}\ \mathrm{s}.$$

*14.2.3 波动微分方程

前面我们从运动学的角度讨论了平面简谐波的传播规律,并重点讨论了平面简谐波的波函数.还可以从动力学的角度讨论一般平面波所满足的波动微分方程,利用式(14-7),将其分别对 t 和 x 求二阶偏导,可得

$$\frac{\partial^2 y}{\partial t^2}=-\omega^2 A\cos\left[\omega\left(t-\frac{x}{u}\right)+\varphi_0\right],$$

$$\frac{\partial^2 y}{\partial x^2}=-A\,\frac{\omega^2}{u^2}\cos\left[\omega\left(t-\frac{x}{u}\right)+\varphi_0\right].$$

对比上述两式,易得

$$\frac{\partial^2 y}{\partial x^2}=\frac{1}{u^2}\,\frac{\partial^2 y}{\partial t^2}. \tag{14-15}$$

因为任意平面波都可以看成若干平面简谐波的叠加,所以式(14-15)具有普适性,它适用于各种平面波.式(14-15)称为沿 x 方向传播的平面波的波动微分方程,该波动微分方程既适用于机械波,也适用于电磁波.它是物理学中的一个具有普遍意义的波动微分方程,也就是说,对于任意一个物理量 ξ,若它对时间 t 和坐标 x 的二阶偏导满足式(14-15),则该物理量以波的形式在空间中传播,其中,式(14-15)中二阶偏导 $\dfrac{\partial^2 y}{\partial t^2}$ 前的系数的倒数的平方根就是该波的波速.

一般情况下,任意物理量 $\xi(x,y,z,t)$ 在三维空间中以波的形式传播,若介质是无能量吸收、各向同性、均匀的,则

$$\frac{\partial^2 \xi}{\partial x^2}+\frac{\partial^2 \xi}{\partial y^2}+\frac{\partial^2 \xi}{\partial z^2}=\frac{1}{u^2}\,\frac{\partial^2 \xi}{\partial t^2}. \tag{14-16}$$

式(14-16)是描述波的线性二阶偏微分方程,通常称为波动微分方程.通过求解具

有一定边界条件的波动微分方程,能深入理解波的传播规律. 因其求解方法比较复杂,故本书不做讨论.

14.3 波的能量 能流密度

我们知道,机械波的形成过程是机械振动在弹性介质中的传播过程. 振动在弹性介质中传播时,介质中的每一个质元都在各自的平衡位置附近振动,因此每一个质元具有一定的振动动能. 同时,各质元之间要发生相对形变,从而又具有一定的弹性势能.所以波动过程也是能量传播的过程,这也是各种波的共同特征.

14.3.1 波的能量 能量密度

以细棒中传播的纵波为例,如图 14-10 所示,细棒的横截面积为 S,质量密度为 ρ. 取细棒的左端为原点 O、沿细棒向右为 x 轴正方向建立坐标系,当细棒中某质元受迫发生振动时,细棒中的每一小段将被不断交替拉伸和压缩,因此会形成纵波. 假如形成的纵波沿 x 轴正方向传播,则波函数为

$$y = A\cos\left[\omega\left(t - \frac{x}{u}\right) + \varphi_0\right].$$

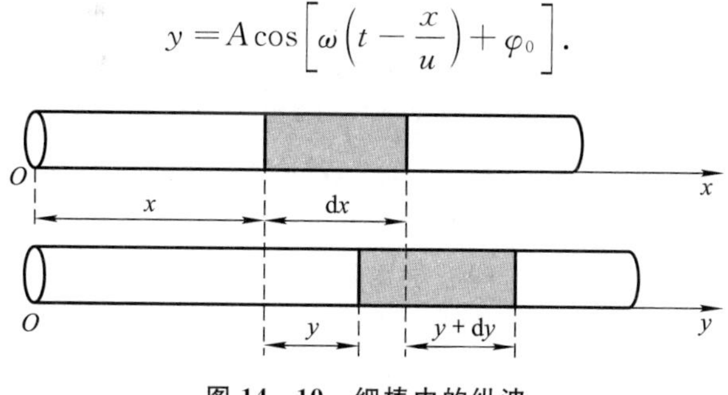

图 14-10 细棒中的纵波

在距原点 O 为 x 处取一长为 $\mathrm{d}x$ 的质元,则该质元的体积为 $\mathrm{d}V = S\mathrm{d}x$,质量为 $\mathrm{d}m = \rho S\mathrm{d}x$,当波传播到该质元的位置时,其振动速度为

$$v = \frac{\partial y}{\partial t} = -\omega A\sin\left[\omega\left(t - \frac{x}{u}\right) + \varphi_0\right],$$

则该质元的振动动能为

$$\mathrm{d}E_{\mathrm{k}} = \frac{1}{2}(\mathrm{d}m)v^2 = \frac{1}{2}(\rho\mathrm{d}V)\omega^2 A^2\sin^2\left[\omega\left(t - \frac{x}{u}\right) + \varphi_0\right]. \qquad (14-17)$$

质元因发生形变而具有弹性势能,故其势能为

$$\mathrm{d}E_{\mathrm{p}} = \frac{1}{2}k(\mathrm{d}y)^2,$$

其中，k 为细棒的劲度系数，它与杨氏模量之间的关系为 $k=SY/\mathrm{d}x$，这里，Y 是杨氏模量，所以

$$\mathrm{d}E_{\mathrm{p}}=\frac{1}{2}k(\mathrm{d}y)^2=\frac{1}{2}\frac{YS}{\mathrm{d}x}(\mathrm{d}y)^2=\frac{1}{2}YS\mathrm{d}x\left(\frac{\mathrm{d}y}{\mathrm{d}x}\right)^2.$$

利用纵波的波速 $u=\sqrt{Y/\rho}$，质元的势能可变为

$$\mathrm{d}E_{\mathrm{p}}=\frac{1}{2}\rho u^2\mathrm{d}V\left(\frac{\mathrm{d}y}{\mathrm{d}x}\right)^2.$$

由于 y 是 x 和 t 的函数，因此$\frac{\mathrm{d}y}{\mathrm{d}x}$应写为$\frac{\partial y}{\partial x}$，由其波函数可得

$$\frac{\partial y}{\partial x}=\frac{\omega A}{u}\sin\left[\omega\left(t-\frac{x}{u}\right)+\varphi_0\right],$$

所以质元的势能可改写为

$$\mathrm{d}E_{\mathrm{p}}=\frac{1}{2}(\rho\mathrm{d}V)\omega^2A^2\sin^2\left[\omega\left(t-\frac{x}{u}\right)+\varphi_0\right]. \tag{14-18}$$

质元的机械能为其动能和势能之和，即

$$\begin{aligned}\mathrm{d}E&=\mathrm{d}E_{\mathrm{k}}+\mathrm{d}E_{\mathrm{p}}\\&=(\rho\mathrm{d}V)\omega^2A^2\sin^2\left[\omega\left(t-\frac{x}{u}\right)+\varphi_0\right].\end{aligned} \tag{14-19}$$

由式(14－17)、式(14－18)和式(14－19)易知，在平面简谐波的传播过程中，任意质元的动能、势能和机械能都随时间 t 做周期性变化且同相位. 任意时刻，其动能和势能都是相等的，即 $\mathrm{d}E_{\mathrm{k}}=\mathrm{d}E_{\mathrm{p}}$，二者同时达到最大值和最小值. 在平衡位置处，质元的速度最大，动能最大，势能也最大；在最大位移处，质元的速度为零，动能为零，势能也为零. 也就是说，在振动的传播过程中，每个质元的能量都是不守恒的，这与自由振动的弹簧振子的能量保持不变的情况完全不同. 每个质元都不是独立地做简谐振动，而是与相邻的质元有相互作用，通过相互作用，质元不断地从前一个质元接收能量，又不断地将能量传递给后一个质元，所以说波动过程就是能量的传播过程.

波传播时，单位体积中波的能量称为波的能量密度，常用 w 表示：

$$w=\frac{\mathrm{d}E}{\mathrm{d}V}=\rho\omega^2A^2\sin^2\left[\omega\left(t-\frac{x}{u}\right)+\varphi_0\right], \tag{14-20}$$

其中，ρ 为介质的质量密度. 若介质是线或绳索，则 ρ 是其质量线密度. 对于介质中的任一点，波的能量密度也随时间做周期性变化. 能量密度在一个周期内的平均值称为平均能量密度，常用 $\overline{w}$ 表示：

$$\overline{w}=\frac{1}{T}\int_0^T w\mathrm{d}t=\frac{1}{T}\int_0^T\rho\omega^2A^2\sin^2\left[\omega\left(t-\frac{x}{u}\right)+\varphi_0\right]\mathrm{d}t=\frac{1}{2}\rho\omega^2A^2. \tag{14-21}$$

由式(14－19)、式(14－20)和式(14－21)可知，对于一定的介质，波的能量、能量密度，以及平均能量密度均与介质的密度、振幅和角频率有关.

14.3.2 能流 能流密度

波动过程中能量在介质中传播，犹如能量在介质中流动一样，为表述这一特性，我们引入能流的概念.单位时间内垂直通过某一截面的能量叫作通过该截面的能流，用 P 表示.

假设在垂直于波的传播方向(即波速 u 的方向)上取一面积 S，如图 14－11 所示. 体积$(u\mathrm{d}t)S$ 中的能量 $\mathrm{d}E$ 在 $\mathrm{d}t$ 时间内均通过了面积 S，即

$$\mathrm{d}E = w(u\mathrm{d}t)S.$$

能流 P 为

$$P = \frac{\mathrm{d}E}{\mathrm{d}t} = wuS, \tag{14-22}$$

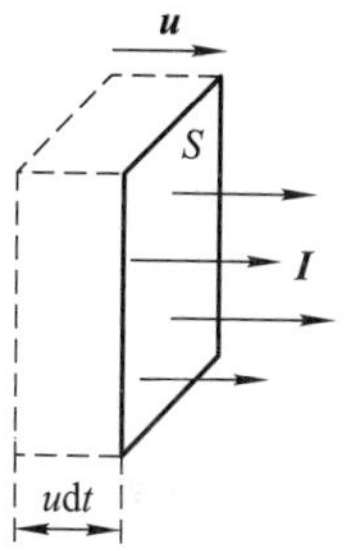

图 14－11 波的能流推导用图

单位时间内通过面积 S 的平均能量为

$$\overline{P} = \overline{w}uS. \tag{14-23}$$

单位时间内通过垂直于波的传播方向上单位面积的平均能量称为能流密度，常用 I 表示，单位为瓦特每平方米($\mathrm{W\cdot m^{-2}}$). 显然，

$$I = \frac{\overline{P}}{S} = \overline{w}u = \frac{1}{2}\rho\omega^2A^2u. \tag{14-24}$$

能流密度越大，单位时间内通过垂直于波的传播方向上单位面积的平均能量就越多，波就越强. 因此能流密度是表示波的强弱的一个物理量，又称为波的强度. 它是一个矢量，在各向同性介质中，它的方向与波的传播方向相同，其矢量式为

$$\boldsymbol{I} = \overline{w}\boldsymbol{u}. \tag{14-25}$$

由式(14－24)可知，波的强度与波的振幅有关，那么波在传播过程中，其振幅又是如何演化的呢？下面我们以一个例题来讨论不同波在传播过程中的振幅特点.

【例 14－3】 试证明：在无能量吸收、各向同性、均匀介质中，对于平面简谐波，其在行进方向上的振幅不变；对于球面简谐波，其振幅与其距波源的距离成反比.

证明：(1) 对于平面简谐波，在沿垂直于波的传播方向上任取两个平面 S_1 和 S_2，二者的面积相等，均为 ΔS，如图 14－12(a)所示. 由于介质无能量吸收，因此，在一个周期 T 内流过 S_1 面和 S_2 面的能量相等. 设两个平面处的振幅分别是 A_1 和 A_2，则

$$I_1T\Delta S = I_2T\Delta S,$$

由式(14－24)可知

$$I_1=\frac{1}{2}\rho\omega^2A_1^2u,$$

$$I_2=\frac{1}{2}\rho\omega^2A_2^2u,$$

所以

$$\frac{1}{2}\rho\omega^2A_1^2uT\Delta S=\frac{1}{2}\rho\omega^2A_2^2uT\Delta S,$$

因此可得

$$A_1=A_2.$$

由此可见,平面简谐波在无能量吸收、各向同性、均匀介质中传播时振幅将保持不变.

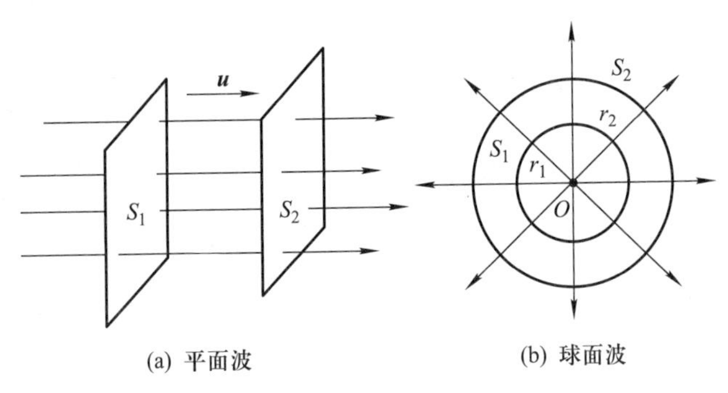

(a) 平面波　　(b) 球面波

图 14-12

(2) 对于球面简谐波,设一做简谐振动的波源处在无能量吸收、各向同性、均匀介质中,波源为 O 点,在距波源为 r_1,r_2 处分别取两个球面,如图 14-12(b)所示,则在一个周期 T 内流过两个球面的能量仍然相等.设两个球面处的振幅分别是 A_1 和 A_2,则

$$I_1S_1T=I_2S_2T,$$

其中,$S_1=4\pi r_1^2$,$S_2=4\pi r_2^2$,所以

$$\frac{1}{2}\rho\omega^2A_1^2u\cdot 4\pi r_1^2T=\frac{1}{2}\rho\omega^2A_2^2u\cdot 4\pi r_2^2T,$$

因此可得

$$\frac{A_1}{A_2}=\frac{r_2}{r_1}.$$

由此可见,球面简谐波的振幅与其距波源的距离成反比.若距波源单位距离处质元的振幅为 A_0,其相位随 r 的增加而落后的关系与平面简谐波相似,则可得球面简谐波的波函数为

$$y=\frac{A_0}{r}\cos\left[\omega\left(t-\frac{r}{u}\right)+\varphi_0\right]. \tag{14-26}$$

此处，我们讨论的是理想情况，即介质无能量吸收. 实际上，波在介质中传播时，介质总要吸收波的一部分能量，因此波的强度会沿其传播方向逐渐衰减，这种现象称为波的吸收. 实际上，波的强度是按指数形式衰减的，所以即便是平面简谐波，其振幅也会因介质的吸收而逐渐减小.

14.4　惠更斯原理

波在各向同性、均匀介质中传播时，只要沿途不遇到障碍物，波前的形状将一直保持不变. 但是，若遇到障碍物，则其传播情况将发生改变. 例如，如图 14－13 所示的水波演示实验，圆形波遇到障碍物（例如，小孔）时，就会看到小孔后面也出现了圆形波，小孔好像是这个圆形波的波源.实验发现，无论左方传来的波是圆形波还是平面波，都表现出相同的现象.即便同为平面波，即使其传播方向不同，遇到同一个障碍物时，也会表现出一样的现象.从图 14－13 所演示的现象中，说明左方传来的波只在小孔处引起了振动，可以看出小孔充当了波源的作用.从这个角度讲，波所到达的各点都可以起到波源的作用.

图 14－13　水波

荷兰物理学家惠更斯在研究波动现象时，于 1690 年提出：介质中波传播到的各点都可以看作发射子波的波源，其后的任一时刻，这些子波的包络面就是该时刻的波前，这就是惠更斯原理. 因此，根据惠更斯原理，只要知道了某一时刻的波面，就可以用几何作图法求出其后任一时刻的波面. 这种几何作图法称为惠更斯作图法，该方法在很大程度上解决了波的传播问题.

根据惠更斯原理，可以在均匀介质中用作图法求出球面波的波前的传播方向，如图 14－14(a)所示. 根据惠更斯原理可知，某一时刻波前 S_1 上的任一点都可以看作发射子波的波源，经过 Δt 时间后，其上各点发出的子波的包络面 S_2 仍是球面，也就是新时刻的波前.同理，也可以用同样的方法确定平面波（如图 14－14(b)所示）或任意形状波（如图 14－14(c)所示）的波前. 在非均匀介质中，例如，在界面处发生的反射和折射现象，也可以用惠更斯作图法做出解释，并导出反射和折射定律.

惠更斯原理不仅适用于机械波，也适用于电磁波.无论波是在均匀介质或是非均匀介质、各向同性介质或是各向异性介质中传播，惠更斯原理都适用.但需要指出的是，惠更斯原理有一定的局限性，例如，不涉及子波的振幅、相位等问题，也不能说明为什么不出现相反方向传播的波，不能解释光经过小孔后出现明暗相间条纹的现象. 后来，菲涅耳(Fresnel)对惠更斯原理做了重要补充，建立了惠更斯-菲涅耳原理，并成功解释了光的衍射现象，该部分内容将在第15章中学习讨论.

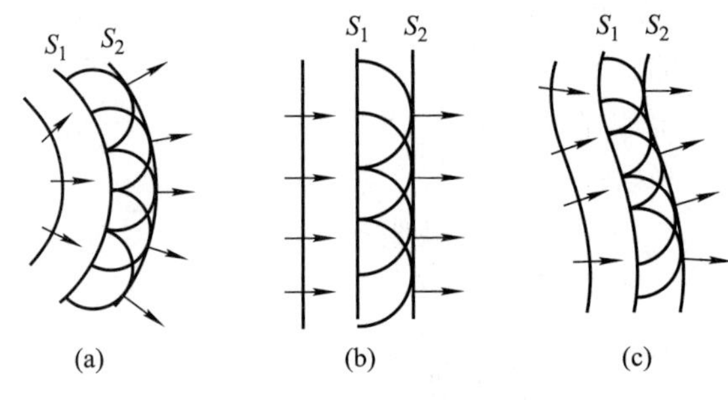

图14-14 波前和波线

14.5 波的叠加原理 波的干涉

若介质中同时存在两列或更多列波，则会不可避免地出现波相遇的问题，那么波相遇在一起又会呈现出怎样的现象呢？本节讨论波的相遇叠加问题.

14.5.1 波的叠加原理

我们都有这样的生活体验：在嘈杂的环境中仍然能分辨出熟人的声音；手机或电台的无线电波虽然在空中相遇，但仍能接收到原电波；我们往平静的水面上投掷两石子会形成两列水波，它们相遇分开后仍能保持各自原有的波形.大量事实证明，几列波在介质中同时传播时，无论是否相遇，它们都将保持各自原有的特征(例如，频率、波长、振动方向等)不变，并按照它们原来的方向继续传播，这种现象称为波的独立传播原理.

在相遇区域中，介质中任一点的振动是各列波单独传播时在该点引起的振动的合成，这一规律称为波的叠加原理.

波的叠加原理并不是普遍成立的，它仅适用于强度较小的波，在波的强度较大时它将失效，因为这时各列波会相互影响. 例如，强烈的爆炸声就有明显的相互影响.我们仅讨论叠加原理成立的情况.

14.5.2 波的干涉

我们可以利用水波盘演示波的叠加情况，如图14-15所示. 两个探针通过同一铁丝固定在同一个振动片上,振动片振动后,两个探针便随其做同频率的受迫振动,激起两列圆形波.两列圆形波叠加后,我们将看到明显的现象:某些区域的振动始终加强,某些区域的振动始终减弱,而且振动加强的区域和振动减弱的区域相互隔开,这些振动加强和振动减弱的区域在水波盘中形成一种稳定的分布.这种在叠加区域中各点合振动的强弱形成稳定分布的现象,称为波的干涉现象.然而,并不是任意两列波相遇时都能形成干涉,只有满足频率相同、振动方向相同、相位差恒定的两列波才能形成稳定的干涉图像.满足上述条件的波称为相干波,相应的波源称为相干波源.

现在,我们对波的干涉现象进行分析,设有两个做同频率振动的波源 S_1 和 S_2,例如,如图 14-15 所示的两个探针,它们的振动方向相同(垂直于纸面方向),其运动方程分别为

$$y_{10}=A_1\cos(\omega t+\varphi_1),$$
$$y_{20}=A_2\cos(\omega t+\varphi_2),$$

其中,ω 是角频率,A_1,A_2 分别是两列波的振幅,φ_1,φ_2 分别是两列波的初相. 这两个波源是相干波源,发出的波是相干波. 这两列波在同一介质中传播相遇时就会发生干涉现象. 在两列波的相遇区域取一点 P,其距两波源的距离分别为 r_1 和 r_2,如图 14-16 所示. P 点的振动方向同波源的振动方向.两列波单独引起的 P 点振动的运动方程分别为

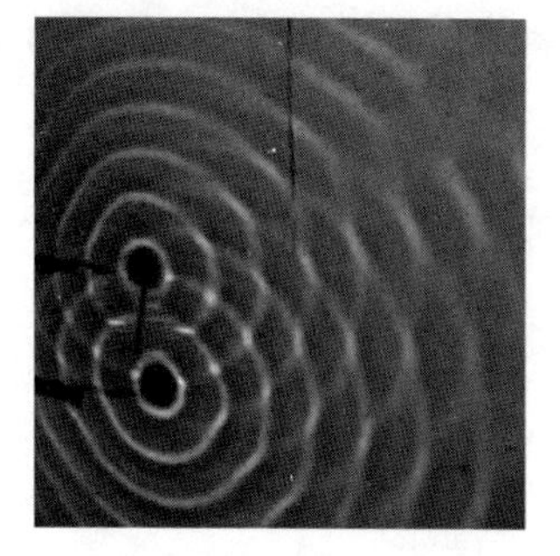

图 14-15 水波的干涉

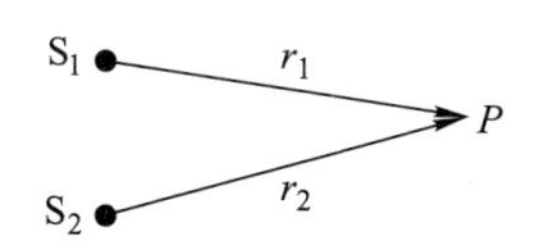

图 14-16 波的干涉推导用图

$$\begin{aligned} y_1&=A_1\cos\left(\omega t+\varphi_1-2\pi\frac{r_1}{\lambda}\right),\\ y_2&=A_2\cos\left(\omega t+\varphi_2-2\pi\frac{r_2}{\lambda}\right). \end{aligned} \tag{14-27}$$

由式(14-27)可以看出,P 点同时参与了两个同方向、同频率的简谐振动. 根据简谐振动的知识可知,P 点的合振动仍是同频率的简谐振动,其运动方程为

$$y = y_1 + y_2 = A\cos(\omega t + \varphi), \tag{14-28}$$

其中,A 和 φ 分别是合振动的振幅和初相,且

$$A = \sqrt{A_1^2 + A_2^2 + 2A_1A_2\cos\Delta\varphi}, \tag{14-29}$$

$$\Delta\varphi = (\varphi_2 - \varphi_1) - 2\pi\frac{r_2 - r_1}{\lambda}. \tag{14-30}$$

由合振动的振幅 A 的表达式可知,其大小与两个分振动的振幅 A_1,A_2,以及 $\Delta\varphi$ 都有关,但是起决定作用的是 $\Delta\varphi$,我们称 $2A_1A_2\cos\Delta\varphi$ 为干涉项,它决定了干涉结果.只要该项的值恒定,就能得到稳定的干涉图样. 显然,在叠加区域,若满足:

(1) $\Delta\varphi = \pm 2k\pi(k=0,1,2,\cdots)$,则合振动的振幅最大,即

$$A = A_1 + A_2. \tag{14-31}$$

这些位置的振动互相加强,称为干涉相长或相长干涉.

(2) $\Delta\varphi = \pm(2k+1)\pi(k=0,1,2,\cdots)$,则合振动的振幅最小,即

$$A = |A_1 - A_2|. \tag{14-32}$$

这些位置的振动互相减弱,称为干涉相消或相消干涉. 若 $A_1 = A_2$,则干涉相消点将静止不动.

当 $\Delta\varphi$ 为其他值时,合振动的振幅介于 $A_1 + A_2$ 和 $|A_1 - A_2|$ 之间.

特别地,若两个分振动的初相相同,即 $\varphi_1 = \varphi_2$,则

$$\Delta\varphi = -2\pi\frac{r_2 - r_1}{\lambda} = -2\pi\frac{\Delta r}{\lambda}. \tag{14-33}$$

即 P 点的振动完全取决于两波源与 P 点的距离之差.两波源到 P 点的距离又称为波程,根据上述结果可知:

(1) 当 $\Delta r = r_2 - r_1 = \pm 2k\frac{\lambda}{2}(k=0,1,2,\cdots)$时,合振动的振幅最大,即

$$A = A_1 + A_2. \tag{14-34}$$

也就是说,当波程差是半波长的偶数倍时,发生相长干涉或干涉相长.

(2) 当 $\Delta r = r_2 - r_1 = \pm(2k+1)\frac{\lambda}{2}(k=0,1,2,\cdots)$时,合振动的振幅最小,即

$$A = |A_1 - A_2|. \tag{14-35}$$

也就是说,当波程差是半波长的奇数倍时,发生相消干涉或干涉相消.

知道了干涉相长和干涉相消的原因后,就很容易理解图 14-15 所示水波盘中呈现的图样了. 两个探针通过同一铁丝固定在同一个振动片上,两个探针振动的相位相同,因此 $\Delta\varphi$ 由 Δr 决定,所以凡是波程差是半波长的偶数倍的地方,都是合振动的振幅最大的位置,凡是波程差是半波长的奇数倍的地方,都是合振动的振幅最小的位置,从而形成了稳定的干涉图样.

【例 14-4】 振幅和初相相同、振动频率为 ν 的两相干波源 S_1 和 S_2,发出波

长为 λ 的波，已知两波源之间的距离为 $\frac{3\lambda}{2}$，如图 14－17 所示，设两波源振动的振幅均为 A，试求：

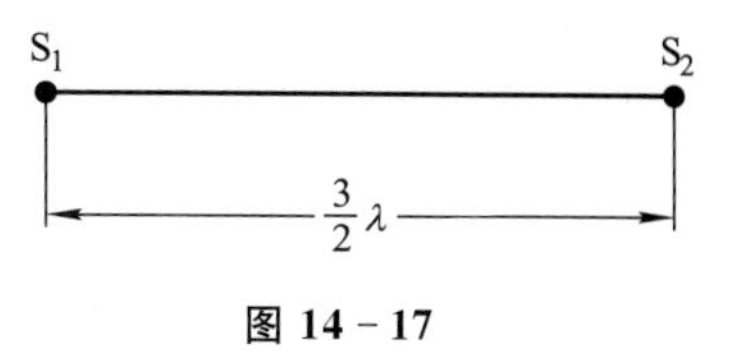

图 14－17

（1）S_1 和 S_2 之间干涉相长和干涉相消点的坐标；

（2）在 S_2 右侧的干涉情况（取波源 S_1 所在处为坐标原点）.

解：（1）解法一：设两波源振动的振幅为 A，初相为 φ_0，则两波源的运动方程分别为

$$y_{10}=A\cos(2\pi\nu t+\varphi_0),$$
$$y_{20}=A\cos(2\pi\nu t+\varphi_0).$$

以波源 S_1 为坐标原点、水平向右为 x 轴正方向建立坐标系，P 点为两波源 S_1 和 S_2 之间的一点，其距 S_1 的距离 $r_1=x$，距 S_2 的距离 $r_2=\frac{3}{2}\lambda-x$，如图14－18 所示. 两列波传播到 P 点引起 P 点振动，其运动方程分别为

$$y_1=A\cos\left(2\pi\nu t+\varphi_0-2\pi\frac{x}{\lambda}\right),$$

$$y_2=A\cos\left(2\pi\nu t+\varphi_0-2\pi\frac{\frac{3}{2}\lambda-x}{\lambda}\right),$$

相位差为

$$\Delta\varphi=\left(2\pi\nu t+\varphi_0-2\pi\frac{\frac{3}{2}\lambda-x}{\lambda}\right)-\left(2\pi\nu t+\varphi_0-2\pi\frac{x}{\lambda}\right)$$
$$=-\frac{2\pi}{\lambda}\left(\frac{3}{2}\lambda-2x\right).$$

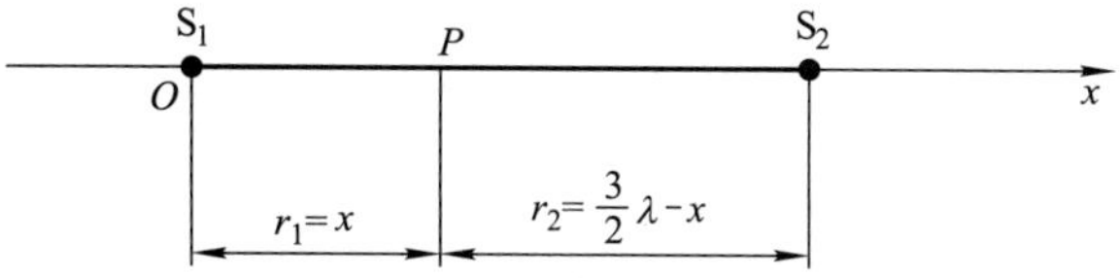

图 14－18

若干涉相长，则需要满足

$$\Delta\varphi=\pm 2k\pi\quad(k=0,1,2,\cdots),$$

即

$$\Delta\varphi=-\frac{2\pi}{\lambda}\left(\frac{3}{2}\lambda-2x\right)=\pm 2k\pi\quad(k=0,1,2,\cdots),$$

因此可得

$$x=\left(\pm\frac{1}{2}k+\frac{3}{4}\right)\lambda\quad\left(0<x<\frac{3}{2}\lambda\right).$$

取 $k=0,1$ 时，P 点距波源 S_1 的距离 $x=\frac{1}{4}\lambda,\frac{3}{4}\lambda,\frac{5}{4}\lambda$.

若干涉相消，则需要满足

$$\Delta\varphi=-\frac{2\pi}{\lambda}\left(\frac{3}{2}\lambda-2x\right)=\pm(2k+1)\pi\quad(k=0,1,2,\cdots),$$

因此可得

$$x=\left(\pm\frac{2k+1}{4}+\frac{3}{4}\right)\lambda\quad\left(0<x<\frac{3}{2}\lambda\right).$$

取 $k=0$ 时，P 点距波源 S_1 的距离 $x=\frac{1}{2}\lambda,\lambda$.

这种方法适合初学者，若读者对该部分内容已经非常熟悉，则可直接利用干涉条件求解，而无须写出运动方程.

解法二：以波源 S_1 为坐标原点，仍然建立如图 14－18 所示的坐标系. 在两波源之间任取一点 P，设其距 S_1 的距离 $r_1=x$，距 S_2 的距离 $r_2=\frac{3}{2}\lambda-x$. 因为两波源的初相相同，所以只需考虑波程差 $\Delta r=r_2-r_1=\left(\frac{3\lambda}{2}-x\right)-x=\frac{3\lambda}{2}-2x$ $\left(0<x<\frac{3}{2}\lambda\right)$.

若干涉相长，则需要满足

$$\Delta r=\pm 2k\,\frac{\lambda}{2}\quad(k=0,1,2,\cdots),$$

因此可得

$$x=\left(\mp\frac{1}{2}k+\frac{3}{4}\right)\lambda\quad\left(0<x<\frac{3}{2}\lambda\right).$$

取 $k=0,1$ 时，P 点距波源 S_1 的距离 $x=\frac{1}{4}\lambda,\frac{3}{4}\lambda,\frac{5}{4}\lambda$.

若干涉相消，则需要满足

$$\Delta r=\pm(2k+1)\,\frac{\lambda}{2}\quad(k=0,1,2,\cdots),$$

因此可得

$$x=\left(\mp\frac{2k+1}{4}+\frac{3}{4}\right)\lambda \quad \left(0<x<\frac{3}{2}\lambda\right).$$

取 $k=0$ 时，P 点距波源 S_1 的距离 $x=\frac{1}{2}\lambda,\lambda$.

所以直接利用波程差和解法一可以得到相同的结果，此题是初相相同，若初相不同又会是什么情况呢？读者可以自行试探解之.

(2) 在 S_2 右侧任取一点 P'，如图 14－19 所示.

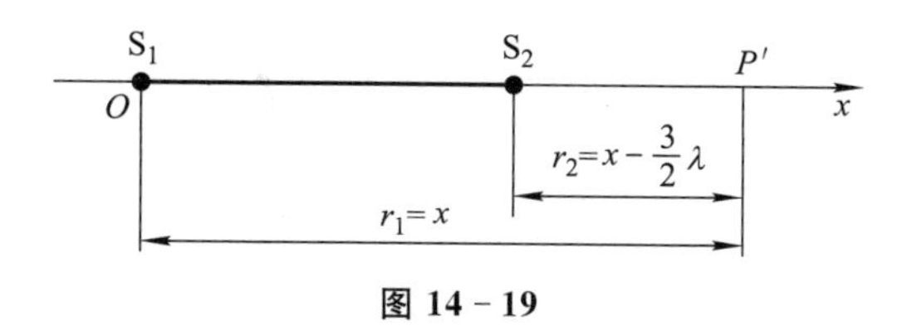

图 14－19

此处我们直接利用波程差求解，两波源传播到 P'点的波程差为

$$\Delta r=r_2-r_1=\left(x-\frac{3\lambda}{2}\right)-x=-\frac{3\lambda}{2}.$$

由此可知，波程差是一定值，与 P'点的位置无关. 由于上式满足干涉相消的条件，因此，在 S_2 右侧无干涉相长点，即 $A=A_2-A_1=0$，也就是都静止不动.

思考：在波源 S_2 左侧的干涉情况又是怎样的呢？

14.6 驻波 半波损失

前面我们讨论了相干波的叠加，那么，当两振幅相同、沿相反方向传播的相干波在介质中相遇时，叠加在一起又是怎样的呢？本节我们讨论两振幅相同、沿相反方向传播的相干波的干涉情况，即在同一介质中，频率和振幅相同、振动方向一致、传播方向相反的两列同类相干波叠加后形成的现象，称为驻波.驻波是一种特殊的干涉现象. 例如，海波(前进波)遇到海岸时便反射回来形成反射波，它与前进波互相干涉，便会形成波形不再推进的波浪.

14.6.1 驻波的形成

我们可以通过演示实验来认识驻波这一特殊的物理现象.在一固定音叉末端 A 点处系一水平细线，如图 14－20(a)所示，细线的另一端跨过滑轮悬挂一质量为 m 的砝码拉紧细线，B 点处是支撑劈尖，细线在 B 点处不能振动.当音叉振动时，其振动便由 A 点处沿着细线向右传播，形成入射波.当到达 B 点处时，入射波被反射回来,形成向左传播的反射波.若在 B 点处反射时无能量损失,则反射波和入射波的频率、振幅和振动方向都相同,只是传播方向相反.当两列波叠加后,将看不到波向前传播,只能看到如图 14-20(b)所示的振动情况.细线分段振动,图 14-20(b)中的 C_1,C_2 和 C_3 点始终不动,而 D_1,D_2,D_3 和 D_4 点的振动最强,并且质元的振动状态不向前传播,这就是驻波.

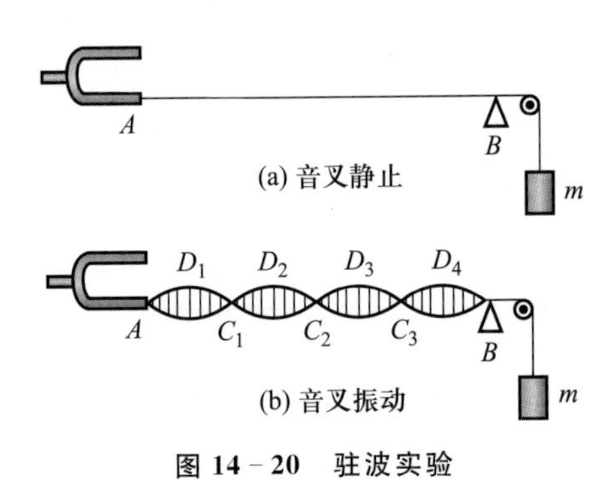

图 14-20 驻波实验

14.6.2 驻波的波函数

设频率、振幅和振动方向都相同的两列波分别沿 x 轴正方向和负方向传播,如图 14-21 所示.设两列波的波形重合时为计时起点,并取合振动的位移最大点中的一个为坐标原点,则两列波的波函数分别为

$$y_1 = A\cos 2\pi\left(\frac{t}{T}-\frac{x}{\lambda}\right),$$

$$y_2 = A\cos 2\pi\left(\frac{t}{T}+\frac{x}{\lambda}\right).$$

根据波的叠加原理可知,各点处的合振动的位移为

$$y = y_1 + y_2 = A\left[\cos 2\pi\left(\frac{t}{T}-\frac{x}{\lambda}\right)+\cos 2\pi\left(\frac{t}{T}+\frac{x}{\lambda}\right)\right],$$

利用三角函数的和差化积公式可得

$$y = \left(2A\cos\frac{2\pi}{\lambda}x\right)\cos\frac{2\pi}{T}t. \tag{14-36}$$

式(14-36)就是驻波的波函数.其中,第二项 $\cos\frac{2\pi}{T}t$ 是时间 t 的余弦函数,说明合成波上的每个点都在做角频率为 ω 的简谐振动,称为谐振因子.而第一项 $2A\cos\frac{2\pi}{\lambda}x$ 是坐标位置 x 的余弦函数,称为振幅因子.式(14-36)可以看作振幅为

$\left|2A\cos\frac{2\pi}{\lambda}x\right|$、角频率为 ω 的简谐振动，只是每个点的振幅都与其坐标位置有关. 由于每个点的振幅不同，并按余弦函数规律变化，因此，当两振幅相同、沿相反方向传播的相干波叠加后，不同位置处的质元都在做同频率、不同振幅的简谐振动，振幅大小由 $\left|2A\cos\frac{2\pi}{\lambda}x\right|$ 决定，所以驻波不同于行波，它的波形、振动相位均不向前传播.

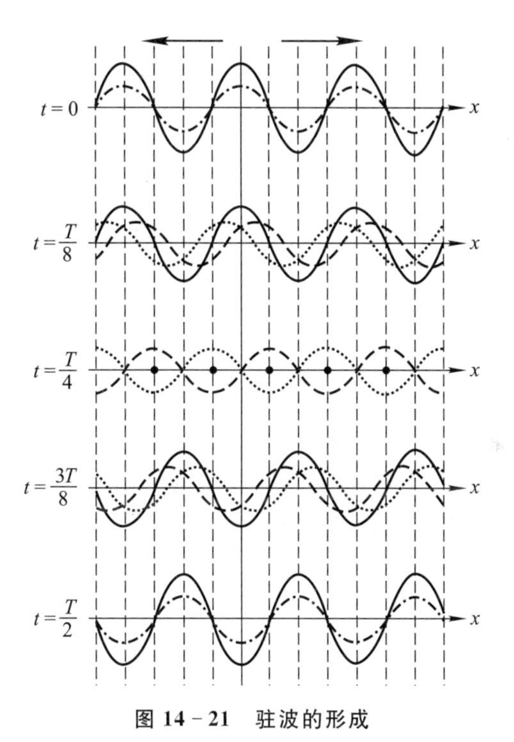

图 14－21　驻波的形成

当 $\left|\cos\frac{2\pi}{\lambda}x\right|=1$，即 $\frac{2\pi}{\lambda}x=\pm k\pi(k=0,1,2,\cdots)$ 时，对应点的振幅最大，这些点称为波腹. 由此可得，波腹的位置为

$$x=\pm 2k\frac{\lambda}{4}\quad(k=0,1,2,\cdots),$$

两相邻波腹之间的距离为

$$\Delta x=x_{k+1}-x_{k}=\frac{\lambda}{2}.$$

当 $\cos\frac{2\pi}{\lambda}x=0$，即 $\frac{2\pi}{\lambda}x=\pm(2k+1)\frac{\pi}{2}(k=0,1,2,\cdots)$ 时，对应点的振幅为 0，这

些点称为波节. 由此可得,波节的位置为

$$x=\pm(2k+1)\frac{\lambda}{4}\quad(k=0,1,2,\cdots),$$

两相邻波节之间的距离为

$$\Delta x=x_{k+1}-x_k=\frac{\lambda}{2}.$$

由上述结果可知,波腹处质元的振幅最大,为 $2A$,波节处质元的振幅为 0,始终处于静止状态.其他位置处质元的振幅介于 0 到 $2A$ 之间. 两相邻波腹和两相邻波节之间的距离均为 $\lambda/2$,而相邻的波腹和波节之间的距离为 $\lambda/4$. 波腹和波节等间距地交替出现,驻波的这一特征为测量波长提供了一种方法.

驻波的波函数不同于行波的波函数,谐振因子 $\cos 2\pi\frac{t}{T}$ 与坐标位置无关,只与时间 t 有关,似乎任一时刻所有质元都具有相同的相位,都在做同步振动. 其实,因子 $\cos 2\pi x/\lambda$ 可正可负,且在波节处为零,因此波节两侧处质元的振动反相. 所以,在驻波中,两相邻波节之间的各点都具有相同的相位,即同相,它们同时通过平衡位置沿相同方向运动,同时到达同方向的最大位移.同一波节两侧各点的振动步调完全相反,即反相,它们以相反的速度同时到达平衡位置,同时沿相反方向到达反向的最大位移.由此可见,驻波中没有相位传播.

当介质中所有质元通过平衡位置时,介质的形变为零,故此时的势能为零,这时驻波的能量全部为动能. 因为波腹处质元的振幅最大,所以通过平衡位置时其速度最大,即在波腹处质元的动能最大,此时驻波的能量主要集中在波腹附近. 当各质元都到达最大位移时,各质元的速度为零,动能为零,这时驻波的能量全部为势能. 因为波节处的相对形变最大,所以两节点处的势能最大,即势能主要集中在波节处. 对于其他质元的振动情况,动能和势能同时存在,且能量不断地由波腹转移到波节,再由波节转移到波腹,动能和势能不断地在波腹和波节之间转移,其能量不能定向传播,这也是驻波和行波的一个重要区别.

14.6.3 半波损失

在如图 14-20 所示的驻波实验中,反射点 B 是固定不动的,所以在该点处形成驻波的一个波节. 从振动叠加的角度看,这意味着反射波与入射波在 B 点处的相位相反,或者说入射波在反射时有大小为 π 的相位突变. 因为距离为半个波长的两点的相位差为 π,所以这个大小为 π 的相位突变相当于半个波长的波程差产生的相位差,习惯上将这种情况称为半波损失. 若反射端是自由的,则没有相位突变,振动同相,反射端将形成驻波的波腹.

一般情况下,当波从一均匀介质向另一均匀介质传播时,在两介质的界面处会发生反射现象. 实验表明,反射点的振动状态取决于两介质的性质,以及入射角的大小. 通常定义介质的密度 ρ 与波速 u 的乘积 ρu 较大的介质为波密介质,较小的介质为波疏介质.若波从波密介质垂直入射到其与波疏介质的界面上,则入射波和反射波在反射点的相位完全相同,如图 14-22(a)所示,在反射点形成波腹. 若波从波疏介质垂直入射到其与波密介质的界面上,则反射波在反射点有大小为 π 的相位突变,如图 14-22(b)所示,在反射点形成波节.半波损失不单在机械波反射时存在,在电磁波反射时也存在.

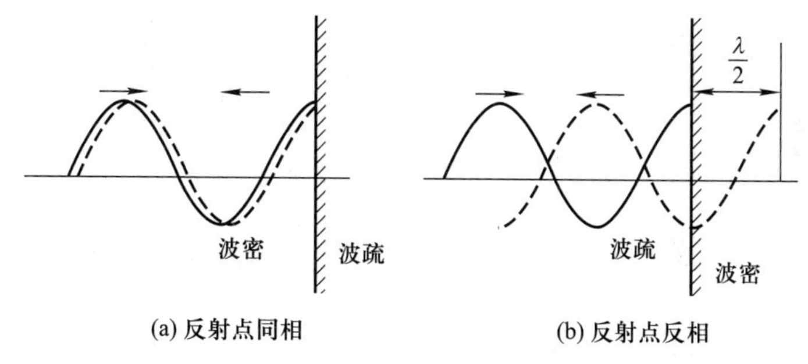

图 14-22 入射波和反射波在反射点的相位情况

【例 14-5】 将一长度为 l 的弦线拉紧并使其两端固定,拨动弦线使其振动,形成沿弦线传播的波,在固定端反射时可形成驻波.试证明:只有固有频率为 $\nu_n=\frac{n}{2l}\sqrt{\frac{T}{\rho_1}}$ $(n=1,2,\cdots)$时,才能形成驻波,其中,T 和 ρ_1 分别为弦线的张力和质量线密度.

证明:因为弦线的两端固定,且在固定端反射时形成驻波的波节,所以弦线的长度 l 必须等于半波长的整数倍,即

$$l=n\frac{\lambda_n}{2}\quad(n=1,2,\cdots),$$

因此可得

$$\lambda_n=2\frac{l}{n}\quad(n=1,2,\cdots),$$

相应的固有频率为

$$\nu_n=\frac{u}{\lambda_n}=\frac{nu}{2l}\quad(n=1,2,\cdots).$$

根据式(14-5),可将上式改写成

$$\nu_n=\frac{n}{2l}\sqrt{\frac{T}{\rho_1}}\quad(n=1,2,\cdots).$$

故问题得证. 其中,$n=1$ 时,频率最低,称为基频,其他频率都是基频的整数倍,这些频率依次称为 1,2,…,n 次谐频.由上式决定的各种频率的驻波称为弦振动的简正模式.图 14-23 给出的是频率为 ν_1,ν_2 和 ν_3 的三种简正模式.

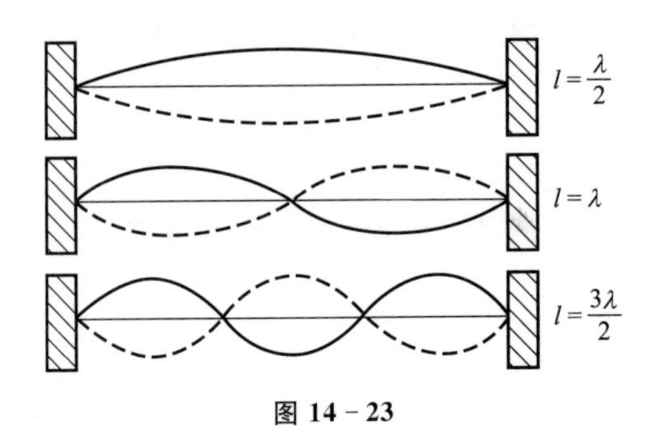

图 14-23

【例 14-6】 一沿 x 轴传播的平面简谐波,其入射波的波函数为 $y_1=A\cos 2\pi\left(\frac{t}{T}+\frac{x}{\lambda}\right)$,在 $x=0$ 处发生反射,反射点为一波节.

(1) 求反射波在反射点的运动方程;

(2) 求反射波的波函数;

(3) 试写出驻波的波函数,以及波腹和波节的位置坐标.

解:(1)入射波在 O 点的运动方程为

$$y_{1O}=A\cos 2\pi\frac{t}{T}.$$

因为反射点为一波节,即有大小为 π 的相位突变,所以反射波在反射点的运动方程为

$$y_{2O}=A\cos\left(2\pi\frac{t}{T}+\pi\right).$$

(2) 反射波的波函数为

$$y_2=A\cos\left[2\pi\left(\frac{t}{T}-\frac{x}{\lambda}\right)+\pi\right].$$

(3) 驻波的波函数为

$$\begin{aligned}y=y_1+y_2&=A\cos 2\pi\left(\frac{t}{T}+\frac{x}{\lambda}\right)+A\cos\left[2\pi\left(\frac{t}{T}-\frac{x}{\lambda}\right)+\pi\right]\\&=2A\cos\left(2\pi\frac{x}{\lambda}-\frac{\pi}{2}\right)\cos\left(2\pi\frac{t}{T}+\frac{\pi}{2}\right)\\&=2A\sin 2\pi\frac{x}{\lambda}\sin 2\pi\frac{t}{T}.\end{aligned}$$

形成波腹的各点处振幅最大,即

$$\left|\sin 2\pi \frac{x}{\lambda}\right|=1,$$

所以

$$2\pi \frac{x}{\lambda}=\pm(2k+1)\frac{\pi}{2} \quad (k=0,1,2,\cdots),$$

因此可得

$$x=\pm(2k+1)\frac{\lambda}{4} \quad (k=0,1,2,\cdots).$$

因为反射波和入射波在 $x>0$ 的区域叠加,所以波腹的位置为

$$x=(2k+1)\frac{\lambda}{4} \quad (k=0,1,2,\cdots).$$

形成波节的各点处振幅最小,即

$$\sin 2\pi \frac{x'}{\lambda}=0,$$

所以

$$2\pi \frac{x'}{\lambda}=\pm k\pi \quad (k=0,1,2,\cdots),$$

因此可得

$$x'=\pm k\frac{\lambda}{2} \quad (k=0,1,2,\cdots).$$

同理,x'值取正,所以

$$x'=k\frac{\lambda}{2} \quad (k=0,1,2,\cdots).$$

各波腹和波节的位置如图 14-24 所示.

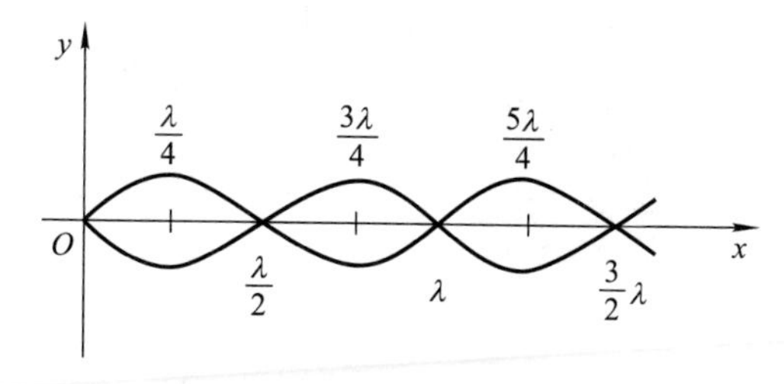

图 14-24

*14.7 多普勒效应

生活中,当疾驰的火车鸣笛而来时,我们可以听到汽笛的声调变高,当它鸣笛

而去时,我们可以听到汽笛的声调变低. 这种由于波源或观察者相对于介质运动,或者二者均相对于介质运动,从而使波的频率或接收到的频率发生变化,或者二者均发生变化的现象,称为多普勒效应. 多普勒效应是奥地利物理学家多普勒于1842年首先提出的. 多普勒现象不限于声波,图14-25所示为水波的多普勒效应. 当波源在水中向右运动时,在波源运动的前方,波面相互靠近,波长变短;而在波源运动的后方,波面相互远离,波长变长.

14.7.1 多普勒效应

下面分几种情况分析多普勒效应,假定波源与观察者在同一条直线上运动.

(1) 波源S相对于介质静止,观察者O相对于介质以速度 v_O 运动(规定向着波源运动为正).

如图14-26所示,S点表示点波源,ν 为波源的频率,波以速度 u 向着观察者O传播,同心圆表示波面. 当机械波在介质中传播时,两相邻波面之间的距离为一个波长. 当观察者向着波源运动时,在单位时间内,波传播的距离为 u,即在O点的波面向右传播了距离 u,同时,观察者又相对于介质向左运动了距离 v_O,所以单位时间内观察者接收到的完整波数是 $u+v_O$ 距离内的波,或者说观察者接收到的频率为

$$\nu'=\frac{u+v_O}{\lambda}=\frac{u+v_O}{u}\frac{u}{\lambda}=\frac{u+v_O}{u}\nu. \tag{14-37}$$

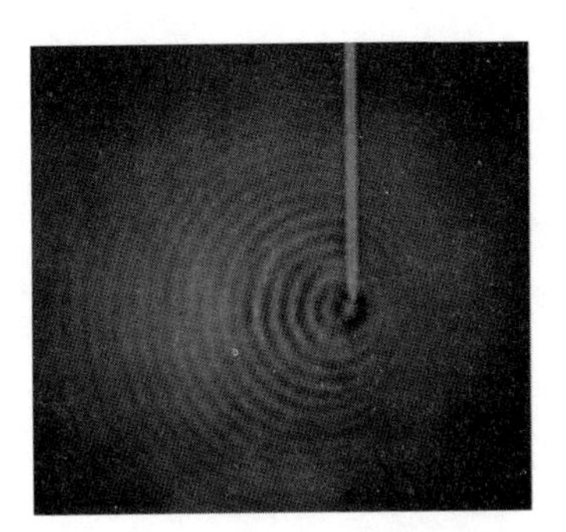

图14-25 水波的多普勒效应

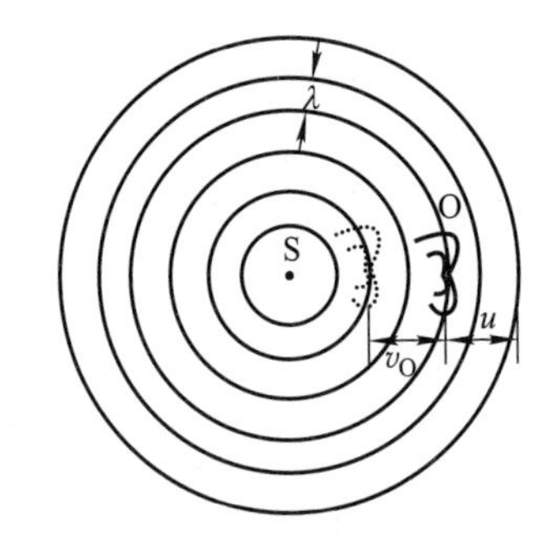

图14-26 观察者向着波源运动

式(14-37)表明,当波源相对于介质静止时,观察者接收到的频率比波源频率高.

同理,当观察者背离波源运动时,v_O 为负. 显然,这时观察者接收到的频率比波源频率低.

(2) 观察者O相对于介质静止,波源S相对于介质以速度 v_S 运动(规定向着观察者运动为正).

如图 14－27 所示，观察者相对于介质静止，波源向着观察者运动．在介质中波源以球面波的形式向四周传播，经过一个周期 T 后，波源向前移动了一段距离 $v_S T$，即下一个波面的球心向右移动了距离 $v_S T$．这段时间内，由于波源的运动，传播一个完整波形所需的时间变短了，或者说机械波在介质中传播的波长变短了．如图 14－28 所示，实际波长为

$$\lambda' = \lambda - v_S T = uT - v_S T.$$

因此观察者接收到的频率就是波的频率 ν'：

$$\nu' = \frac{u}{\lambda'} = \frac{u}{uT - v_S T} = \frac{u}{u - v_S}\nu. \qquad (14-38)$$

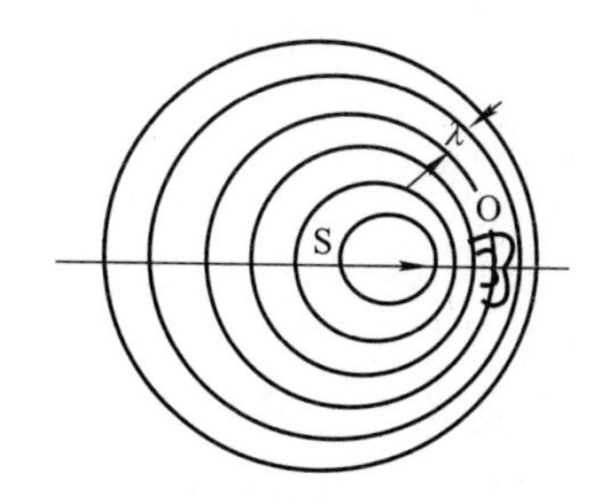

图 14－27　波源向着观察者运动

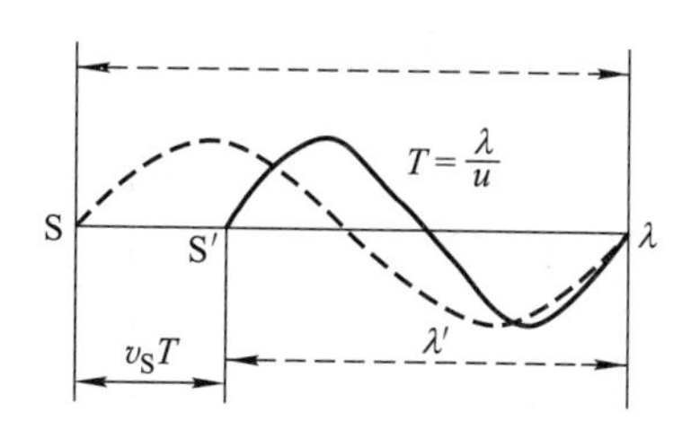

图 14－28　多普勒效应

显然，观察者接收到的频率是波源频率的 $\frac{u}{u - v_S}$ 倍，即 $\nu' > \nu$，也就是说，观察者接收到的频率比波源频率高．同理，当波源背离观察者运动时，v_S 为负．显然，这时观察者接收到的频率比波源频率低．

(3) 波源 S 与观察者 O 同时相对于介质运动（速度分别为 v_S 与 v_O）．

根据前述分析可知，当观察者运动时，观察者接收到的频率 ν' 与机械波在介质中的频率 ν'' 之间的关系为

$$\nu' = \frac{u + v_O}{u}\nu'',$$

当波源运动时，机械波在介质中的频率为

$$\nu'' = \frac{u}{u - v_S}\nu,$$

故观察者接收到的频率为

$$\nu' = \frac{u + v_O}{u - v_S}\nu, \qquad (14-39)$$

其中，当观察者和波源相向运动时，v_S 与 v_O 为正；当观察者和波源背离运动时，v_S 与 v_O 为负．

如果波源与观察者不在二者连线上运动，如图 14－29 所示，则只需将速度在连线上的分量代入上述公式即可. 当波源和观察者沿着与它们连线垂直的方向运动时，没有多普勒效应.

14.7.2 冲击波

当超音速飞机作为波源飞行时的 v_S 大于波速 u 时，由式(14－38)可知，地面观察者接收到的 $\nu'<0$，式(14－38)将不再适用. 地面观察者会先看到飞机无声地飞过，然后才能听到轰轰巨响. 即此时，任一时刻波源本身将超过它所发出的波前，又因为波前是最前方的波面，其前方没有任何波动，所以所有的波前只能被挤压而聚集在一圆锥面上，即波的能量高度集中，如图 14－30 所示，这种波称为冲击波. 例如，炮弹的超音速飞行、核爆炸等，在空中都会激发冲击波.

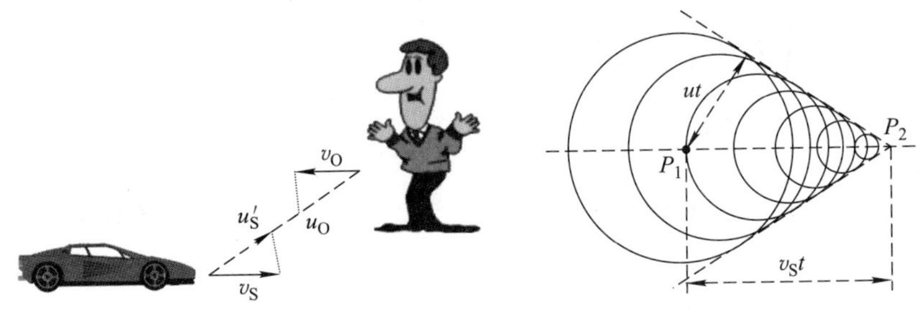

图 14－29 波源与观察者不在二者连线上运动　　图 14－30 冲击波

【例 14－7】 利用多普勒效应可以监测汽车行驶的速度，现有一个固定波源，发出频率为 $\nu=100$ kHz 的超声波，当汽车向着波源行驶时，与波源安装在一起的接收器接收到的从汽车反射回来的超声波的频率为 $\nu'=110$ kHz，已知空气中的声速为 $u=340$ m/s. 求汽车行驶的速度.

解：设汽车行驶的速度为 v_0，波源发出的超声波的频率为 ν，因为波源不动，所以汽车接收到的超声波的频率为

$$\nu_1=\frac{u+v_0}{u}\nu.$$

当超声波从汽车表面反射回来时，汽车作为波源向着接收器运动，汽车发出的超声波的频率即是它接收到的超声波的频率 ν_1，而接收器作为观察者接收到的超声波的频率为

$$\nu'=\frac{u}{u-v_0}\nu_1=\frac{u+v_0}{u-v_0}\nu.$$

对上式求解可得

$$v_0=\frac{\nu'-\nu}{\nu'+\nu}u=\frac{110-100}{110+100}\times 340\ \mathrm{m/s}\approx 16.2\ \mathrm{m/s}.$$

【例 14－8】 A,B 两船沿相反方向航行,航速分别为 30 m/s 和 60 m/s,已知 A 船上的汽笛频率为 500 Hz,空气中的声速为 340 m/s,求 B 船上的人听到的 A 船上的汽笛频率.

解:已知 A 船上的汽笛为波源,B 船上的人为接收者,由于两船沿相反方向运动,因此其速度为负值. 将之代入式(14－39)可得

$$\nu'=\frac{u+v_{\mathrm{O}}}{u-v_{\mathrm{S}}}\nu=\frac{340+(-60)}{340-(-30)}\times 500\ \mathrm{Hz}\approx 378.4\ \mathrm{Hz}.$$

即 B 船上的人听到的 A 船上的汽笛频率变低了.

* 14.8 声波

声音和人类的生活紧密相连,例如,扬声器、各种乐器、雨滴、刮风、随风飘动的树叶,以及人和动物的发音系统等都是发出声音的声源体. 当声源体发生振动时就会引起周围空气的振荡,这种振荡方式就是声波. 它已经形成了一门独立的学科——声学. 声学在近代科学中占有重要地位,并可广泛应用于各个领域.

我们通常所说的声波指的是频率 20～20000 Hz,能引起人类听觉效果的机械波,故又称为可闻声波. 当频率低于 20 Hz 时,称为次声波. 当频率高于 20000 Hz 时,称为超声波.

14.8.1 声波

声波作为纵波,可以在固体、液体和气体中传播(注:在真空状态中,声波就不能传播了). 声波能产生干涉、衍射、反射和折射等现象,具有一般波动所共有的特征.

声波的平均能流密度称为声强 I,它是人耳所能感觉到的声音强弱的量度:

$$I=\frac{1}{2}\rho u\omega^2A^2.$$

由此可见,声强与角频率和振幅的平方成正比.

一般来说,人的听觉存在一定的声强范围,低于这个范围下限的声波不能引起听觉,而高于这个范围上限的声波使人感到不舒服,甚至引起疼痛感. 听觉声强范围的下限称为听觉阈,听觉声强范围的上限称为痛觉阈. 听觉阈和痛觉阈都与声波的频率有关. 在图 14－31 中,上、下两条曲线分别表示痛觉阈和听觉阈随频率的变化,这两条曲线之间的区域就是听觉区域.

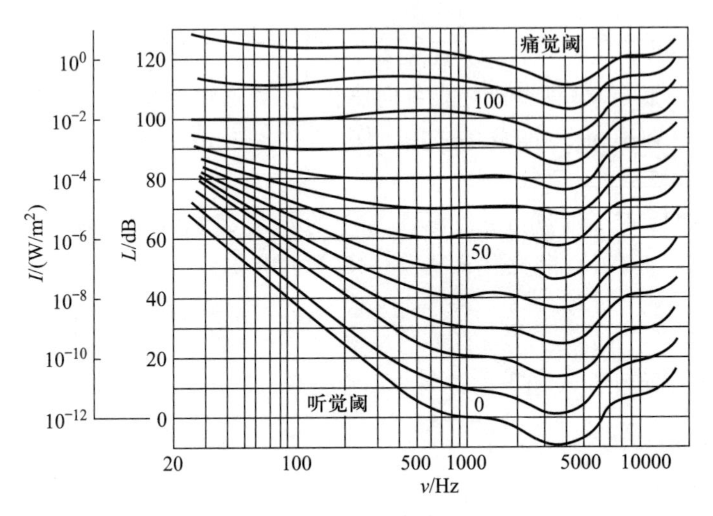

图 14-31 声波

如图 14-31 所示，在日常生活中能听到的声强范围很大，人刚好能听到 1000 Hz 声音的最低声强为 10^{-12} W/m²，最高声强为 1 W/m²，最高声强和最低声强之间可达 12 个数量级. 用声强这个物理量来比较声音的强弱很不方便，因此我们引入声强级来比较介质中各点的声波强度，取最低声强 10^{-12} W/m² 作为标准声强 I_0，声强 I 与标准声强 I_0 之比的对数称为声波的声强级，记为 L，即

$$L = \lg \frac{I}{I_0},$$

其单位为贝尔(B). 因为贝尔的单位太大，所以常用分贝(dB)来表示声强级，即

$$L(\mathrm{dB}) = 10\lg \frac{I}{I_0}. \tag{14-40}$$

表 14-1 列出了一些常见的声音的声强、声强级和响度. 可以看出，人耳感觉到的声音的响度与声强级有着一定的联系，声强级越高，人耳感觉到的声音越响.

表 14-1 一些常见的声音的声强、声强级和响度

声源	声强/(W/m²)	声强级/dB	响度
聚焦超声波	10^{9}	210	
炮声	1	120	震耳
钉机	10^{-2}	100	
车间的机器声	10^{-4}	80	响

续表

声源	声强/(W/m^2)	声强级/dB	响度
闹市	10^{-5}	70	
正常谈话	10^{-6}	60	正常
室内收音机轻轻放音	10^{-8}	40	轻
耳语	10^{-10}	20	
树叶的沙沙声	10^{-11}	10	极轻
听觉阈(例如,正常的呼吸声)	10^{-12}	0	

14.8.2 超声波

频率高于 20000 Hz 的声波称为超声波. 由于其频率高、波长短,因此有着许多不同于一般声波的特性. 超声波的这些特性被广泛应用于医学、军事、工业、农业等领域.下面对超声波的特性及应用做一简单介绍:

(1) 超声波在传播时方向性强,能量易于集中.

超声波的波长较短,只有几厘米,甚至千分之几毫米,所以可认为超声波和光一样,可沿直线传播,易定向发射,能够产生反射、折射,也能聚焦.

利用超声波的定向发射这个特性,制成了声纳(声波雷达),可对水中目标进行探测、定位、跟踪、识别、通信、导航等.例如,渔船载有水下超声波发生器,它可向各个方向发射超声波,超声波遇到鱼群会反射回来,渔船探测到反射波就知道鱼群的位置了.

(2) 超声波的频率较大,可获得较强的声强.

超声波可传递很大的能量,足以击碎金刚石、金属等坚硬的物体.工业上,常用来切割、焊接、钻孔、清洗、粉碎等. 例如,超声波加湿器就是把超声波通入水罐中,剧烈的振动会使水罐中的水破碎成许多小雾滴,再用小风扇把雾滴吹入室内,就可增加室内的空气湿度.

(3) 超声波的穿透能力强.

超声波在液体和固体中传播时,衰减很小,能够穿透厚度为几十米的固体.利用超声波的穿透能力和反射情况,可以制成超声波探伤仪,用于对金属混凝土制品、塑料制品、水库堤坝等进行探伤.医学上也常用来探测病变.

14.8.3 次声波

频率低于 20 Hz 的声波称为次声波.虽然次声波看不见、听不见,可它却无处不在.自然界中,例如,海上风暴、火山爆发、大陨石落地、海啸、电闪雷鸣、波浪击岸、水中漩涡、空中湍流、龙卷风、磁暴、极光等都可能伴有次声波的发生.人类活动中,例如,核爆炸、导弹飞行、火炮发射、轮船航行、汽车急驰、高楼和大桥摇晃,甚至像鼓风机、搅拌机、扩音喇叭等也都能产生次声波.

次声波的应用逐渐受到人们的关注,目前的次声波主要有以下几个方面的应用:

(1) 预测自然灾害性事件.

例如,利用仿生学,依照水母的耳朵结构制成了水母耳预报仪,用于监测风暴发出的次声波,可提前15小时预测台风的方位和强度.利用类似的方法,也可预报火山爆发、雷暴等自然灾害.

(2)服务于人类生产.

例如,通过测定人和其他生物的某些器官发出的微弱次声波的特性,进一步了解人体或其他生物相应器官的活动情况,从而研制出次声波诊疗仪,它可以检查人体器官的工作是否正常.

(3) 服务于农林业.

例如,利用次声波刺激植物生长.

(4) 服务于国防建设.

通过建立次声波服务站,可探测、分析世界各处的核爆炸、火箭发射等重大军事动态.在边防检查上,次声探测仪可以探测是否有人混在车辆行李中出入边境.

次声波在介质中传播时,可谓是无声无息,难以被人察觉,且只会对人类造成伤害,不会对环境造成污染. 次声波的这一特点已引起各国军事专家的高度注意,一些国家已经开始研制次声波武器,专家预测次声波武器将成为未来战场上的“无声杀手”.

*14.9 电磁波

由麦克斯韦的电磁场理论可知,若空间某区域有变化的电场,则会在其周围空间产生变化的磁场,而变化的磁场又会在其周围空间产生新的变化的电场,这样,变化的电场和磁场不断相互激发,并且不能局限于空间某一区域,而要由近及远地向周围空间传播开去. 这种变化的电磁场在空间中以一定的速度传播便形成了电磁波.

14.9.1 电磁波的产生与传播

电磁波的实质就是变化的电磁场在空间的传播. 我们知道,机械波必须借助介质来传播,没有介质,机械波是无法传播的. 例如,声波在真空中就不能传播. 那么电磁波在空间的传播是否也需要介质呢？我们设想，空间某处有一变化的电场，它将在其周围空间激发涡旋磁场，该磁场也是变化的，它将在其周围空间激发涡旋电场，这样，涡旋电场和涡旋磁场相互激发，在空间形成电磁波. 图 14－32 为电磁波沿一维空间传播的示意图. 电磁波之所以可以在空间传播，是因为变化的电场激发涡旋磁场，变化的磁场激发涡旋电场，所以电磁波的传播是不需要介质的，在真空中也可以传播. 例如，太阳发射的光通过真空到达地球，人造卫星可以通过宇宙空间将无线电波发回地球等.

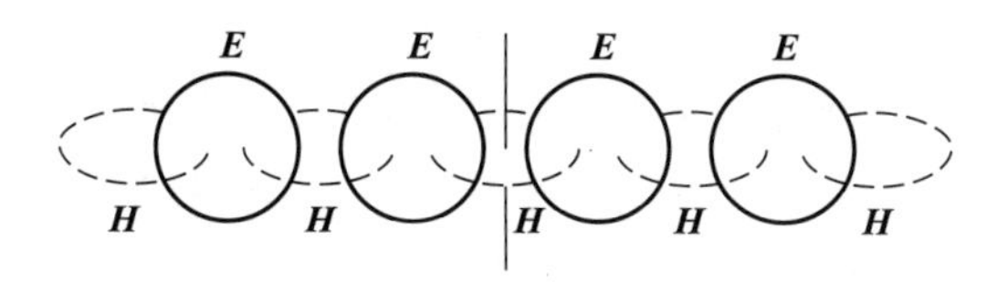

图 14－32　电磁波沿一维空间传播的示意图

下面以振荡的电偶极子为例，说明电磁波的产生与传播. 如图 14－33 所示，以电偶极子的中心为原点、电偶极矩 $\boldsymbol{p}_0$ 的方向为极轴建立极坐标系，设电偶极矩的大小按照余弦规律随时间变化，即 $p=p_0\cos\omega t$，在半径为 r 的球面上任取一点 M，且矢径 $\boldsymbol{r}$ 与极轴方向之间的夹角为 θ. 计算结果表明，M 点的电场强度 $\boldsymbol{E}$、磁场强度 $\boldsymbol{H}$ 和矢径 $\boldsymbol{r}$ 三个矢量互相垂直，且遵从右手螺旋法则. 振荡的电偶极子辐射球面波，该点的电场强度和磁场强度的大小分别为

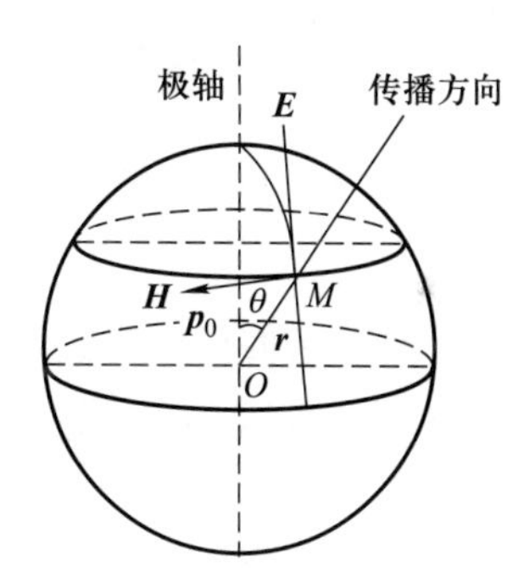

图 14－33　电磁波的产生与传播

$$E(r,t)=\frac{\mu p_0\omega^2\sin\theta}{4\pi r}\cos\omega\left(t-\frac{r}{u}\right),\tag{14-41}$$

$$H(r,t)=\frac{\sqrt{\varepsilon\mu}\,p_0\omega^2\sin\theta}{4\pi r}\cos\omega\left(t-\frac{r}{u}\right),\tag{14-42}$$

其中，ε，μ 为介质的介电常量和磁导率；$u=(\sqrt{\varepsilon\mu})^{-1}$ 为电磁波在介质中的传播速度.

在远离电偶极子的地方，振荡的电偶极子辐射的球面波可近似看作平面波，因此式(14－41)和式(14－42)又可以改写为

$$E(r,t)=E_0\cos\omega\left(t-\frac{r}{u}\right),$$

$$H(r,t)=H_0\cos\omega\left(t-\frac{r}{u}\right).$$

通过式(14-41)和式(14-42)可以看出,$\boldsymbol{E}$ 和 $\boldsymbol{H}$ 具有相同的频率,而且二者的相位也是相同的. 因电磁波的传播速度与介质的介电常量和磁导率有关,即 $u=(\sqrt{\varepsilon\mu})^{-1}$,在真空中,$\varepsilon=\varepsilon_0=8.854\times10^{-12}$ F/m, $\mu=\mu_0=4\pi\times10^{-7}$ H/m,因此可得

$$u=c\approx2.998\times10^8\ \mathrm{m/s}.$$

这表明,在真空中电磁波的传播速度等于光速.

14.9.2　平面电磁波的性质

由前述分析可知,平面电磁波的性质可归纳为以下几点:

(1) 电磁波是横波,$\boldsymbol{E}$,$\boldsymbol{H}$ 和电磁波的传播方向三者相互垂直,如图14-34所示.

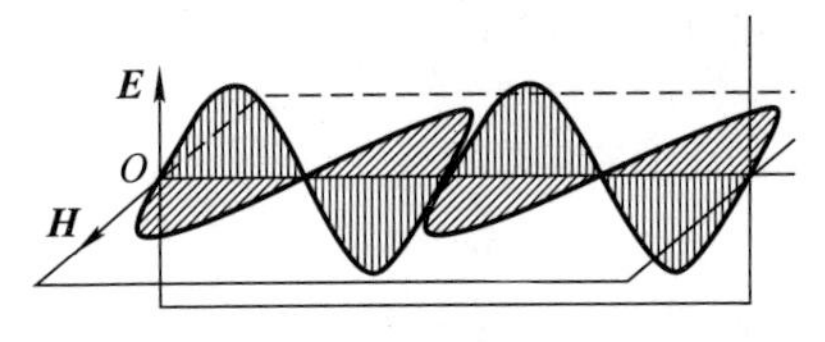

图14-34　$\boldsymbol{E}$,$\boldsymbol{H}$ 和电磁波的传播方向

(2) 对于沿给定方向传播的电磁波,$\boldsymbol{E}$ 和 $\boldsymbol{H}$ 分别在各自的平面内振动,这种特性称为偏振性.

(3) $\boldsymbol{E}$ 和 $\boldsymbol{H}$ 始终同相位,且 $\boldsymbol{E}$ 和 $\boldsymbol{H}$ 的幅值成比例. 任一时刻,在空间中的任一点都有

$$\sqrt{\varepsilon}E=\sqrt{\mu}H.$$

(4) 电磁波的传播速度为 $u=1/\sqrt{\varepsilon\mu}$,在真空中电磁波的传播速度等于光速.

14.9.3　电磁波的能量

电磁波是横波,在传播过程中,伴随着能量的传播. 这种以电磁波的形式传播出去的能量称为辐射能. 辐射能的传播方向和速度就是电磁波的传播方向和速度. 在电磁场空间中,电场和磁场都具有一定的能量,它们的能量密度分别为

$$w_{\mathrm{e}}=\frac{1}{2}\varepsilon E^2,$$

$$w_{\mathrm{m}}=\frac{1}{2}\mu H^2,$$

故电磁波的能量密度 w 为

$$w=w_{\mathrm{e}}+w_{\mathrm{m}}=\frac{1}{2}(\varepsilon E^2+\mu H^2),$$

则电磁波在单位时间内通过垂直于传播方向上单位面积的能量,即电磁波的能流密度 S(又称为辐射强度)为

$$S=wu=\frac{u}{2}(\varepsilon E^2+\mu H^2).\tag{14-43}$$

将 $u=1/\sqrt{\varepsilon\mu}$ 和 $\sqrt{\varepsilon}E=\sqrt{\mu}H$ 代入式(14-43),可得

$$S = EH.$$

由于能量总是向前传播的，和波的传播方向一致，因此能流密度也是矢量. 且 $\boldsymbol{E}$,$\boldsymbol{H}$ 和 $\boldsymbol{S}$ 三者相互垂直，遵从右手螺旋法则，因此能流密度可用矢量表示为

$$\boldsymbol{S} = \boldsymbol{E} \times \boldsymbol{H}. \tag{14-44}$$

能流密度 $\boldsymbol{S}$ 也称为坡印亭(Poynting)矢量. $\boldsymbol{S}$ 的方向就是电磁波的传播方向.

将式(14-41)和式(14-42)代入式(14-44)，可以得到振荡的电偶极子辐射的电磁波的能流密度为

$$S = EH = \frac{\mu\sqrt{\varepsilon\mu}\,p_0^2\omega^4\sin^2\theta}{16\pi^2 r^2}\cos^2\omega\left(t - \frac{r}{u}\right).$$

但是电磁波的频率很高，$\boldsymbol{S}$ 的大小是一个随时间变化非常快的瞬时值，非常难以测量，所以我们通常测量能流密度的时间平均值. 在波动光学中，将一个周期 T 内的电磁波的能流密度的平均值称为光强.

14.9.4 电磁波谱

1888 年，赫兹(Hertz)应用电磁振荡的方法验证了电磁波的存在. 此后人们又进行了很多实验，不仅证实了光是一种电磁波，而且发现了更多形式的电磁波. 1895 年，伦琴(Röntgen)发现了 X 射线，1896 年，贝克勒尔(Becquerel)发现了 γ 射线. 实验证明，它们也都属于电磁波. 虽然各种电磁波在真空中的传播速度都等于光速，但是由于其波长不同，使得它们的特性有着很大的差别. 为便于比较，我们将各种电磁波按照频率或波长的顺序排列成谱，称为电磁波谱，如图 14-35 所示.

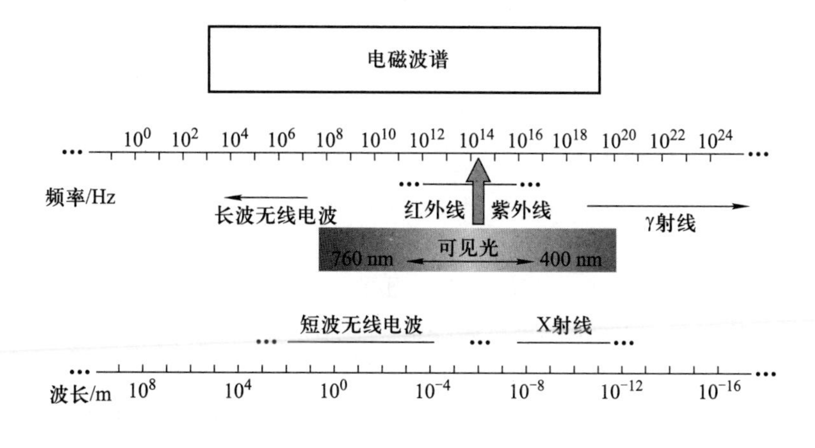

图 14-35 电磁波谱

1. 无线电波

一般的无线电波是由电磁振荡通过天线发射的，波长为 3×10^{4} m～0.1 cm. 其间又分为长波、中波、中短波、短波、米波和微波. 表 14－2 列出了各种无线电波的范围和主要用途.

表 14－2 各种无线电波的范围和主要用途

名称	长波	中波	中短波	短波	米波	微波		
						分米波	厘米波	毫米波
波长	30000～3000 m	3000～200 m	200～50 m	50～10 m	10～1 m	1～0.1 m	0.1～0.01 m	10～1 mm
频率	10～100 kHz	100～1500 kHz	1.5～6 MHz	6～30 MHz	30～300 MHz	300～3000 MHz	3000～30000 MHz	30000～300000 MHz
主要用途	远洋长距离通信和导航	航海、航空定向和无线电广播	电报通信、无线电广播	无线电广播、电视通信	调频无线电广播、电视广播、无线电导航	电视、雷达、无线电导航和其他专门用途		

2. 红外线

红外线主要由炽热物体辐射产生，波长为 6×10^{5}～760 nm，具有显著的热效应，能透过浓雾或较厚的气层，且不易被吸收. 生产上，常用红外线来烘烤物体和食物等. 国防上，坦克、舰艇等通过红外雷达、红外通信定向发射红外波，在夜间或浓雾天气时，可通过红外线接收器接收这些信号. 还可利用红外线侦察敌情.

3. 可见光

可见光是能引起人眼视觉的电磁波，波长为 760～400 nm，又称为光波. 不同频率的电磁波就是不同颜色的光. 白光是所有可见光的复合光.

4. 紫外线

紫外线的波长为 400～5 nm，具有较强的杀菌能力，会引起较强的化学作用，还会使照相底片感光. 物体的温度很高时就会辐射紫外线. 太阳光和汞灯中有大量紫外线.

5. X 射线

X 射线的波长为 5～0.04 nm，具有较强的穿透能力，可用于照相底片感光、荧光屏发光. 医学上，可广泛应用于透视和病理检查. 工业上，可用来检查金属零件内部的缺陷和分析晶体结构等.

6. γ 射线

γ 射线的波长在 0.04 nm 以下，是从放射性原子核中发射出来的，其能量和穿透能力较强，可用于金属探伤和研究原子核的结构等. 医疗上，人们研制的 γ 刀可用于治疗癌症，切除肿瘤.

习题

一、选择题

1. 对于如图 14 - 36 所示的 $t=0$ 时刻的行波波形图，其在 O 点处振动的相位是(　　).

(A) $-\pi/2$　　(B) 0　　(C) $\pi/2$　　(D) π

2. 图 14 - 37 为沿 x 轴正方向传播的平面余弦横波在某一时刻的波形图，图中 P 点距原点 0.5 m，则该横波的波长为(　　).

(A) 2.75 m　　(B) 6 m　　(C) 3 m　　(D) 1.5 m

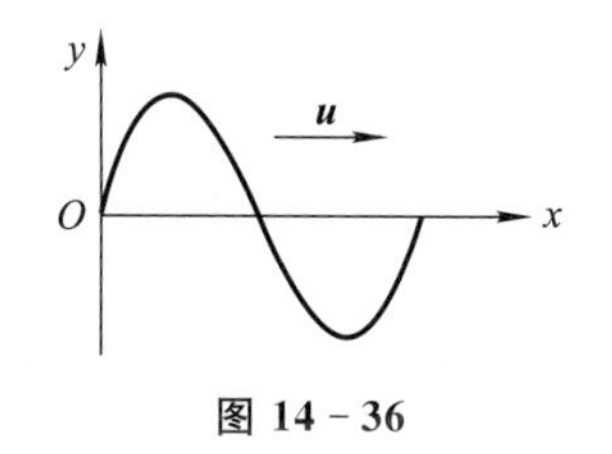

图 14 - 36

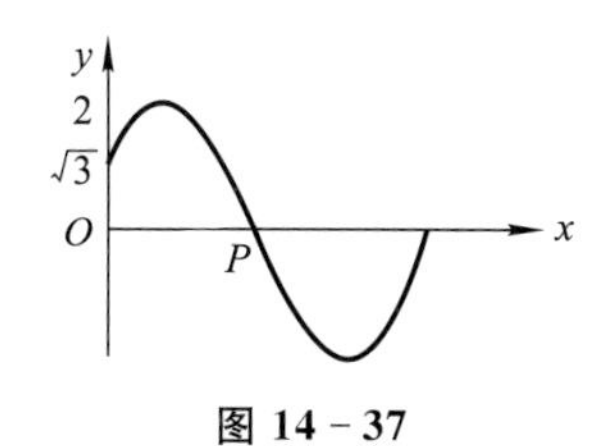

图 14 - 37

3. 一横波以波速 u 沿 x 轴负方向传播，t 时刻的波形图如图 14 - 38 所示，则该时刻(　　).

(A) A 点处质元的振动速度大于零　　(B) B 点处质元静止不动

(C) C 点处质元向下运动　　(D) D 点处质元的振动速度小于零

4. 一横波沿 x 轴正方向传播，t 时刻的波形图如图 14 - 39 所示，在 $t+T/4$ 时刻原 x 轴上的 1,2,3 三点振动的位移分别是(　　).

(A) $A,0,-A$　　(B) $-A,0,A$　　(C) $0,A,0$　　(D) $0,-A,0$

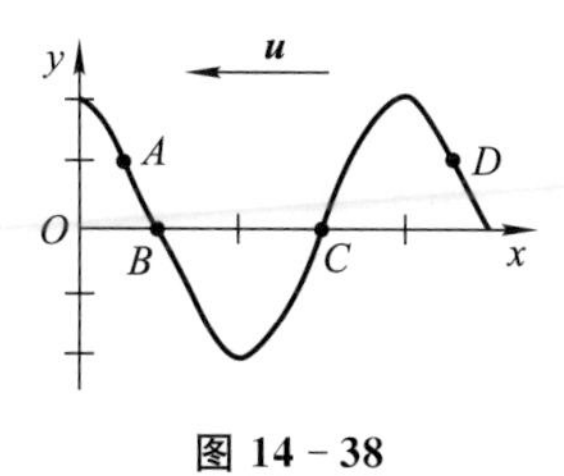

图 14 - 38

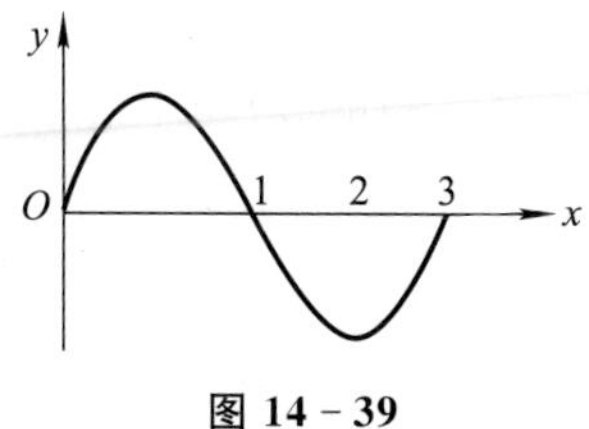

图 14 - 39

5. 一平面波在弹性介质中传播，若在传播方向上某质元在最大负位移处，则该质元处

(　　).

(A) 动能为零,势能最大　　(B) 动能最大,势能为零

(C) 动能为零,势能为零　　(D) 动能最大,势能最大

6. 当机械波在介质中传播时,一介质质元的最大形变发生在(　　).

(A) 介质质元离开其平衡位置的最大位移处

(B) 介质质元离开其平衡位置$\frac{\sqrt{2}}{2}A$处(其中,A是振动的振幅)

(C) 介质质元在其平衡位置处

(D) 介质质元离开其平衡位置$\frac{1}{2}A$处(其中,A是振动的振幅)

7. 一平面简谐波$y=0.5\cos 2\pi\left(\frac{t}{0.05}-\frac{x}{0.3}\right)$ m在$x=0.1$ m处质元振动的初相是(　　).

(A) $-\frac{2}{3}\pi$　　(B) $\frac{2}{3}\pi$　　(C) $\frac{1}{3}\pi$　　(D) $\frac{1}{2}\pi$

8. 当波源以速度v_0向着静止的观察者运动时,测得其频率为ν_1,当观察者以速度v_0向着静止的波源运动时,测得其频率为ν_2,则下述结论中正确的是(　　).

(A) $\nu_1<\nu_2$　　(B) $\nu_1>\nu_2$　　(C) $\nu_1=\nu_2$　　(D) 无法确定

9. 某时刻一驻波的波形图如图14-40所示,则a,b两点的相位差是(　　).

(A) π　　(B) $\pi/2$　　(C) $\pi/4$　　(D) 0

二、填空题

1. 如图14-41所示为一平面简谐波在$t=2$ s时的波形图,周期为16 s,向右传播,则图中P点处质元的运动方程为________,该平面波的波函数为____________.

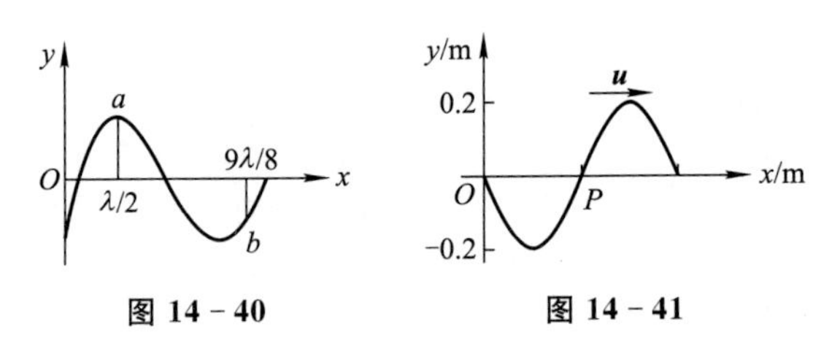

图14-40　　图14-41

2. 一平面波以$u=10$ m/s的波速沿x轴正方向传播,已知$x=4$ m的P点处质元的运动方程为$y_P=5\cos\left(2\pi t-\frac{\pi}{2}\right)$ mm,则该平面波的波函数为____________.

3. 已知一平面简谐波的波函数为$y=0.1\cos(3t-6x)$ m,则周期是________,波线上相距2 m的两点的相位差是____________.

4. 一平面简谐波在介质中传播,若某介质质元在t时刻的波的能量是80 J,则经过一个周期后,该介质质元的振动动能是________.

5. 如图14-42所示,平面横波1沿BP方向传播,它在B点处质元的运动方程为$y_1=0.2\cos 2\pi t$ cm;平面横波2沿CP方向传播,它在C点处质元的运动方程为$y_2=0.2\cos(2\pi t+\pi)$ cm.

已知 $BP=0.4$ m，$CP=0.5$ m，波速为 0.2 m/s，则两列波传到 P 点时的相位差 $\Delta\varphi=$ ______，在 P 点处合振动的振幅 $A=$ ______.

6. 如图 14－43 所示，在 O 点处有一平面余弦波波源，其运动方程是 $y=A\cos(\omega t+\pi)$，在距 O 点为 1.25λ 处有一波密介质的界面 MN，波在 MN 上的 O' 点反射，则 O，O' 两点之间产生的驻波波节的坐标是______，波腹的坐标是______.

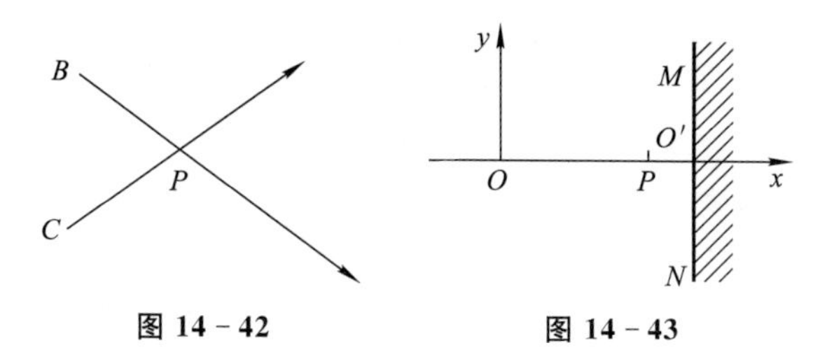

图 14－42　　　图 14－43

三、计算题

1. 一横波沿着绳传播，其波函数为 $y=0.2\cos(5\pi t-2\pi x)$ m. 试求：

(1) 波的振幅、波速、频率和波长；

(2) 绳上原点处质元振动时的最大速度和最大加速度；

(3) $x=0.2$ m 处质元在 $t=1$ s 时的相位，此相位是原点处质元在哪一时刻的相位？这一相位在 $t=1.25$ s 时传到了哪一点？

2. 一沿 x 轴负方向传播的平面简谐波在 $t=0$ 时的波形图如图 14－44 所示.

(1) 说明在 $t=0$ 时，图中 a，b，c，d 各点的运动趋势；

(2) 画出 $t=\frac{3}{4}T$ 时的波形图；

(3) 画出 a，b，c，d 各点的振动曲线；

(4) 如果 A，λ，ω 已知，写出此波的波函数.

3. 如图 14－45 所示，已知一沿 x 轴正方向传播的波在 $t=0$ 和 $t=0.5$ s 时的波形图分别为图中的曲线(a)和(b)，并且波的周期大于 0.5 s. 根据图中绘出的条件，试求：

(1) 波函数；

(2) P 点处质元的运动方程.

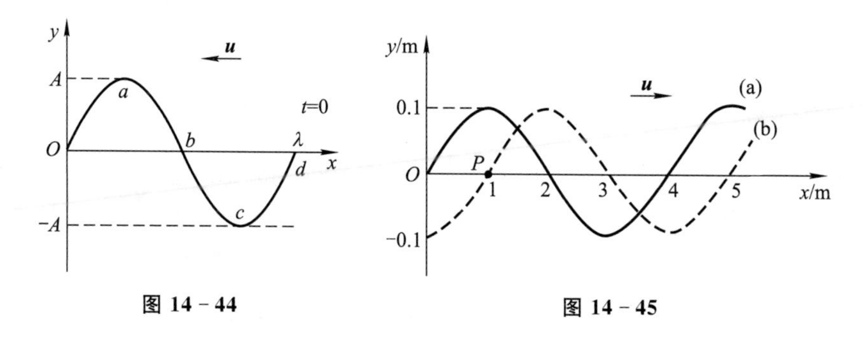

图 14－44　　　图 14－45

4. 已知一沿 x 轴正方向传播的平面简谐波，波速为 $u=40$ m/s，在 $t=0$ 时的波形图如图 14-46 所示. 试求：

(1) 该波的振幅 A、波长 λ 和周期 T；

(2) 原点处质元的运动方程；

(3) 该波的波函数.

5. 已知一沿 x 轴正方向传播的平面简谐波，波速为 20 cm/s，在 $t=1/3$ s 时的波形图如图 14-47 所示，且 $BC=20$ cm. 试求：

(1) 该波的振幅 A、波长 λ 和周期 T；

(2) 原点处质元的运动方程；

(3) 该波的波函数.

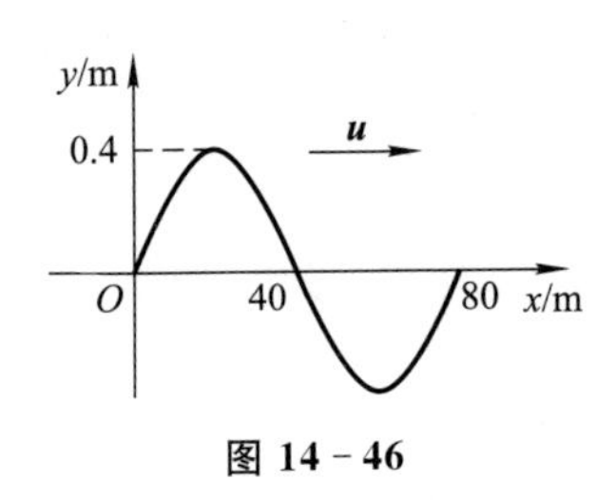

图 14-46

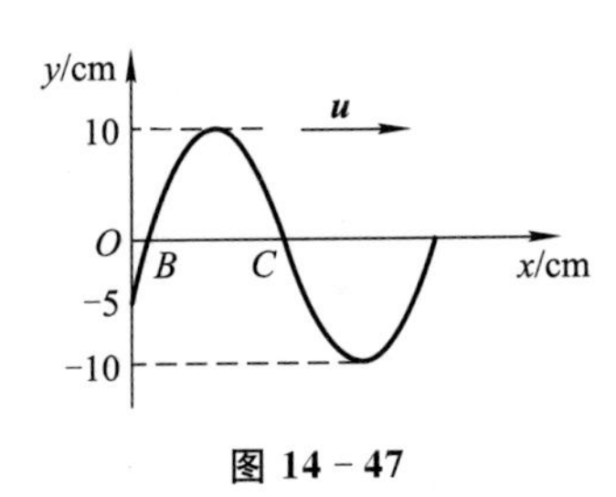

图 14-47

6. 已知一平面简谐波沿 x 轴负方向传播，波长为 $\lambda=20$ m，在 $t=0$ 时，与 O 点距离为 d 的 P 点处质元的振动规律如图 14-48 所示.

(1) 求 P 点处质元的运动方程；

(2) 求此波的波函数；

(3) 若 $d=\lambda/2$，求 O 点处质元的运动方程.

7. 如图 14-49 所示，两相干波源分别在 P，Q 两点处，它们发出频率为 ν、波长为 λ、振幅为 A 且初相相同的两列相干波. 设 $\overline{PQ}=1.5\lambda$，R 为 PQ 连线延长线上的一点. 试求：

(1) 自 P，Q 两点发出的两列波在 R 点处的相位差及合振动的振幅；

(2) P，Q 两点连线之间因干涉而静止的点距 P 点的距离.

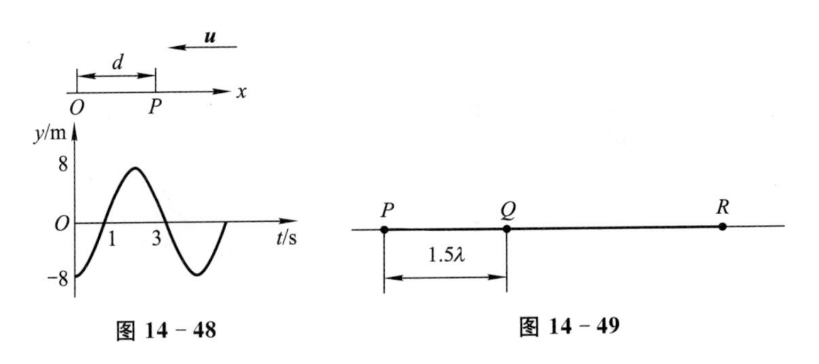

图 14-48　　图 14-49

8. 如图 14－50 所示是干涉型消声器的原理图，利用这一结构可以消除噪声. 当发动机的排气噪声波经过管道的 A 点时，将分成两路且在 B 点相遇，噪声波因干涉而相消. 如果要消除频率为 300 Hz 的发动机的排气噪声，求图中弯道与直管的长度差 r_2-r_1 至少应为多少(设声速为 340 m/s)?

9. 如图 14－51 所示，一平面波 $y=2\cos 600\pi\left(t-\frac{x}{330}\right)$ m 传到 A,B 两个小孔上，A,B 相距 $d=1$ m，且 $PA\perp AB$. 若从 A,B 两个小孔传出的子波到达 P 点，两列波叠加且刚好发生第一次干涉相消，求 $\overline{AP}$.

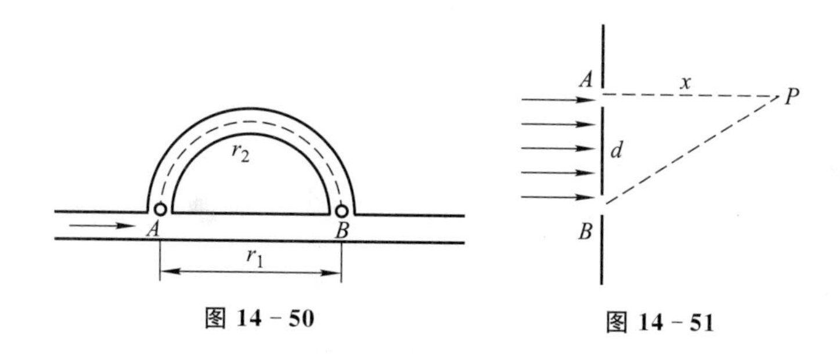

图 14－50　　图 14－51

10. 设入射波的波函数为 $y_1=A\cos 2\pi(t/T+x/\lambda)$，在 $x=0$ 处发生反射，反射点为自由端.

(1) 求反射波的波函数；

(2) 求合成波的波函数，并由合成波的波函数说明哪些点是波腹，哪些点是波节.

11. 弦线上驻波的波函数为 $y=3\cos 2\pi x\cos 600\pi t$ cm.

(1) 若将此驻波看作是由传播方向相反的两列波叠加而成的，求两列波的振幅及波速；

(2) 求两相邻波节之间的距离；

(3) 求 $t=t_0=3$ ms 时，位于 $x=x_0=0.625$ m 处质元的振动速度.

12. 装于海底的超声波探测器发出一列频率为 30 kHz 的超声波，被迎面驶来的潜水艇反射回来，反射波与原来的波合成后，得到频率为 241 Hz 的拍，求潜水艇的速度. 设超声波在海水中的传播速度为 1500 m/s.

13. 设空气中的声速为 340 m/s，一列高铁以 70 m/s 的速度行驶，机车上汽笛的频率为 600 Hz. 静止的观察者在机车的正前方和机车驶过其身边后所听到的声音的频率分别为多少? 如果观察者以 5 m/s 的速度与这列高铁相向运动，则在上述两个位置，他听到的声音频率分别为多少?

第 15 章

波动光学

学习目标

- 掌握光程及光程差的概念.
- 掌握杨氏双缝实验、等倾和等厚干涉的明暗条纹出现的条件,并能熟练处理相关问题.
- 理解附加光程差出现的条件.
- 了解相干光的条件和获得相干光的方法.
- 了解迈克耳孙干涉仪的工作原理.
- 了解惠更斯-菲涅耳原理.
- 掌握单缝夫琅禾费衍射明暗条纹出现的条件,并能熟练处理相关问题.
- 理解菲涅耳半波带分析单缝明暗条纹的方法.
- 掌握光栅衍射公式,理解缺级现象.
- 了解衍射对光学仪器分辨能力的影响.
- 理解自然光与偏振光的区别.
- 掌握马吕斯定律和布儒斯特定律.
- 了解双折射现象,以及线偏振光的获得与检验方法.

光学是研究光的行为和性质的一门学科,是物理学的一个重要分支.人们对光的认识已有两千多年的历史,最早的研究是关于其在透明介质中的传播规律,以直线传播、折射和反射定律为基础的内容称为几何光学.光具有波粒二象性,关于光的波和粒子性的研究又各成一体,形成了波动光学和量子光学两门独立的学科.伴随着科学技术的进步,尤其是激光技术的发展,关于光的更多的理论体系,例如,非线性光学、傅里叶光学等相继形成,人们对光的认识更全面、更深入.本章主要讨论波动光学,其主要内容包括光的干涉、衍射和偏振.

15.1　光源 光的相干性

15.1.1　光与光源

光是一种电磁波，在不同介质的界面上会发生反射和折射，在真空中的传播速度约为 $3\times10^8\ \mathrm{m\cdot s^{-1}}$.机械波的干涉、衍射等现象也同样会在光中发生.相关研究表明，能引起人眼视觉效应的是波长范围很窄的一段光波，如图 15－1 所示，称为可见光，其波长范围为 760～400 nm，相应的频率范围为 $3.9\times10^{14}\sim7.5\times10^{14}$ Hz. 波长为 $6\times10^5\sim760$ nm 的电磁波称为红外线，波长为 400～5 nm 的电磁波称为紫外线.一般情况下，把能够发射光波的物体统称为光源. 根据发光机制的不同，可将光源分为普通光源和激光光源.对于普通光源，其中的原子（分子）吸收特定的能量后会跃迁至较高的能态，如图 15－2 所示，即激发态，但处于激发态的原子（分子）极不稳定，又会自发地向外辐射能量，同时跃迁至基态或较低的激发态.辐射的能量以光波的形式释放出来，其跃迁的整个过程大约持续 $10^{-9}\sim10^{-8}$ s，即发光时间非常短，并且在经过一次发光后，只有重新获得足够的能量才能再次发光，因此原子（分子）发出的光是间歇的、不连续的.每个原子（分子）发出的光是频率一定、振动方向一定、长度一定的电磁波，称为波列，如图 15－3 所示. 因此同一原子（分子）在不同时刻发出的各波列的振动方向和相位也各不相同. 在普通光源中，大量原子（分子）同时发光，但不同原子（分子）在同一时刻发出的波列是频率、振动方向和相位各不相同的独立波列，所以普通光源发出的光都不是相干光.

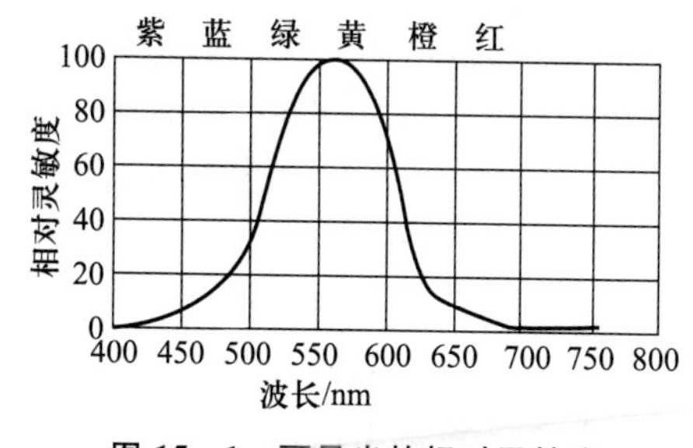

图 15－1　可见光的相对灵敏度

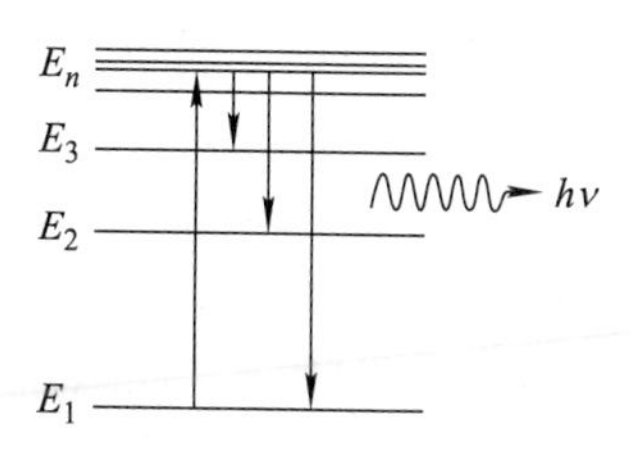

图 15－2　原子的跃迁示意图

一般光源发出光的频率成分很复杂，称为复色光. 实验上常用滤光片或光谱仪获得波长范围很小的近似单色光，即准单色光. 通常称具有单一波长的光为单色光. 严格的单色光并不存在，任何光源发出的光都对应一定的波长范围. 通常用光谱分布曲线中光波的强度大于最大强度的一半时所对应的波长范围 $\Delta\lambda$ 来反映光波的单色性,如图 15-4 所示. 显然,波长范围越窄,$\Delta\lambda$ 的值越小,单色性越好;反之,单色性越差.

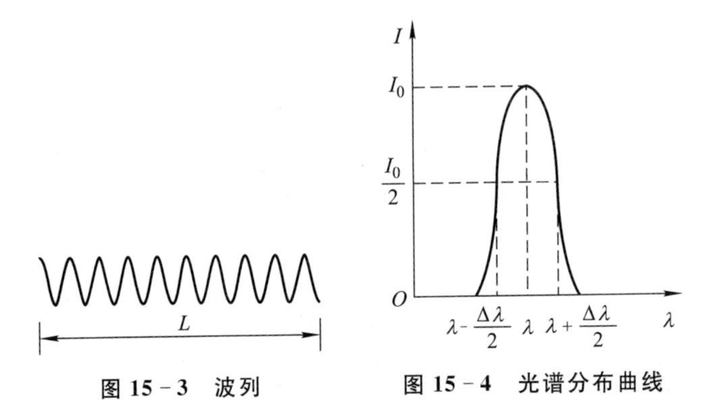

图 15-3 波列

图 15-4 光谱分布曲线

15.1.2 相干光与光的相干性

由第 14 章中关于机械波干涉问题的讨论可知,机械波要发生相干叠加必须满足频率相同、振动方向相同和相位差恒定这三个相干条件.光是一种电磁波,因此要发生光的干涉现象,也需要满足这三个相干条件.满足相干条件的光源称为相干光源,相干光源发出的光称为相干光,不满足相干条件的光称为非相干光. 相干光在空间相遇时也会产生类似于机械波的干涉现象.

由普通光源的发光机制可知,两个独立的普通光源发出的光和同一光源上不同部分发出的光均不是相干光. 非相干光在空间相遇时不会产生稳定的干涉图样,称为非相干叠加. 若把同一列光波分成两列光波,则这两列光波具有相同的频率、相同的振动方向和恒定的相位差,满足相干条件. 使它们沿不同路径传播,再在空间相遇,便可产生稳定的干涉图样,这种现象称为相干叠加.由此可见,由同一列光波分离出来的两列光波满足相干条件.分波阵面法和分振幅法是两种常用的获得相干光的方法.

如图 15-5(a)所示,在点光源 S 发出的同一波阵面上取 S_1,S_2 两部分,根据惠更斯原理可知,S_1,S_2 可看作发射子波的子波源. S_1,S_2 是由同一波源分离出来的,又处在同一波阵面上,满足相干条件. 由于子波源 S_1,S_2 取自同一波阵面,因此称这种方法为分波阵面法. 如图 15-5(b)所示,把光线 1 投射到薄膜上,经过薄膜表面的反射和折射,光线 1 将被分成光线 2 和光线 3. 这样,光线 2 和光线 3 具有相同的频率、相同的振动方向和恒定的相位差,因此满足相干条件,也就是相干光. 由于波的强度正比于其振幅的平方,因此这种分割能量的方法相当于分割振幅,所以称这种方法为分振幅法.

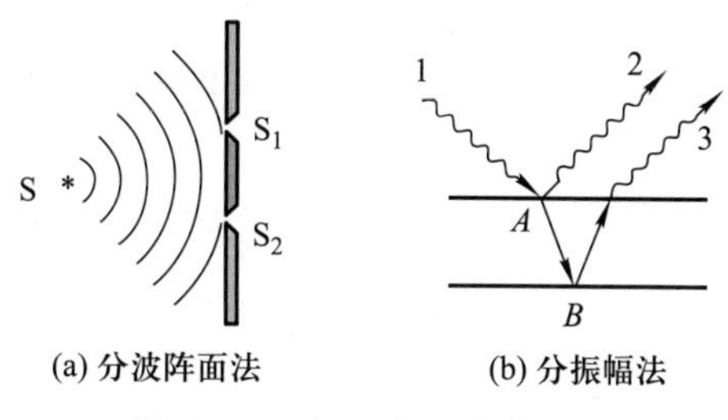

(a) 分波阵面法　(b) 分振幅法

图 15-5　相干光的获得方法

如前所述,光是以电磁波的形式传播的. 研究表明,对人眼或探测器起作用的是电场强度矢量 $\boldsymbol{E}$,因此常把电场强度矢量 $\boldsymbol{E}$ 称为光矢量,其表达式为

$$\boldsymbol{E}=\boldsymbol{E}_0\cos\left(\omega t-2\pi\frac{r}{\lambda}+\varphi_0\right), \tag{15-1}$$

其中,$\boldsymbol{E}_0$ 为光矢量的振幅.下面我们围绕光矢量来讨论光的相干现象.设两束单色光,其光矢量的振动方向相同、频率均为 ω,则其光矢量的表达式为

$$\boldsymbol{E}_1=\boldsymbol{E}_{10}\cos\left(\omega t-2\pi\frac{r_1}{\lambda}+\varphi_{10}\right),$$

$$\boldsymbol{E}_2=\boldsymbol{E}_{20}\cos\left(\omega t-2\pi\frac{r_2}{\lambda}+\varphi_{20}\right).$$

当两束单色光在空间某点相遇叠加时,引起该点光矢量的合振动为

$$\boldsymbol{E}=\boldsymbol{E}_1+\boldsymbol{E}_2.$$

由于两光矢量的振动方向相同,因此可将上式改写为

$$E=E_1+E_2=E\cos(\omega t+\varphi).$$

由机械振动和机械波的知识,可以求得合振动的振幅为

$$E=\sqrt{E_{10}^2+E_{20}^2+2E_{10}E_{20}\cos\Delta\varphi}, \tag{15-2}$$

其中,

$$\Delta\varphi=(\varphi_{20}-\varphi_{10})-2\pi\frac{r_2-r_1}{\lambda}. \tag{15-3}$$

由式(14-24)可知,波的强度 $I\propto A^2$. 由于我们在本章讨论的都是相对光强,因此可以取 $I=A^2=E^2$. 在观测时间内,平均光强为

$$\begin{aligned}\overline{I}&=\overline{E}^2=E_{10}^2+E_{20}^2+2E_{10}E_{20}\,\overline{\cos\Delta\varphi}\\&=I_1+I_2+2\sqrt{I_1I_2}\,\overline{\cos\Delta\varphi}.\end{aligned}$$

由上式可知,叠加后的光强不仅与 I_1,I_2 有关,还与相位差 $\Delta\varphi$ 有关.

(1) 若两束光是非相干光,是由两个相互独立的普通光源发出的,在观测时间足够长时，$\Delta\varphi$ 在$[0,2\pi)$内取任意值的概率都相同，即$\overline{\cos\Delta\varphi}=0$. 此时，

$$I=I_1+I_2. \tag{15-4}$$

式(15-4)表明，两束非相干光叠加后，叠加区域的光强等于两束光分别入射时的光强之和，这种情况称为非相干叠加.

(2) 若两束光是相干光，叠加时有恒定的相位差，即 $\Delta\varphi$ 为常量，则叠加后的光强为

$$I=I_1+I_2+2\sqrt{I_1I_2}\cos\Delta\varphi. \tag{15-5}$$

此时，叠加后的光强 I 不仅与光强 I_1, I_2 有关，也会随着相位差 $\Delta\varphi$ 变化. 显然，

当 $\Delta\varphi=\pm2k\pi(k=0,1,2,\cdots)$时，

$$I=I_1+I_2+2\sqrt{I_1I_2}. \tag{15-6}$$

此时，叠加后的光强最大，称为光的干涉相长.

当 $\Delta\varphi=\pm(2k+1)\pi(k=0,1,2,\cdots)$时，

$$I=I_1+I_2-2\sqrt{I_1I_2}. \tag{15-7}$$

此时，叠加后的光强最小，称为光的干涉相消.

这种在叠加区域可形成稳定的分布图样的现象，称为光的相干叠加.特别地，若两束光的光强 $I_1=I_2=I_0$，干涉相消时，叠加后的光强最小，$I=0$，此时为暗条纹；干涉相长时，叠加后的光强最大，$I=4I_0$，此时为明条纹.由此可知，光的叠加与机械波的叠加相同，只有当两束光是相干光时，才能发生光的干涉现象.

15.2 分波阵面干涉

15.2.1 杨氏双缝实验

杨氏双缝实验装置是典型的分波阵面干涉装置，它是证明光具有波动性的最早的实验.1801年，英国物理学家杨(Young)利用此实验成功测出了光的波长，并成为历史上第一个测得光波长的人.

杨氏双缝实验装置如图15-6所示. 遮光板上开有一单缝S，其后放置开有两个平行狭缝 S_1 和 S_2 的另一遮光板，两狭缝 S_1 和 S_2 距离很近且它们与S的距离相等，两狭缝后再放置一接收屏.单色平行光入射到单缝S上，经过S后形成线光源.根据惠更斯原理可知，其经过两狭缝时，由于 S_1 和 S_2 可看作新的光源，且它们与S的距离相等，因此相位相同.由于 S_1, S_2 出射的光由同一光源S形成，满足振动频率相同、振动方向相同和相位差恒定的三个相干条件，因此将在接收屏上出现明暗相间的干涉条纹.

下面利用振动的叠加原理对接收屏上形成的明暗相间的干涉条纹进行分析.设两相干光源 S_1,S_2 之间的距离为 d,其中点为 O'. 接收屏与 S_1,S_2 所在平面平行且距离为 D,接收屏中心为 O,连线 OO' 垂直于接收屏. 在接收屏上任取一点 P,P 点到 S_1,S_2 的距离分别为 r_1,r_2,如图 15-7 所示.由于 S_1,S_2 的相位相同,因此两列光波在 P 点引起的光振动的相位差由波程差决定,波程差

$$\delta = r_2 - r_1. \tag{15-8}$$

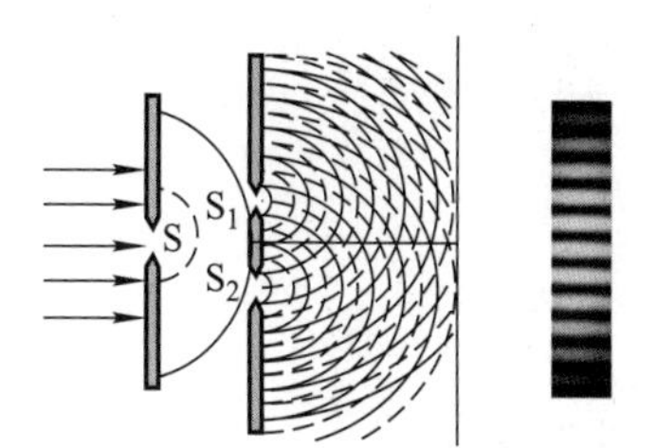

图 15-6 杨氏双缝实验装置

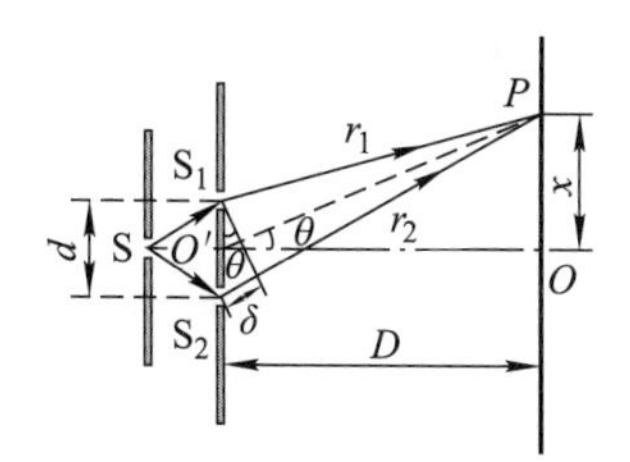

图 15-7 杨氏双缝干涉的光程差

设 P 点到接收屏中心 O 的距离为 x,$O'P$ 与 S_1,S_2 的中垂线 $O'O$ 之间的夹角为 θ. 在实验中,接收屏和狭缝的距离足够远,满足 $D \gg d$,$D \gg x$,此时,θ 很小,满足 $\sin\theta \approx \tan\theta$. 由图 15-7 可得,$\tan\theta = \dfrac{x}{D}$,所以波程差

$$\delta = r_2 - r_1 \approx d\sin\theta \approx d\tan\theta = d \cdot \frac{x}{D}. \tag{15-9}$$

由波的干涉相长和相消条件可知,当波程差满足

$$\delta = d \cdot \frac{x}{D} = \pm k\lambda \quad (k = 0, 1, 2, \cdots) \tag{15-10}$$

时,P 点的光强极大,形成明条纹. 此时,各级明条纹中心到 O 点的距离 x 满足

$$x = \pm k\frac{D}{d}\lambda \quad (k = 0, 1, 2, \cdots), \tag{15-11}$$

其中,k 对应的一系列值称为明条纹的级次.当 $k=0$ 时,$x=0$,此时,接收屏上对应的明条纹为零级明条纹,也称为中央明条纹.当 $k=1,2,\cdots$时,分别称为第一级明条纹、第二级明条纹…….

当波程差满足

$$\delta = d \cdot \frac{x}{D} = \pm(2k-1)\frac{\lambda}{2} \quad (k = 1, 2, \cdots) \tag{15-12}$$

时,P 点的光强极小,形成暗条纹. 此时,各级暗条纹中心到 O 点的距离 x 满足

$$x = \pm(2k-1)\frac{D}{2d}\lambda \quad (k = 1, 2, \cdots), \tag{15-13}$$

其中,k 对应的一系列值称为暗条纹的级次. 当 $k=1,2,\cdots$时,分别称为第一级暗条纹、第二级暗条纹…….

当波程差既不满足式(15-10),又不满足式(15-12)时,接收屏上的 P 点的光强介于明条纹和暗条纹之间. 一般认为接收屏上有光强的地方都归属于明条纹,因此两相邻暗条纹中心之间的距离即是明条纹的宽度. 当波程差满足式(15-10)时,光强最大,对应明条纹中心位置. 由式(15-11)和式(15-13)可知,接收屏上的明条纹和暗条纹关于中央明条纹对称.

由式(15-11)和式(15-13)可知,两相邻明条纹或暗条纹中心之间的距离均为

$$\Delta x = x_{k+1} - x_k = \frac{D}{d}\lambda. \tag{15-14}$$

由式(15-14)可知,无论是两相邻明条纹中心之间的距离,还是两相邻暗条纹中心之间的距离,都是相等的,因此杨氏双缝实验的干涉条纹是一系列平行且等间距的明暗相间的直条纹.

讨论:

(1) 若入射光的波长 λ 一定,当 D 增大或 d 减小时,两相邻条纹之间的距离 Δx 都会增大,即条纹变稀疏;而当 D 减小或 d 增大时,两相邻条纹之间的距离 Δx 都会减小,即条纹变密集. 由于 λ 很小,因此实验上只有 d 足够小而 D 足够大时,以致两相邻条纹之间的距离合适时,才能分辨.

(2) 若干涉装置一定,即 D, d 恒定,两相邻条纹之间的距离 Δx 与入射光的波长成正比. 红光的两相邻条纹之间的距离要大于绿光的,而绿光的要大于紫光的. 当入射光为白光时,接收屏上除了中央位置仍为白色外,其他各级明条纹由于入射光的波长不同导致其位置错开,从而形成彩色条纹,如图15-8所示. 显然,当波程差满足

图15-8 白光的杨氏双缝干涉图样

$$\delta = k_1\lambda_1 = k_2\lambda_2 \tag{15-15}$$

时,波长为 λ_1 光的第 k_1 级明条纹和波长为 λ_2 光的第 k_2 级明条纹出现在接收屏上的同一位置,称为条纹的重叠.

15.2.2 劳埃德镜实验

杨氏双缝实验虽然能得到明暗相间的干涉条纹,但是,由于受狭缝的限制,导致光强很小,从而接收屏上的干涉条纹不够清晰,后来又有一些干涉现象更明显的实验被设计出来,劳埃德(Lloyd)镜实验就是其中之一.

劳埃德镜实验装置的结构如图15-9所示. S_1 是一狭缝光源,其后水平放置一块平面镜M(又称为劳埃德镜). 狭缝光源 S_1 置于与平面镜M相距较远,并与平面镜所在平面较近的位置. S_1 发出的光一部分直接投射到接收屏上,另一部分经平

面镜反射后投射到接收屏上，经平面镜反射的光可以看作从虚光源 S_2 发出的.光源 S_1 和虚光源 S_2 发出的光由同一光源通过分波阵面法得到，所以是相干光源. 在接收屏上两束光的叠加区域 AB 可以看到明暗相间的干涉条纹.劳埃德镜实验结果的计算方法同杨氏双缝实验.

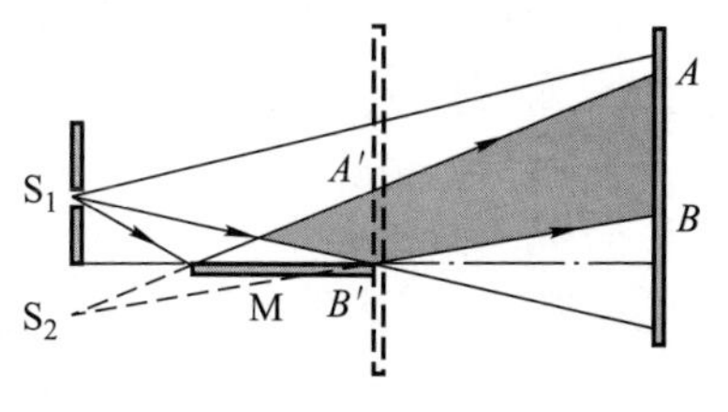

图 15－9　劳埃德镜实验装置的结构

需要说明的是，若把接收屏平移至与平面镜的右端点 B' 相接触的位置，此时，从 S_1，S_2 发出的光到达接触点 B' 的波程相等，在 B' 点应该出现明条纹，但是，实际上在该点呈现出一暗条纹. 这表明两束光在 B' 点干涉相消，振动的相位相反，即相位差为 π. 这是因为入射光从光疏介质（折射率小）到光密介质（折射率大）的界面上反射时，反射光有大小为 π 的相位突变.根据波动学的知识可知，相位差为 π 相当于波程变化了 $\frac{\lambda}{2}$，通常称这种现象为半波损失.

半波损失现象在机械波和光学中均存在，因此，在今后分析光学问题时，若有半波损失，在计算时必须计及，否则会得到和实际不符的结果.

【例 15－1】　在杨氏双缝实验中，用单色光入射到间距为 0.2 mm 的双缝上，双缝与接收屏之间的距离为 1 m.

（1）若中央明条纹两侧的两个第二级明条纹之间的距离为 1.2 cm，求单色光的波长；

（2）若入射光是波长为 400 nm 的紫光，求两相邻明条纹之间的距离；

（3）当上述两种波长的光同时入射时，除中央明条纹外，其他明条纹第一次重合在接收屏上的何处？

（4）若用白光入射，求第二级彩色光谱的宽度.

解：（1）在杨氏双缝实验中，明条纹的位置 $x_{\pm k}=\pm k\,\frac{D}{d}\lambda\,(k=0,1,2,\cdots)$，因此可得

$$\Delta x_{-2\sim 2}=2k\,\frac{D}{d}\lambda=4\,\frac{D}{d}\lambda,$$

所以

$$\lambda=\frac{d}{D}\,\frac{\Delta x_{-2\sim 2}}{4}=\frac{0.2\times 10^{-3}}{1}\times\frac{1.2\times 10^{-2}}{4}\ \text{m}=6\times 10^{-7}\ \text{m}=600\ \text{nm}.$$

（2）当 $\lambda=400$ nm 时，两相邻明条纹之间的距离为

$$\Delta x=\frac{D}{d}\lambda=\frac{1\times 400\times 10^{-9}}{0.2\times 10^{-3}}\ \text{m}=2\times 10^{-3}\ \text{m}.$$

(3) 设两种波长光的干涉图样中,明条纹重合在与中央明条纹中心之间的距离为 x 处,则有

$$x=k_1\frac{D}{d}\lambda_1=k_2\frac{D}{d}\lambda_2,$$

因此可得

$$\frac{k_1}{k_2}=\frac{\lambda_2}{\lambda_1}=\frac{400}{600}=\frac{2}{3}.$$

即两种波长光的明条纹第一次重合时,重合处对应的是波长为 400 nm 的紫光的第三级明条纹和波长为 600 nm 的光的第二级明条纹.重合位置与中央明条纹中心之间的距离为

$$x=k_1\frac{D}{d}\lambda_1=2\times\frac{1}{0.2\times10^{-3}}\times600\times10^{-9}\ \mathrm{m}=6\times10^{-3}\ \mathrm{m}.$$

(4) 用白光入射时,除中央明条纹为白色外,两侧形成内紫外红的对称彩色光谱.第二级彩色光谱中离中央明条纹最近的是紫光、最远的是红光,二者之间的距离即为光谱的宽度:

$$x_{2紫}=\pm2\frac{D}{d}\lambda_{紫},$$

$$x_{2红}=\pm2\frac{D}{d}\lambda_{红},$$

$$\Delta x=2\frac{D}{d}(\lambda_{红}-\lambda_{紫})=2\times\frac{1}{0.2\times10^{-3}}\times(760-400)\times10^{-9}\ \mathrm{m}=3.6\times10^{-3}\ \mathrm{m}.$$

15.3 光程与光程差

15.3.1 光程

在 15.2 节讨论光的相干叠加时,两光波叠加区域中某一点的光振动是加强还是减弱,关键取决于相位差.相位差与两相干光源的初相差、光波的波长和它们在介质中通过的几何路程差均有关.由光的相关知识可知,若光在同一种介质中传播,利用传播过程中两点之间的距离容易算出光在两点之间的相位差.例如,在空气中传播的光,从 A 点传播到 B 点,A,B 两点之间的距离为 Δr,则光在 A,B 两点之间的相位差可以写为

$$\Delta\varphi=2\pi\frac{\Delta r}{\lambda}.$$

然而,当同一束光经过不同介质时,由于不同介质的折射率不同,导致其波长

在不同介质中也不同,因此无法直接利用传播距离进行相位差的计算.为了解决这一问题,可以引入光程和光程差的概念.

设一频率为ν、在真空中波长为λ的光在折射率为n的介质中传播.光在介质中的传播速度为u,经过时间t后通过的距离为r,则

$$r=ut=\frac{c}{n}t,$$

即

$$nr=ct. \tag{15-16}$$

式(15-16)表明,光在介质中传播的几何距离r可以折算为其在相同时间内在真空中传播的几何距离nr. 由于光在不同介质中传播时,其频率不变,因此介质中光的波长为

$$\lambda'=\frac{u}{\nu}=\frac{c}{n\nu}=\frac{\lambda}{n}. \tag{15-17}$$

若光在介质中传播的几何距离为r,则其引起的相位变化为

$$\Delta\varphi=2\pi\frac{r}{\lambda'}=2\pi\frac{nr}{\lambda}. \tag{15-18}$$

显然,光在介质中传播距离r引起的相位变化是其在真空中传播相同距离引起的相位变化的n倍.或者说,光在折射率为n的介质中传播距离r引起的相位变化相当于其在真空中传播距离nr引起的相位变化. 我们把介质的折射率n和传播距离r的乘积称为光程,用L标记:

$$L=nr. \tag{15-19}$$

15.3.2 光程差

引入光程的概念后,便可将光在不同介质中传播的距离都折算成其在真空中传播的距离来处理,从而方便计算.

如图15-10所示,初相相同的两相干光源S_1和S_2发出的光分别在折射率为n_1和n_2的介质中传播,并经过距离r_1和r_2后相遇于P点,相遇时光振动的相位差为

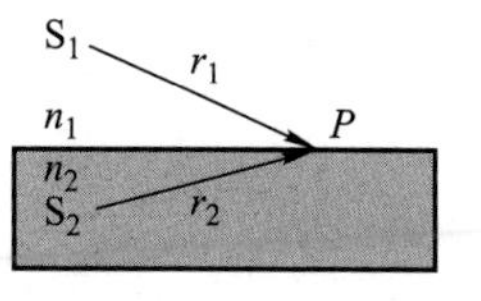

图15-10 光程与光程差

$$\Delta\varphi=2\pi\frac{n_2r_2}{\lambda}-2\pi\frac{n_1r_1}{\lambda},$$

其中,n_2r_2和n_1r_1分别是两束光的光程,而二者的差值称为光程差,用δ表示.因此相位差和光程差之间的关系可以写为

$$\Delta\varphi=2\pi\frac{\delta}{\lambda}, \tag{15-20}$$

其中,λ为光在真空中的波长,直接利用光程差求解相位差较为简便.

15.3.3 透镜不会引起附加光程差

在光学实验中经常用到光学元件，那么光经过光学元件时会不会引起附加光程差呢？

在光的干涉和衍射实验中经常用到透镜，而透镜成像时，像点是亮点，说明光线是同相叠加，即在焦点处各光线是同相位的，如图 15-11(a)所示．若无透镜，显然，a，b，c 三束平行光线的光程相等．当它们垂直入射到透镜上时，光线 a 在透镜中经过的路程较短，但在透镜外至焦点处经过的路程较长，而光线 b 在透镜中经过的路程较长，但在透镜外至焦点处经过的路程较短，最终入射到焦点上时，它们的光程相等．在如图 15-11(b)所示的情况下也是一样的．因此，在观察光的干涉和衍射现象时，使用透镜不会引起附加光程差，这一性质又称为透镜的等光程性．

【例 15-2】 在双缝干涉装置中，用一很薄的云母片($n=1.58$)覆盖其中一条狭缝，如图 15-12 所示．结果使得接收屏上的中央明条纹恰好移到接收屏上原第七级明条纹的位置(P 点)处，若入射光的波长为 550 nm，求此云母片的厚度．

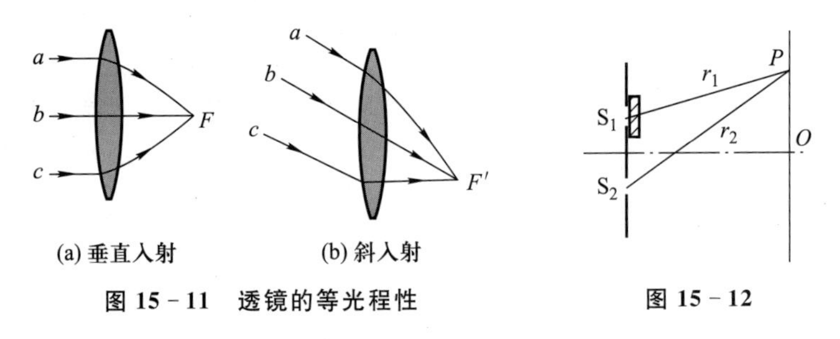

图 15-11 透镜的等光程性

图 15-12

解：设云母片的厚度为 e，放置云母片后，光在云母片中的光程近似为 ne，P 点处为中央明条纹，则光程差满足

$$r_2-(r_1-e+ne)=0,$$

未放云母片时，P 点处为第七级明条纹，则光程差满足

$$r_2-r_1=7\lambda,$$

联立上述两式可以解得

$$e=\frac{7\lambda}{n-1}=\frac{7\times 5.5\times 10^{-7}}{1.58-1}\ \mathrm{m}\approx 6.64\times 10^{-6}\ \mathrm{m}.$$

15.4 分振幅干涉

日常生活中也存在着许多干涉现象，例如，水面上的油膜在太阳光的照射下呈

现出五彩缤纷的美丽图像,肥皂泡在阳光下呈现出五光十色的彩色条纹,许多昆虫的翅膀在阳光下也能显现出彩色花纹,等等. 这一系列现象是由光经薄膜的两个表面反射后再次相遇时相互叠加而形成的,称为薄膜干涉,是典型的分振幅干涉.薄膜干涉分为等倾干涉和等厚干涉,本节将分别对其进行介绍.

15.4.1 等倾干涉

有一厚度为 e、折射率为 n_2 的薄膜放在折射率为 $n_1(n_1<n_2)$的介质中,薄膜的上下两个表面平行,如图 15-13 所示.一束平行光线 a 入射到薄膜的上表面,一部分光在上表面的 A 点发生反射成为光线 b,另一部分光经折射进入薄膜下表面的 B 点反射再经上表面的 C 点透射成为光线 c.由于 b,c 两光线是由同一光线分离而来的,满足相干条件,因此在接收屏上呈现出干涉条纹.

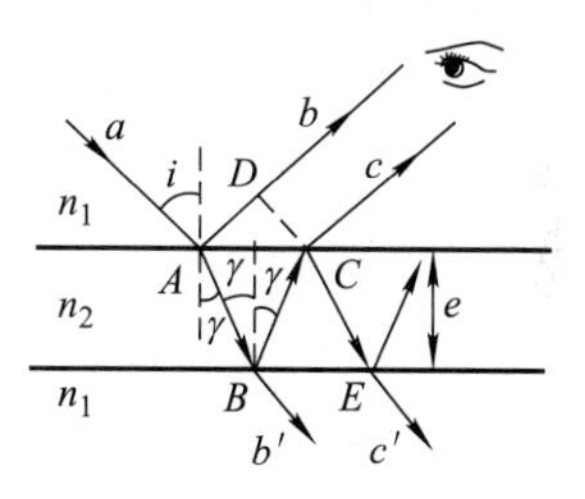

图 15-13 等倾干涉

干涉条纹的性质取决于 b,c 两光线的光程差,过 C 点作光线 b 的垂线 CD,因为 C,D 两点到接收屏的光程相等,所以光线 c 比光线 b 多走的光程取决于薄膜中的光程. 若光线 a 在薄膜上表面的 A 点的入射角为 i,折射角为 γ,则两光线的光程差为

$$\delta=n_2(AB+BC)-n_1AD+\frac{\lambda}{2},$$

其中,$\frac{\lambda}{2}$是由于光线 b 在薄膜上表面的 A 点反射时是由光疏介质入射到光密介质,从而产生半波损失而引入的,称为附加光程差,而光线 c 在薄膜下表面反射时是由光密介质入射到光疏介质,从而不产生半波损失. 由图 15-13 中的几何关系可得

$$AB=BC=\frac{e}{\cos\gamma},$$

$$AD=AC\sin i=2e\tan\gamma\sin i.$$

由折射定律可知

$$n_1\sin i=n_2\sin\gamma.$$

由上述三式可得

$$\delta=2n_2\frac{e}{\cos\gamma}-2n_1e\tan\gamma\sin i+\frac{\lambda}{2}=2e\sqrt{n_2^2-n_1^2\sin^2 i}+\frac{\lambda}{2}.$$

所以等倾干涉出现明条纹和暗条纹的条件为

$$\delta=2e\sqrt{n_2^2-n_1^2\sin^2 i}+\frac{\lambda}{2}=\begin{cases}k\lambda & (k=1,2,3,\cdots)\quad \text{明条纹},\\ (2k+1)\dfrac{\lambda}{2} & (k=0,1,2,\cdots)\quad \text{暗条纹}.\end{cases}\tag{15-21}$$

由式(15－21)可知，当介质和光的波长一定时，光程差由入射角 i 决定.因倾角不同而形成一系列明暗相间的干涉图样，每一级明条纹和暗条纹上的各点都对应于同一个入射角，这种干涉称为等倾干涉.

同样可以证明，透射光线 b' 和 c' 的光程差为

$$\delta = 2e\sqrt{n_2^2 - n_1^2\sin^2 i},$$

由此可知，透射光线 b' 和 c' 的光程差与反射光线 b 和 c 的光程差相差 $\frac{\lambda}{2}$，这说明 b 和 c 干涉相长呈现明条纹时，b' 和 c' 刚好干涉相消呈现暗条纹，反之亦然.这个结论也可以从能量守恒定律的角度理解，反射光和透射光的能量都是入射光能量的一部分，反射光的光强最强时，透射光的光强自然最弱.

上述讨论适合单色光的等倾干涉分布.对于非单色光的等倾干涉，每一个波长的光都按照上述规律在接收屏上分布，所以看到的是彩色光谱.

等倾干涉可以为生活服务，例如，在一些光学系统中，往往要求某些光学元件表面具有很高的反射率，而几乎没有透射损耗.根据薄膜干涉原理，我们可以在光学元件表面镀上一层或多层薄膜，只要选择合适的薄膜材料及其厚度，即可使反射光干涉相长，而透射光干涉相消，这种薄膜叫作增反膜.例如，激光器谐振腔中的全反射镜，对特定波长光的反射率可以高达 99%以上；宇航员的头盔和面罩上都镀有对红外线具有高反射率的多层膜，以屏蔽宇宙空间中极强的红外线照射.

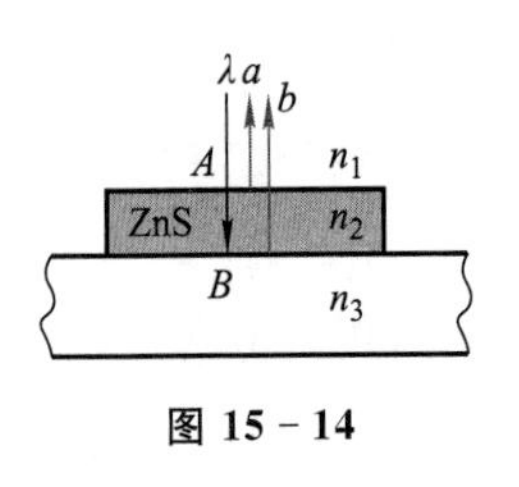

图 15－14

【例 15－3】 如图 15－14 所示，在折射率为 $n_3=1.52$ 的玻璃基片上镀一层折射率为 $n_2=2.35$ 的硫化锌(ZnS)薄膜.若用波长为 550 nm 的绿光垂直入射，求使反射光的光强最大时的硫化锌薄膜的最小厚度.

解：由于 $n_1<n_2$，$n_2>n_3$，因此在薄膜上表面反射时有半波损失，此时，附加光程差为 $\frac{\lambda}{2}$，会改变干涉条纹的性质，所以需计入总光程差. 当光垂直入射时，$i=0$，若反射光的光强最大，则在薄膜上表面的 A 点反射的光线 a 与在薄膜下表面的 B 点反射的光线 b 的光程差需满足干涉相长条件，即

$$\delta = 2n_2 e + \frac{\lambda}{2} = k\lambda \quad (k=1,2,3,\cdots),$$

对上式求解可得

$$e = \frac{(2k-1)\lambda}{4n_2} \quad (k=1,2,3,\cdots).$$

由题意可知，当 $k=1$ 时，薄膜的厚度 e 最小，所以

$$e_{\min} = \frac{\lambda}{4n_2} = \frac{5.5\times10^{-7}}{4\times2.35}\ \text{m} \approx 58.5\ \text{nm}.$$

在一些成像系统中总是存在不同介质的界面,光在界面上反射时不仅会损失能量,导致像面光强减弱,而且在界面上的反射光也有可能不遵从设计好的光路到达像面,造成杂散的背景光,导致像面模糊不清.为了提高成像质量,就要设法减少镜头上的反射光;只要薄膜的厚度及折射率合适,就可使反射光干涉相消,而使透射光干涉相长,这种薄膜叫作增透膜.显然,每一增透膜不可能使所有波长光的反射光都干涉相消,它只能对某一特定波长的光起增透作用. 例如,对于照相机来说,一般选择对人眼和照相底片最敏感的黄绿光($\lambda=550$ nm)进行减少反射而增加透射.

【例 15-4】 如图 15-15 所示,为增加照相机镜头的透射光的光强,需在折射率为 $n_3=1.52$ 的玻璃镜头上镀一层折射率为 $n_2=1.38$ 的透明氟化镁(MgF_2)薄膜.若用波长为 550 nm 的绿光垂直入射,求使透射光的光强最大时的氟化镁薄膜的最小厚度.

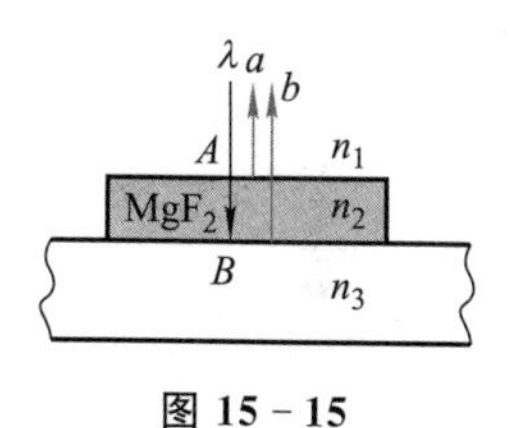

图 15-15

解:由于 $n_1<n_2<n_3$,因此在薄膜的上下两表面反射时均有半波损失,此时,附加光程差为 $\frac{\lambda}{2}\times 2=\lambda$,不会改变干涉条纹的性质,所以可不计入总光程差. 当光垂直入射时,$i=0$,薄膜的上下两表面的反射光线 a,b 的光程差满足干涉相消条件:

$$\delta=2n_2e=(2k+1)\frac{\lambda}{2}\quad(k=0,1,2,\cdots),$$

即

$$e=\frac{(2k+1)\lambda}{4n_2}\quad(k=0,1,2,\cdots).$$

由题意可知,当 $k=0$ 时,薄膜的厚度 e 最小,所以

$$e_{\min}=\frac{\lambda}{4n_2}=\frac{5.5\times10^{-7}}{4\times1.38}\text{ m}\approx 99.6\text{ nm}.$$

15.4.2 等厚干涉

上面讨论的是单色光入射到厚度均匀的薄膜上时发生的干涉现象,那么,如果单色光入射到厚度不均匀的薄膜上,其干涉现象又如何呢? 如图 15-16 所示,两平板玻璃的折射率均为 $n_1(n_1>1)$,一端相接触,另一端夹一纸片或细丝.此时,两平板玻璃之间便形成楔形空气薄膜,称为空气劈尖,两平板玻璃的交线称为棱边.平行于棱边的线上各点对应的空气劈尖的厚度均相等. 当入射光垂直于下玻璃板入射时,在劈尖上下两表面的 A,B 两点反射的光线 a 与 b 将发生干涉. 设 A,B 两点之间的空气薄膜的厚度为 e,空气的折射率为 $n=1$,垂直入射时,$i=0$,因此可得 a 与 b 两光线的光程差.

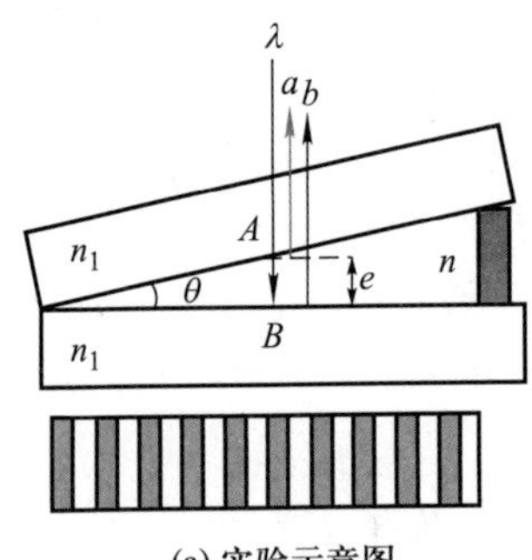

(a) 实验示意图

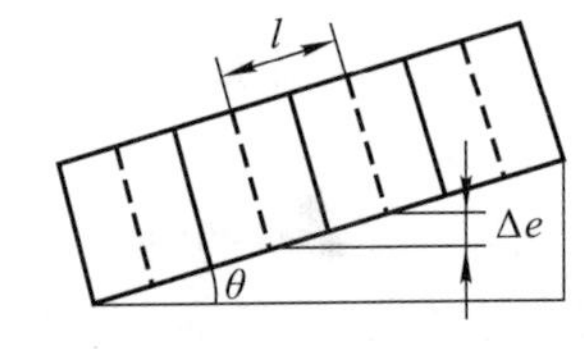

(b) 条纹之间的距离与薄膜厚度的示意图

图 15－16　劈尖干涉

由于空气的折射率 n 小于玻璃的折射率 n_1，因此，当光线在空气劈尖的上表面反射时，光线是由光密介质入射到光疏介质，此时没有半波损失；但是当光线在空气劈尖的下表面反射时，光线是由光疏介质入射到光密介质，会出现半波损失，此时将产生附加光程差$\frac{\lambda}{2}$. 所以两光线的光程差为

$$\delta = 2ne + \frac{\lambda}{2} = 2e + \frac{\lambda}{2} = \begin{cases} k\lambda & (k = 1,2,3,\cdots) \quad \text{明条纹}, \\ (2k+1)\dfrac{\lambda}{2} & (k = 0,1,2,\cdots) \quad \text{暗条纹}. \end{cases} \tag{15-22}$$

由式(15－22)可知，在光线垂直入射的情况下，干涉图样中同一级干涉条纹对应的薄膜厚度相同，因此劈尖干涉称为等厚干涉. 当薄膜厚度 e 恰好满足明条纹的条件时，将发生干涉相长，此时能观察到与棱边平行的明条纹.同样，当薄膜厚度 e 恰好满足暗条纹的条件时，将发生干涉相消，此时能观察到与棱边平行的暗条纹.在劈棱处，$e=0$，由式(15－22)可知，光程差为$\frac{\lambda}{2}$，对应于暗条纹，证实了半波损失现象的存在.

根据式(15－22)，可以求得两相邻明条纹或暗条纹对应的空气薄膜的厚度差为

$$\Delta e = e_{k+1} - e_k = \frac{\lambda}{2}. \tag{15-23a}$$

若两平板玻璃之间的夹角(即劈尖角)为 θ，设任意两相邻明条纹或暗条纹之间的距离为 l，如图 15－16(b)所示. 由几何关系可得，任意两相邻明条纹或暗条纹之间的距离 l 满足

$$l = \frac{\Delta e}{\sin\theta} = \frac{\lambda}{2\sin\theta}.$$

由于劈尖角 θ 很小，可近似认为 $\sin\theta \approx \theta$，因此上式可近似写为

$$l = \frac{\lambda}{2\theta}. \tag{15-23b}$$

显然，劈尖干涉形成的两相邻明条纹或暗条纹之间的距离相等.当 θ 变化时，两相邻明条纹或暗条纹之间的距离也会随之改变. θ 越大，干涉条纹越密，反之越疏.对于某一劈尖(θ 值一定)，若能测出两相邻明条纹或暗条纹之间的距离 l，就可求出入射光的波长 λ. 对于某一单色光(λ 值一定)，若能测出两相邻明条纹或暗条纹之间的距离，也可求出劈尖角 θ.

若劈尖是由折射率为 n 的介质填充的，则两相邻明条纹或暗条纹对应的介质的厚度差，以及两相邻明条纹或暗条纹之间的距离分别为

$$\Delta e = e_{k+1} - e_k = \frac{\lambda}{2n},$$

$$l = \frac{\lambda}{2n\theta}.$$

在实际应用中，劈尖干涉除了可用于测量波长和劈尖角外，还有其他方面的应用. 例如，工程技术上常通过劈尖实验来测量细丝的直径或薄片的厚度，也可用来检测物体表面的平整度和介质的折射率等.

【例 15－5】 如图 15－17 所示，两平板玻璃，一端相互接触，另一端夹一金属细丝. 以波长为 $\lambda = 546$ nm 的单色光垂直入射，测得两相邻明条纹或暗条纹之间的距离为 $l = 1.5$ mm，试求该金属细丝的直径 D(已知上平板玻璃的长度为 12.5 cm).

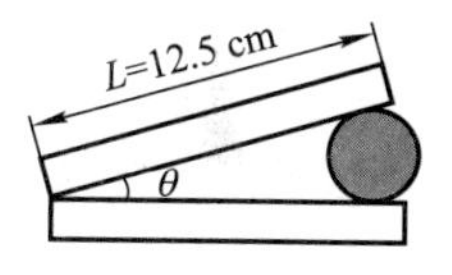

图 15－17

解：由几何关系可得

$$D = L\sin\theta.$$

又知该劈尖为空气劈尖，所以两相邻明条纹或暗条纹之间的距离为

$$l = \frac{\lambda}{2\sin\theta}.$$

将上述两式联立可得

$$D = L\,\frac{\lambda}{2l} = 0.125 \times \frac{5.46 \times 10^{-7}}{2 \times 1.5 \times 10^{-3}}\ \text{m} = 2.275 \times 10^{-5}\ \text{m}.$$

【例 15－6】 利用劈尖干涉可检测精密加工工件表面的平整度.如图 15－18 所示，在待检工件上放置一块标准平板玻璃，使二者之间形成空气劈尖.用波长为 λ 的单色光垂直入射到玻璃表面上，并用显微镜观测干涉条纹. 根据干涉条纹弯曲的方向，即可判断工件表面纹路是凹陷还是凸起，并可求出纹路的度. 设 b 为两相邻明条纹或暗条纹之间的距离，a 为条纹弯曲宽度，试根据干涉条纹判断工件表面是凹陷还是凸起？并求其深度或高度 h.

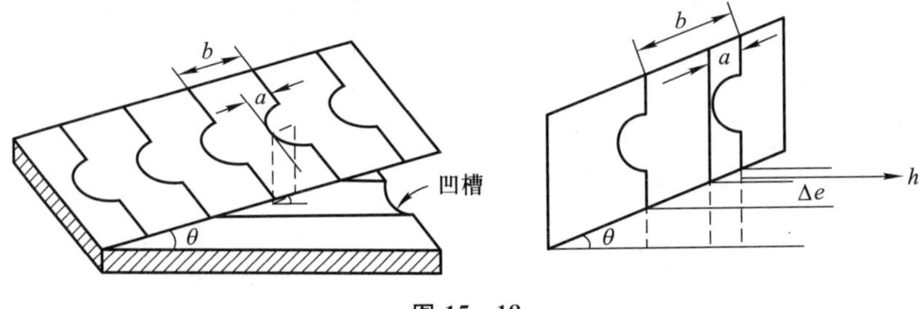

图 15－18

解:根据等厚干涉原理可知,在同一干涉条纹上,弯向劈尖棱边的部分和直线部分所对应的空气薄膜的厚度应该相等. 正常情况下,越靠近棱边的地方薄膜厚度越小,而现在同一条纹上出现弯向棱边的部分,说明此位置的空气厚度增加了,这说明弯曲部分下方是凹陷的.

根据劈尖干涉的知识可知,两相邻明条纹或暗条纹之间的距离为

$$b=\frac{\lambda}{2n\sin\theta}.$$

由于 θ 非常小,因此有

$$\sin\theta\approx\tan\theta=\frac{h}{a}.$$

又因为空气的折射率 $n=1$,所以近似可得

$$b=\frac{\lambda}{2h/a}=\frac{a\lambda}{2h},$$

即

$$h=\frac{a\lambda}{2b}.$$

牛顿环实验是另一个等厚干涉的典型实验.在一块平板玻璃上放置一个曲率半径为 R 的平凸透镜,如图 15－19(a)所示,二者之间便形成一个厚度由零逐渐增

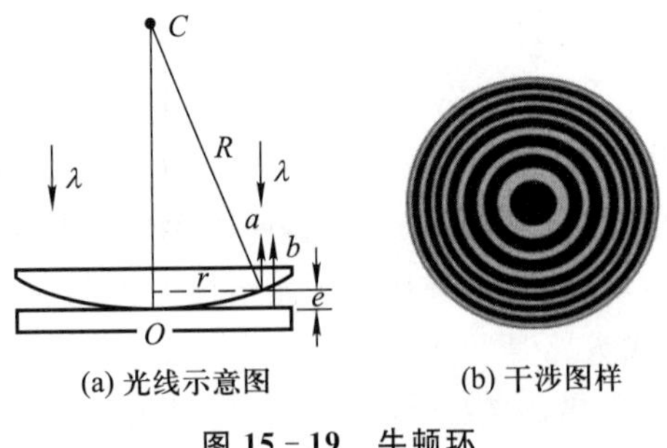

(a) 光线示意图 (b) 干涉图样

图 15－19 牛顿环

大的环状的类似于劈尖的空气薄膜. 若光垂直入射，则反射光的光程差仅与薄膜厚度有关，所以薄膜上下两表面反射的光会发生干涉而形成如图 15-19(b)所示的干涉图样.由于薄膜的等厚线是以接触点 O 为中心的同心圆环，因此干涉条纹也是以 O 点为中心的同心环状条纹，称为牛顿环.

若半径为 r 的环状条纹对应的空气薄膜的厚度为 e，由于空气的折射率小于玻璃的折射率，因此，在空气薄膜的下表面反射时有半波损失，所以经空气薄膜的上下两表面反射的两光线 a,b 的光程差为

$$\delta = 2e + \frac{\lambda}{2} = \begin{cases} k\lambda & (k=1,2,3,\cdots) \quad 明环, \\ (2k+1)\dfrac{\lambda}{2} & (k=0,1,2,\cdots) \quad 暗环. \end{cases} \tag{15-24}$$

由几何关系可知

$$r^2 = R^2 - (R-e)^2 = 2Re - e^2.$$

由于空气薄膜的厚度 $e \ll R$，因此可略去上式中的高阶小量 e^2，所以近似可得

$$e = r^2/(2R).$$

将上式代入式(15-24)，可得

$$r = \begin{cases} \sqrt{\dfrac{(2k-1)R\lambda}{2}} & (k=1,2,3,\cdots) \quad 明环, \\ \sqrt{kR\lambda} & (k=0,1,2,\cdots) \quad 暗环. \end{cases} \tag{15-25}$$

若平凸透镜和平板玻璃之间不是空气，而是折射率为 n 的介质，则式(15-25)可写成

$$r = \begin{cases} \sqrt{\dfrac{(2k-1)R\lambda}{2n}} & (k=1,2,3,\cdots) \quad 明环, \\ \sqrt{\dfrac{kR\lambda}{n}} & (k=0,1,2,\cdots) \quad 暗环. \end{cases} \tag{15-26}$$

由式(15-25)和式(15-26)可知，若入射光的波长 λ 已知，则可用测距显微镜测出某级牛顿环的半径 r，即可求出平凸透镜的曲率半径 R；若已知平凸透镜的曲率半径 R，也可求出入射光的波长 λ.

【例 15-7】 在牛顿环实验中采用某单色光，借助低倍测距显微镜测得由中心往外数到的第 k 级明环的半径 $r_k=3.0\times10^{-3}$ m，从第 k 级明环往外数到的第 16 个明环的半径为 $r_{k+16}=5.5\times10^{-3}$ m，平凸透镜的曲率半径为 $R=2.5$ m.求单色光的波长为多少？

解：明环的半径公式为

$$r_k = \sqrt{\frac{(2k-1)R\lambda}{2}} \quad (k=1,2,3,\cdots),$$

则从第 k 级明环往外数到的第 16 个明环的半径为

$$r_{k+16}=\sqrt{\frac{[2\times(k+16)-1]R\lambda}{2}}\quad(k=1,2,3,\cdots).$$

根据透镜的曲率半径和明环之间的关系,可得

$$r_{k+16}^2-r_k^2=16R\lambda\quad(k=1,2,3,\cdots).$$

代入已知数据可得

$$\lambda=\frac{(5.5\times10^{-3})^2-(3.0\times10^{-3})^2}{16\times2.5}\text{m}\approx531\text{ nm}.$$

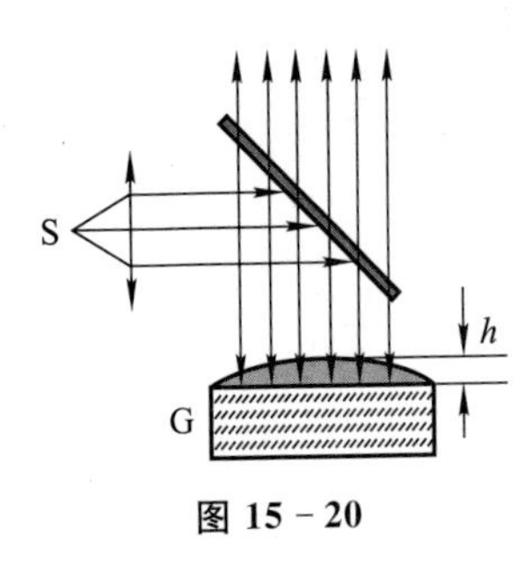

图 15-20

【例 15-8】 图 15-20 为测量油膜折射率的实验装置,在平板玻璃 G 上放一折射率为 n_2 的油滴,并将其展开成圆形油膜,当波长 $\lambda=600$ nm 的单色光垂直入射时,从反射光中可观察到油膜形成的干涉条纹.已知玻璃的折射率为 $n_1=1.50$,油膜的折射率为 $n_2=1.20$. 求当油膜中心最高点与平板玻璃的上表面相距 $h=800$ nm 时,干涉条纹是如何分布的?可看到几条明条纹?明条纹所在处的油膜厚度为多少?

解:因为油膜厚度不等,所以为等厚干涉,对应同一厚度的轨迹为一圆环,故干涉条纹为一系列同心环状条纹.由于 $n_1>n_2$,且它们皆大于空气的折射率,因此有两次半波损失,所以可不考虑附加光程差. 设第 k 级明条纹对应的油膜厚度为 e_k,则满足

$$\delta=2n_2e_k=k\lambda\quad(k=0,1,2,\cdots),$$

因此可得,各级明条纹对应的油膜厚度 e_k 为

$$e_k=k\frac{\lambda}{2n_2}\quad(k=0,1,2,\cdots).$$

当 k 分别取 0,1,2,3,4 时,油膜厚度 e 为 0,250 nm,500 nm,750 nm,1000 nm. 因为油膜厚度 $h=800$ nm,所以可以看到 4 条明条纹.

15.5 迈克耳孙干涉仪

1881 年,迈克耳孙(Michelson)为了研究光速的问题,根据光的干涉原理设计了一种干涉仪,称为迈克耳孙干涉仪. 现在,许多干涉仪都是以迈克耳孙干涉仪为基础衍生发展而来的,它在物理学的发展史上起到了重要的作用,因此很有必要了解它的构造和基本原理.

迈克耳孙干涉仪的实物图如图 15-21(a)所示,光路图如图 15-21(b)所示.迈

克耳孙干涉仪由两块互相垂直放置的平面镜 M_1,M_2 和两块平板玻璃 G_1,G_2 组成. M_2 固定不动,M_1 固定在可前后移动的导轨上. G_1 和 G_2 是两块与 M_1 和 M_2 均成 45°角、彼此平行放置的平板玻璃,它们的厚度及折射率均相同,其中,G_1 的下表面镀有一层银质的半反半透光学膜,称为分光板,G_2 称为补偿板.

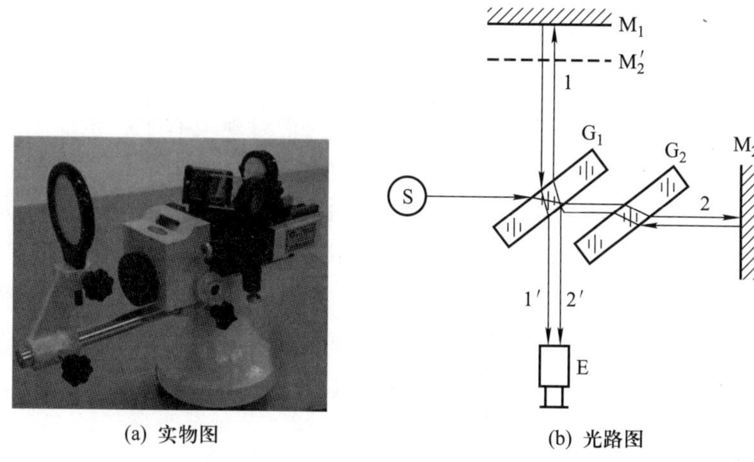

(a) 实物图　　(b) 光路图

图 15-21　迈克耳孙干涉仪

入射光线在分光板 G_1 的下表面发生反射和折射,反射光线 1 经平面镜 M_1 反射后,再次经 G_1 后成为光线 $1'$传向接收器;透射光线 2 经补偿板 G_2 后,被平面镜 M_2 反射回来,再次经 G_2 并由 G_1 下表面的光学膜反射后成为光线 $2'$传向接收器. 光路中 G_2 的作用是使光线 2 与光线 1 的光程一样,起到补偿光程的作用,这也是 G_2 补偿板名字的由来. 这样,在接收器处可观察到干涉条纹. 干涉的结果可看作 M_2 经 G_1 下表面的光学膜形成的虚像 M_2'和 M_1 之间所夹空气薄膜形成的薄膜干涉.

若平面镜 M_1 和 M_2 严格垂直,则 M_2'和 M_1 严格平行,二者之间的空气层可等效成一种等厚的空气薄膜,经空气薄膜的上下两表面反射的相干光发生等倾干涉. 入射角相同的光线的光程差也相同,当满足干涉相长或干涉相消条件时,便可看到环状干涉条纹. 此时,移动平面镜 M_1 相当于改变空气薄膜的厚度,则原位置处的干涉条纹级数也会随之变化.

若平面镜 M_1 和 M_2 不严格垂直,则 M_2'和 M_1 不严格平行,相当于 M_2'和 M_1 之间夹了一个空气劈尖.若用平行光入射,则可以观察到明暗相间、等间距排列的干涉直条纹.此时,移动平面镜 M_1 相当于改变空气劈尖的厚度,条纹也会随之移动. M_1 每移动半个波长的距离,光程差 δ 就改变一个波长,干涉场中就有一条明(或暗)条纹移过被认定的参考点.显然,条纹移动的数目 N 与反射镜 M_1 移动的距离 d 之间的关系为

$$2d = N\lambda. \tag{15-27}$$

15.6　光的衍射现象 惠更斯-菲涅耳原理

15.6.1　光的衍射现象

通过对机械波的学习,我们已经对机械波的衍射现象有了一定的了解,那么,属于电磁波的光是否也会发生衍射现象呢？在日常生活中,我们接触到的现象大多是光沿直线传播的例子,很少观察到光绕过障碍物时发生的衍射现象. 因为要发生衍射现象必须满足一定的条件,即障碍物的尺寸能够与光的波长相比拟. 而光的波长很短(为 10^{-6} m 的数量级),一般障碍物的尺寸远大于光的波长,所以通常情况下很难看到光的衍射现象.若光在传播过程中遇到与光的波长相比拟的障碍物,那么光就不再遵从直线传播规律,而是会绕过障碍物在阴影区形成明暗相间的条纹,这就是光的衍射.

如图 15-22(a)所示,当光通过较大的圆孔 K 时,在接收屏 E 上出现的是平行于圆孔的圆形光斑,圆形光斑是圆孔在接收屏上的几何投影,这反映了光的直线传播特性.如果保持光源 S、圆孔 K 和接收屏 E 三者的相对位置不变,而逐渐缩小圆孔直径,最初,我们将发现,穿过圆孔的光束也变窄,接收屏上的光斑直径随之缩小,当圆孔直径缩小到一定程度时,接收屏上的光斑直径不但不继续缩小,反而逐渐增大(如图 15-22(b)所示),即光绕过障碍物而传播到其后面的区域,产生了光

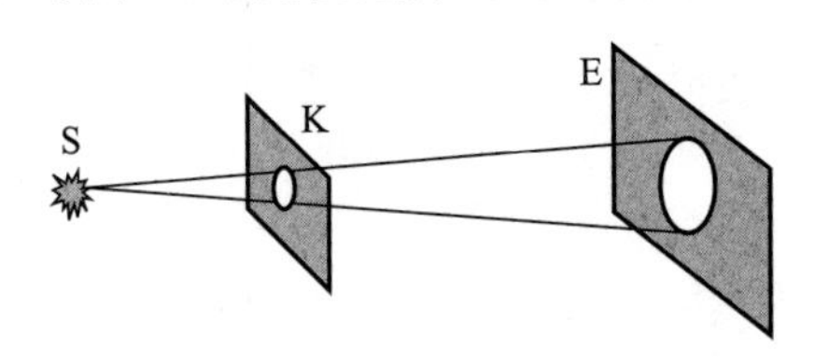

(a) 圆孔直径远大于入射光波长

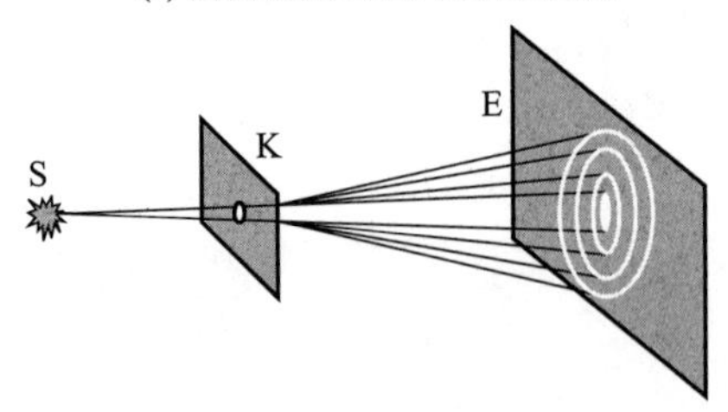

(b) 圆孔直径与入射光波长接近

图 15-22　光通过不同尺寸圆孔的情形

的衍射现象.

15.6.2 惠更斯-菲涅耳原理

利用惠更斯原理可以定性解释光的衍射现象,但是,在解释衍射条纹的分布时遇到了困难.菲涅耳继承和发展了惠更斯提出的"子波"概念,用"子波相干叠加"的思想,充实并发展了惠更斯原理,他提出一个新的假设:波阵面上的每一点都可以看作发射球面子波的新波源,空间任一点的光振动就是传播到该点的所有子波相干叠加的结果. 这一假设既发展了惠更斯原理,也很好地解释了光的衍射过程,称为惠更斯-菲涅耳原理,它是研究衍射问题的重要理论基础.

根据惠更斯-菲涅耳原理可知,若已知某时刻的波阵面 S,则空间任一点 P 的光振动就是该波阵面上所有面元 $\mathrm{d}S$ 发出的子波在该点引起的光振动的叠加.如图 15-23 所示,某一波阵面 S 可分成无数个面元 $\mathrm{d}S$,且每个面元 $\mathrm{d}S$ 发出的子波的振幅与面元 $\mathrm{d}S$ 的面积成正比,与面元 $\mathrm{d}S$ 到 P 点的距离 r 成反比,也与倾角 θ 有关.因此,计算波阵面上所有面元发出的子波在 P 点引起的光振动的总和,就可以得到 P 点的光强.

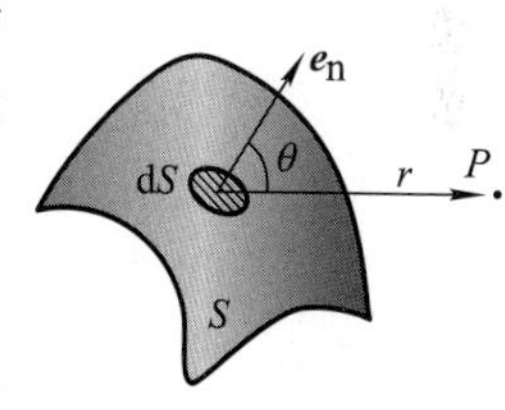

图 15-23 惠更斯-菲涅耳原理

$t=0$ 时刻波阵面上各点的相位相等(设为零),波阵面上某面元 $\mathrm{d}S$ 发出的光传播到 P 点处引起的振动为

$$\mathrm{d}E(P)=C\frac{K(\theta)}{r}\cos 2\pi\left(\frac{t}{T}-\frac{r}{\lambda}\right)\mathrm{d}S, \tag{15-28}$$

其中,C 为比例系数,$K(\theta)$ 为倾斜因子,是面元法向与面元到 P 点连线之间夹角 θ 的函数.菲涅耳指出,沿法向传播的子波的振幅最大,即 $\theta=0$ 时,$K(\theta)$ 取最大值.同时,由于光线无法向后传播,因此,当 $\theta\geqslant\frac{\pi}{2}$ 时,$K(\theta)$ 应为零. 所以整个波阵面在 P 点处引起的振动就可以表示为

$$E(P)=\int_S C\frac{K(\theta)}{r}\cos 2\pi\left(\frac{t}{T}-\frac{r}{\lambda}\right)\mathrm{d}S. \tag{15-29}$$

这就是惠更斯-菲涅耳原理的积分公式.原则上,可利用该公式解决衍射的一般问题,但对于式(15-29)的积分非常复杂,计算较难,后续,菲涅耳提出半波带的近似处理方法,该方法较为简便,并且物理图像清晰.

15.6.3 菲涅耳衍射和夫琅禾费衍射

一般情况下,观察衍射现象的实验装置由光源、衍射屏和接收屏三部分组成.根据三者之间的距离,可以分为菲涅耳衍射和夫琅禾费(Fraunhofer)衍射. 菲涅耳衍射是指光源与衍射屏之间的距离或衍射屏与接收屏之间的距离为有限远，或者二者均为有限远，如图 15-24(a)所示. 夫琅禾费衍射是指光源与衍射屏之间的距离和衍射屏与接收屏之间的距离均为无限远，如图 15-24(b)所示，相当于光源发出的光为平行光、衍射光也是平行光的情况.

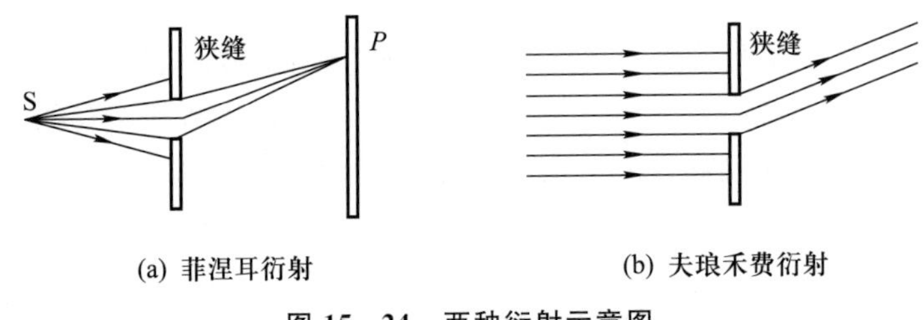

图 15-24 两种衍射示意图

对于夫琅禾费衍射，实验上利用两个凸透镜便可实现，如图 15-25 所示.常把光源 S 放在透镜 L_1 的焦点上，接收屏放在透镜 L_2 的焦平面上，这样，到达狭缝(障碍物)的光和衍射光均满足夫琅禾费衍射的条件.夫琅禾费衍射对于理论和实际应用都十分重要，而且其实验装置和分析计算都较为简便，因此本章主要讨论夫琅禾费衍射.

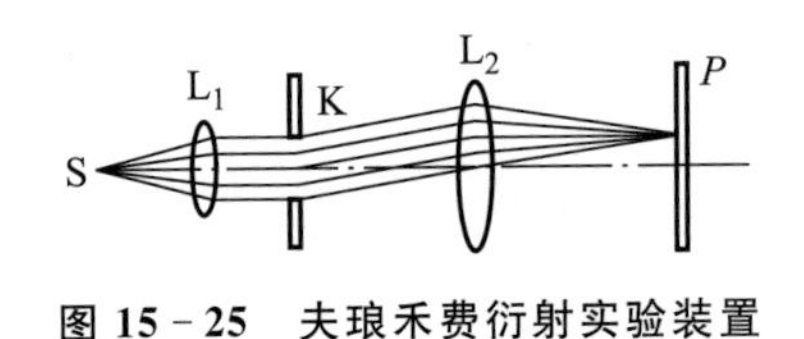

图 15-25 夫琅禾费衍射实验装置

15.7 单缝夫琅禾费衍射

单缝夫琅禾费衍射的实验装置如图 15-26 所示，图中，S 为线光源，K 为衍射屏，其上有一个长度远大于宽度的单一开口的矩形狭缝，E 为接收屏. S 发出的光经透镜 L_1 后形成平行光，该平行光经衍射屏 K 上的狭缝后形成狭缝光源. 根据惠更斯-菲涅耳原理可知，狭缝上的每个点都可以看成子波源，每个子波源向空间各个方向发射子波，衍射方向相同的光线经透镜 L_2 聚焦后，将会聚于透镜 L_2 焦平面处的接收屏 E 上的不同点，在屏上相干叠加而形成明暗相间的条纹. 屏上可观测到中央位置为非常明亮的明条纹，两侧对称地分布着一系列强度较弱的明条纹.

为方便分析，其衍射光路图可简化为图 15-27. 设狭缝边缘 A 和 B 两点之间的距离为a(即缝宽). 一平行光射向狭缝,狭缝所在平面恰为同一波阵面,其上各点的振动相位相同. 根据惠更斯原理可知,狭缝上各点都可看作子波源,并向空间各个方向发射子波. 若某一传播方向的光线与屏幕法线之间的夹角为θ,则称θ为衍射角.衍射角不同的平行光线经透镜L_2聚焦后,将会聚于屏上的不同点并产生相干叠加. 若衍射角为θ的平行光线经透镜L_2会聚于屏上的P点,则条纹的性质与衍射光线到达P点的光程差有关.衍射角为θ的平行光线沿狭缝边缘出射的两光线的光程差最大,其最大光程差δ可表示为

$$\delta = a\sin\theta.$$

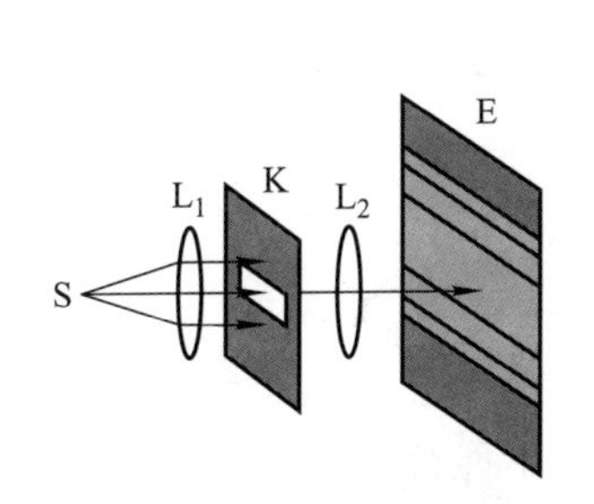

图 15-26 单缝夫琅禾费衍射实验装置

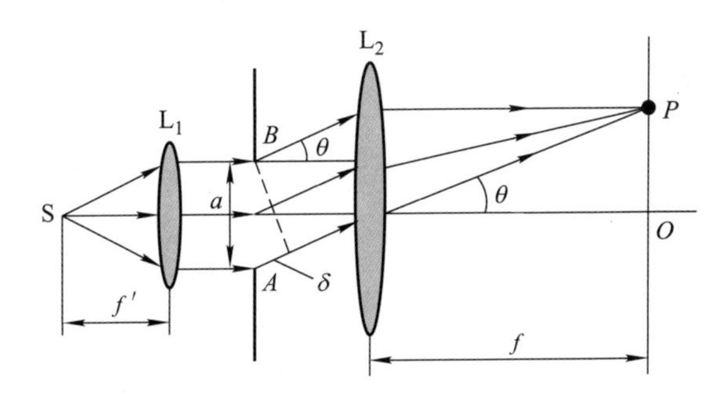

图 15-27 单缝夫琅禾费衍射的光路图

菲涅耳用半波带法定性分析了单缝夫琅禾费衍射. 根据惠更斯-菲涅耳原理,可以将同一波阵面分割成许多等面积的小波阵面,每一个小波阵面都可以看作相干光源.在单缝夫琅禾费衍射中,可以将狭缝处的波阵面分割成多个条状波阵面带,使每个波阵面带上下两边缘发出的光线在屏上P点处的光程差为$\lambda/2$,此波阵面带称为半波带. 例如,狭缝AB刚好被分成两个半波带AC和BC(如图 15-28 所示),对于波阵面BC上某点发出的光线 1,必能在波阵面AC上找到对应点发出的光线 1′,两光线的光程差是$\lambda/2$,同理,波阵面BC上的光线 2 和波阵面AC上对应的光线 2′的光程差也是$\lambda/2$. 由于透镜并不能引起附加光程差,因此,当两相邻半波带发出的光线在屏上相干叠加时,两半波带对应点发出的光线的相位差均为π,所以干涉相消.于是,要判断屏上P点处的条纹是明是暗,只需分析狭缝AB被分成半波带的数目即可.

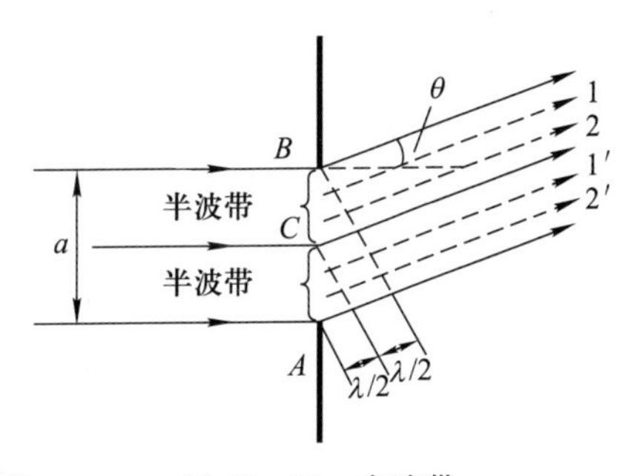

图 15-28 半波带

若对应于某一衍射角 θ，总光程差 δ 为偶数个半波长，则狭缝恰能分成偶数个半波带，因此所有半波带对应点发出的光线成对地相互抵消，导致在屏上 P 点处形成暗条纹，我们可用数学表达式表示上述结果，即

$$a\sin\theta = \pm 2k\cdot\frac{\lambda}{2}\quad (k=1,2,3,\cdots)\quad 暗条纹, \tag{15-30}$$

则衍射角为 θ 的方向出现暗条纹，其中，k 为暗条纹的级次，正负号表示各暗条纹对称地分布于 O 点两侧.

若对应于某一衍射角 θ，总光程差 δ 为奇数个半波长，则最后的结果是留下一个半波带发出的光线未被抵消，导致在屏上 P 点处出现明条纹，即

$$a\sin\theta = \pm(2k+1)\frac{\lambda}{2}\quad (k=1,2,3,\cdots)\quad 明条纹中心. \tag{15-31}$$

当 $\theta=0$ 时，为平行于主光轴的衍射光线，其经过透镜后会聚于主焦点 O 处，称为中央明条纹中心，即

$$a\sin\theta = 0,\quad 中央明条纹中心. \tag{15-32}$$

当然，除了满足上述三个表达式的衍射角 θ 外，还有其他情况的衍射角 θ，此时，从狭缝边缘 A，B 两点发出的光线的最大光程差将不能被分隔成整数个半波长，即狭缝不能恰好分割成整数个半波带，也就是说，对于该情况下的衍射角 θ，光线或多或少地有部分未被抵消，其衍射光线会聚于屏上 P 点的光强将介于最明和最暗之间，也是有一定亮度的. 满足式(15-32)的中央明条纹称为零级明条纹，也称为零级主极大，满足式(15-31)的明条纹称为第 k 级明条纹，其光强较中央明条纹弱一些，也称为第 k 级次极大，而满足式(15-30)的暗条纹的光强最小，称为第 k 级极小，即第 k 级暗条纹.

从式(15-30)、式(15-31)和式(15-32)可以看出，明条纹和暗条纹在空间上交替分布. 对于在 O 点两侧的第一级暗条纹之间的部分，其对应的光程差 $\delta=a\sin\theta$ 应该在

$$-\lambda < a\sin\theta < \lambda \tag{15-33}$$

的范围内，光线未被完全抵消，屏上由中心 O 点最亮慢慢过渡到第一级暗条纹，O 点两侧的第一级暗条纹所夹的区域称为中央亮斑的宽度，也称为中央明条纹的宽度，O 点为中央明条纹中心. 同理，其他两相邻暗条纹之间的区域也是由最亮慢慢过渡到最暗，最亮位置称为明条纹中心. 因此暗条纹和明条纹中心在屏上的位置是确定的，有光亮的区域都属于明条纹，所以明条纹是有宽度的，即介于上下两相邻暗条纹之间的区域.

单缝夫琅禾费衍射的光强分布如图 15-29 所示. 中央明条纹的光强最大，两侧明条纹的光强逐渐减小，这是由于随着衍射角 θ 的增大，在狭缝处的波阵面分割成的半波带数目越来越多，对应的波阵面面积也越来越小的缘故.

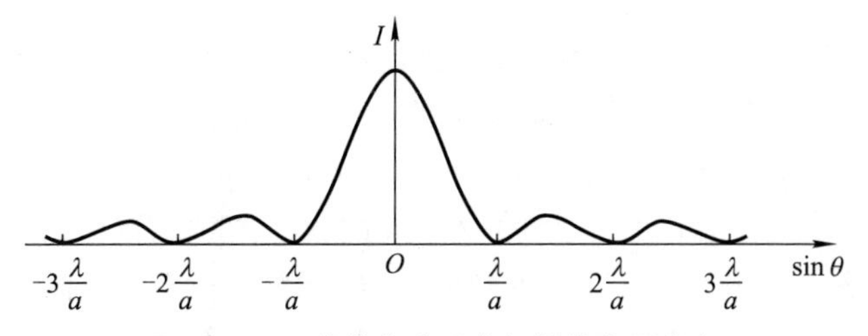

图 15-29 单缝夫琅禾费衍射的光强分布

通常把 $k=1$ 时,两暗条纹对透镜光心的张角称为中央明条纹的角宽. 对于暗条纹,$k=1$ 对应的衍射角为 θ_1,称为半角宽,可以写成

$$\theta_1=\arcsin\frac{\lambda}{a}. \tag{15-34}$$

当 θ_1 很小时,

$$\theta_1\approx\frac{\lambda}{a},$$

$2\theta_1$ 即中央明条纹对应的角宽 θ_0,有

$$\theta_0=2\theta_1\approx2\frac{\lambda}{a}. \tag{15-35}$$

于是可以得到中央明条纹的宽度,又称为中央明条纹的线宽:

$$\Delta x_0=2f\cdot\tan\theta_1\approx2f\cdot\theta_1=2f\cdot\frac{\lambda}{a}, \tag{15-36}$$

其中,f 为透镜的焦距.

通过计算,也可以近似求出各级次极大对应的角宽和线宽:

$$\begin{aligned}\Delta\theta&=\frac{\lambda}{a},\\ \Delta x&=f\cdot\frac{\lambda}{a}=\frac{1}{2}\Delta x_0,\end{aligned} \tag{15-37}$$

即其角宽和线宽均为中央明条纹的一半.

式(15-30)和式(15-31)也可以说明,对于特定波长的单色光来说,缝宽 a 越大,各级条纹对应的 θ 角越小,即各级条纹将向中心靠拢. 若缝宽 a 较大($a\gg\lambda$),则各级条纹将会聚在一起形成一条亮线,衍射现象消失,也就是几何光学中所描述的光沿直线传播的现象.缝宽 a 越小,各级条纹对应的 θ 角越大,在屏上相应条纹之间的距离也越大,衍射效果越明显.

需要说明的是,上面的描述都是在单色光的情况下做出的. 若以复色光(例如,白光)入射到单缝上,则从狭缝发出的各种波长光到达屏上中心 O 处的光程差均为零，所以在屏幕中央看到的是白色条纹.由式(15－30)和式(15－31)可知，在a一定时，$\sin\theta$与λ成正比，因此不同波长光的同一级明条纹会略微错开分布，在每一级明条纹中，离中央白色条纹中心最近的为波长最短的紫色条纹，最远的为波长最长的红色条纹，即出现由紫到红的彩色条纹分布，也就是彩色光谱.

【例15－9】 使用发出波长为632.8 nm的激光的激光器作为光源，使它发出的激光垂直入射到缝宽为0.3 mm的狭缝上，进行单缝衍射实验，狭缝后放置一焦距为30 cm的透镜，求中央明条纹的线宽是多少？

解：根据单缝衍射的特点可知，两相邻暗条纹之间的距离即明条纹的线宽，出现暗条纹的公式为

$$a\sin\theta=\pm 2k\cdot\frac{\lambda}{2}\quad(k=1,2,3,\cdots).$$

中央明条纹边缘为两侧k取值为1时对应的暗条纹，因此可得

$$a\sin\theta=\pm\lambda,$$

所以中央明条纹的线宽为

$$\Delta x_0=2f\tan\theta\approx 2f\sin\theta=2f\,\frac{\lambda}{a}.$$

将已知数据代入上式，可得$\Delta x_0\approx 1.266$ mm.

【例15－10】 一平行光由两种波长分别为$\lambda_1=400$ nm，$\lambda_2=600$ nm的光构成，若用这一平行光垂直入射到缝宽为$a=0.05$ mm的狭缝上，狭缝后放置一焦距为$f=25$ cm的凸透镜. 试求这两种波长的光在屏幕上的第一级明条纹中心到屏幕中心O的距离.

解：根据单缝衍射的特点可知，出现明条纹的公式为

$$a\sin\theta=\pm(2k+1)\cdot\frac{\lambda}{2}\quad(k=1,2,3,\cdots).$$

第k级明条纹中心到屏幕中心O的距离为

$$x_k=f\tan\theta\approx f\sin\theta=f(2k+1)\,\frac{\lambda}{2a}\quad(k=1,2,3,\cdots).$$

波长为λ_1和λ_2的光的第一级明条纹中心到屏幕中心O的距离分别为

$$x_{\lambda_1}\approx(2\times1+1)\times\frac{0.25\times400\times10^{-9}}{2\times0.05\times10^{-3}}\ \text{m}=3\times10^{-3}\ \text{m}=3\ \text{mm},$$

$$x_{\lambda_2}\approx(2\times1+1)\times\frac{0.25\times600\times10^{-9}}{2\times0.05\times10^{-3}}\ \text{m}=4.5\times10^{-3}\ \text{m}=4.5\ \text{mm}.$$

【例15－11】 在单缝衍射实验中，若用白光垂直入射到单缝上，则在形成的衍射条纹中，某波长光的第三级明条纹和红光($\lambda_{红}=630$ nm)的第二级明条纹重合. 试求该光的波长.

解:根据单缝衍射的特点可知,出现明条纹的公式为

$$a\sin\theta = \pm(2k+1)\cdot\frac{\lambda}{2}\quad(k=1,2,3,\cdots).$$

第 k 级明条纹中心到中央明条纹中心的距离为

$$x_k = f\tan\theta \approx f\sin\theta = f(2k+1)\frac{\lambda}{2a}\quad(k=1,2,3,\cdots).$$

红光的第二级明条纹中心的位置为

$$x_2 \approx 5f\frac{\lambda_{红}}{2a},$$

波长为 λ 的光的第三级明条纹中心的位置为

$$x_3 \approx 7\frac{f\lambda}{2a}.$$

由题意可知,$x_2 = x_3$,则近似有

$$5\frac{f\lambda_{红}}{2a} = 7\frac{f\lambda}{2a},$$

因此可得

$$\lambda = \frac{5\lambda_{红}}{7} = \frac{5}{7}\times 630\ \text{nm} = 450\ \text{nm}.$$

15.8 圆孔衍射

我们在 15.7 节讨论了单缝夫琅禾费衍射,若把单缝换成尺寸相当的圆孔又会呈现什么现象呢?下面讨论圆孔夫琅禾费衍射(简称圆孔衍射),因为大多数光学仪器通常是由一个或几个透镜组成的光学系统,透镜的周边多为圆形,所以光学仪器的开孔就相当于一个透光的圆孔,因此研究圆孔衍射具有重要意义.

15.8.1 圆孔衍射

圆孔衍射的实验装置及图样如图 15-30 所示,将单缝夫琅禾费衍射中的狭缝换成圆孔,同样可以看到衍射现象. 此时,在透镜焦平面的中央将出现亮斑,周围是与亮斑同圆心、明暗交替的圆环.衍射图样的中央是一个明亮的圆形亮斑,其光强约占通过透镜的总光强的 84%,中央亮斑周围是一组同心的明环和暗环.

圆孔衍射的中央亮斑又称为艾里(Airy)斑. 设圆孔的直径(孔径)为 D,透镜的焦距为 f,使用波长为 λ 的单色光入射,艾里斑的直径为 d,对应透镜光心的张角为 2θ,如图 15-31 所示.

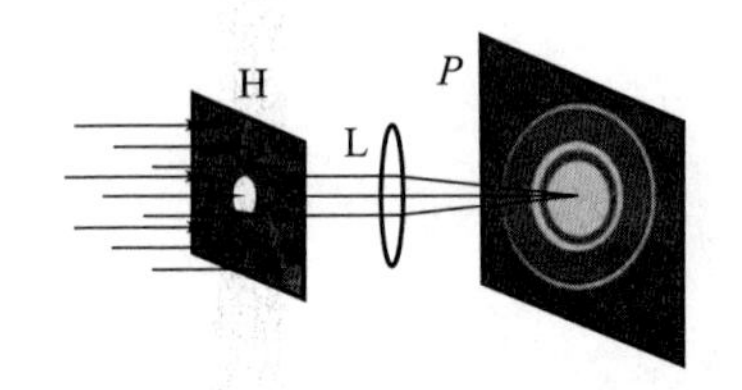

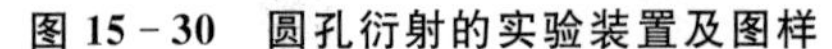

图 15－30 圆孔衍射的实验装置及图样

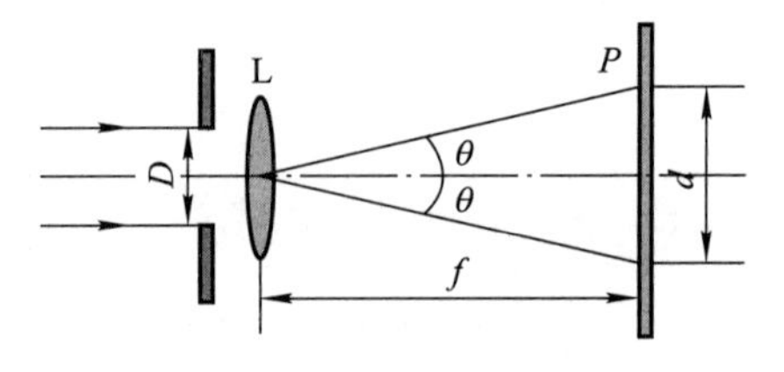

图 15－31 艾里斑的计算

第一级暗环范围内为艾里斑,因此艾里斑的半角宽为

$$\theta \approx \sin\theta = 0.61\,\frac{\lambda}{d} = 1.22\,\frac{\lambda}{D}. \tag{15-38}$$

由式(15－38)可知,单色光的波长 λ 越大,或者孔径 D 越小,衍射现象越明显;反之,当孔径 D 非常大$\left(\frac{\lambda}{D}\ll 1\right)$时,衍射现象就可以忽略,此时,就是几何光学所描述的光沿直线传播现象.

15.8.2 光学仪器的分辨能力

由于受衍射现象的影响,不同光学仪器的分辨能力不同.从波动光学的角度来看,点光源发出的光经过仪器上的圆孔或狭缝后,能够发生衍射现象,即点光源发出的光经透镜系统后所成的像将不再是几何光学中的一个点,而是有一定大小的艾里斑. 若两个距离较近的物点形成的衍射光斑的中心不重合(如图 15－32(a)所示),我们就能分辨出这是两个物点;若两个物点的距离很近,从而形成的衍射光斑有可能重叠在一起,这时,我们就很难通过其衍射光斑分辨两个物点了(如图 15－32(b)所示). 从能够分辨逐渐过渡到不能分辨,中间必然经历一个恰能分辨的临界情形. 规定当一个物点的艾里斑中心恰好在另一个物点的艾里斑边缘时刚好能分辨两个物点(如图 15－32(c)所示),该规定称为瑞利(Rayleigh)判据.恰能分辨的情况下,两艾里斑中心的角宽为 $\theta \approx 1.22\,\frac{\lambda}{D}$,这个角宽也是点光源对透镜光心的张角,称为光学仪器的最小分辨角:

$$\delta\varphi = 1.22\,\frac{\lambda}{D}. \tag{15-39}$$

式(15－39)表明,最小分辨角与波长 λ 和孔径 D 均有关. 通常把光学仪器的最小分辨角的倒数称为其分辨率或分辨本领,通光孔径越大,仪器的分辨率越高,这也就是天文望远镜上采用大直径(最大的反射式望远镜的孔径能够达到 10 m)透镜的原因. 分辨本领 R 为

$$R = \frac{D}{1.22\lambda}. \tag{15-40}$$

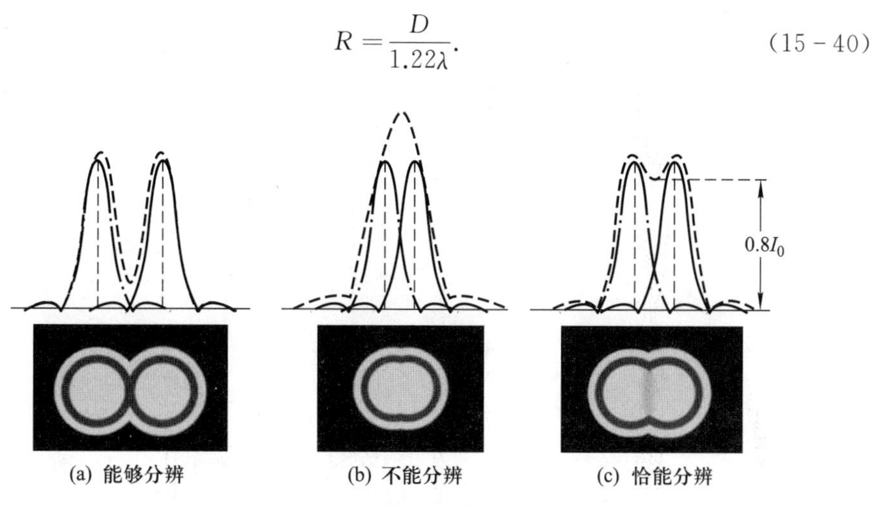

(a) 能够分辨　(b) 不能分辨　(c) 恰能分辨

图 15-32　光学仪器的分辨能力

在夜晚,对于远处汽车的头灯,当观察者距车较远时,看到的是一个车灯,但随着距离变近,能分辨出是两个车灯,这就是由不能分辨、恰能分辨到能够分辨的典型例子.

15.9　光栅衍射

15.9.1　衍射光栅

利用单缝衍射实验可以测量单色光的波长,但是,为了提高测量精度,要求单缝衍射条纹既有一定的亮度,又要彼此分得很开. 然而,对于单缝衍射来说,这两个要求很难同时得到满足,为了解决上述矛盾,在单缝衍射的基础上,设计制作了光栅. 光栅在科学技术中有着广泛的应用. 我们在 15.9 节主要介绍光栅的结构特点和光栅衍射图样的特点及其应用等问题.

由大量等宽度、等间距、相互平行的狭缝构成的光学元件称为光栅. 光栅大致分为两类:一类是透射光栅(如图 15-33(a)所示),在一块平板玻璃上用金刚石刀或电子束刻划出一系列等宽度、等间距的平行刻痕,刻痕处因漫反射而不透光,而无刻痕的部分相当于透光的狭缝,这样就做成了透射光栅.另一类是反射光栅(如图 15-33(b)所示),在光洁度很高的金属(铝)表面刻划出一系列等宽度、等间距的平行细槽,细槽处因漫反射而不透光,而光洁度很高的金属对于光的反射相当于狭缝,这样就做成了反射光栅.光栅是光谱仪等诸多精密光学测量仪器中起分光作用的重要元件.

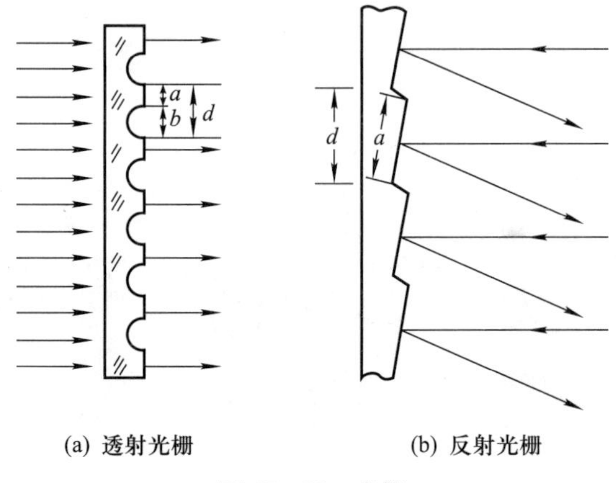

(a) 透射光栅 (b) 反射光栅

图 15-33 光栅

若光栅的透光狭缝的宽度为 a,两相邻狭缝之间不透光部分的宽度为 b,则 a 和 b 之和称为光栅常量,用 d 表示(即 $d=a+b$).一般光栅常量 d 的数量级为 $10^{-5}\sim10^{-6}$ m,这就是说,光栅上每毫米长度上会有几百条乃至上千条刻痕,例如,每毫米宽度内刻划出 500 条刻痕,则该光栅常量 $d=\frac{1\ \text{mm}}{500}=2\times10^{-6}$ m.

15.9.2 光栅衍射图样的特点

1. 光栅衍射现象

光栅上的每一条狭缝都是一条单缝,每条单缝都会形成自己的一套单缝衍射图样.由于各单缝是等宽度的平行狭缝,因此光栅上 N 条狭缝所形成的 N 套单缝衍射图样的特征完全相同,这样,在屏上就会出现各单缝衍射条纹的再次叠加.由于透射光栅是一个分波阵面的光学元件(类似于杨氏双缝实验的干涉装置),若各单缝所分隔出来的衍射光满足相干条件,则各单缝衍射条纹的再次叠加是相干叠加.这就是说,光栅衍射的成像原理为:单缝衍射基础上的多缝干涉,多缝干涉受到单缝衍射的调制.

2. 明条纹的位置

若以波长为 λ 的单色平行光垂直入射到光栅上,如图 15-34(a)所示,当衍射角为 θ 时,光栅上任意两相邻狭缝对应点发出的光到达 P 点的光程差均为 $\delta=d\sin\theta=(a+b)\sin\theta$,则任意两条从两不相邻狭缝对应点发出的沿 θ 角方向的平行光到达 P 点的光程差 δ' 应是 δ 的整数倍,若 δ 为入射光波长 λ 的整数倍,则 δ' 也一定是 λ 的整数倍.也就是说,光栅上所有狭缝对应点发出的衍射角为 θ 的光在到

达 P 点时将是相干叠加,缝间干涉形成明条纹. 显然,光栅衍射形成明条纹的条件是衍射角 θ 必须满足

$$(a+b)\sin\theta=\pm k\lambda \quad (k=0,1,2,\cdots). \tag{15-41}$$

式(15-41)称为光栅方程.满足光栅方程的明条纹称为主极大. 其衍射现象和单缝衍射条纹有明显不同(如图 15-34(b)所示).明条纹亮且窄,两相邻明条纹之间有较暗、较宽的背景,并且狭缝数目越多,明条纹越细、越亮,背景越暗.光栅衍射图样和单缝衍射之所以不同,是因为各个狭缝自身都会产生衍射,且各个狭缝的同衍射方向的光会聚到屏上的同一位置,同时,不同狭缝之间的光产生干涉,对单缝的衍射光强产生影响,因此光栅衍射显示出的现象是这两种作用的综合效果,但习惯称其为光栅衍射条纹.

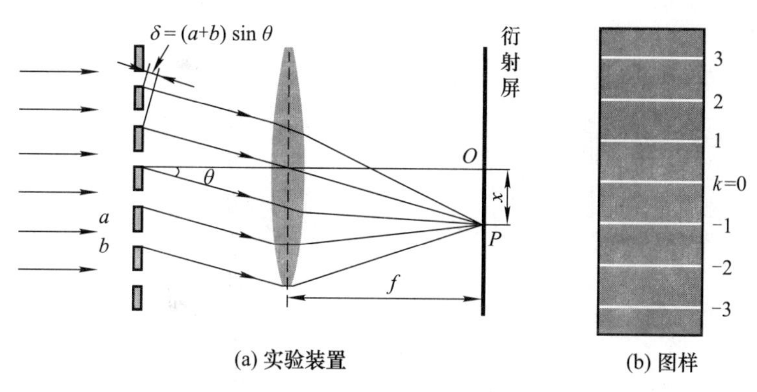

(a) 实验装置　　(b) 图样

图 15-34　光栅衍射的实验装置及图样

3. 缺级现象

对于衍射角为 θ 的光而言,如果既满足光栅衍射的明条纹条件 $(a+b)\sin\theta=\pm k\lambda(k=0,1,2,\cdots)$,同时也满足单缝衍射的暗条纹条件 $a\sin\theta=\pm k'\lambda(k'=1,2,3,\cdots)$,那么,屏上出现明条纹还是暗条纹呢? 我们知道,光栅衍射首先是单缝衍射,然后才是多缝之间的干涉. 那么,若各单缝衍射产生暗条纹,而多缝之间的干涉是在暗条纹的基础上出现干涉相长的,则其应仍为暗条纹,我们把这种多缝之间的干涉满足干涉相长条件,但实际上并不出现明条纹的现象称为光栅衍射的缺级现象. 如上所述,产生缺级现象的条件是衍射角 θ 同时满足光栅衍射的明条纹条件和单缝衍射的暗条纹条件,即

$$\begin{cases}(a+b)\sin\theta=\pm k\lambda & (k=0,1,2,\cdots),\\ a\sin\theta=\pm k'\lambda & (k'=1,2,3,\cdots),\end{cases}$$

因此

$$k=\frac{a+b}{a}k' \quad (k'=1,2,3,\cdots), \tag{15-42}$$

其中，k'为单缝衍射的暗条纹级数，k 为光栅衍射的主极大级数. 我们所说的光栅衍射图样中的缺级，即是指 k 值.由式(15－42)可知，光栅衍射是否出现缺级，取决于光栅本身的结构参数.当光栅常量 d 与缝宽 a 之比，亦即$\frac{d}{a}$为整数时，一定出现缺级现象，例如，当$\frac{a+b}{a}=\frac{d}{a}=4$ 时，$k=4,8,\cdots$级次的明条纹将出现缺级，如图 15－35 所示.

4. **暗条纹的位置和次极大**

对于光栅衍射的暗条纹位置，我们可以用振幅矢量合成的方法来研究.当各狭缝到达 P 点处的光振动的振幅矢量组成一个闭合的多边形时，如图 15－36 所示，P 点处的光振动的合振动的振幅等于零，将出现暗条纹.

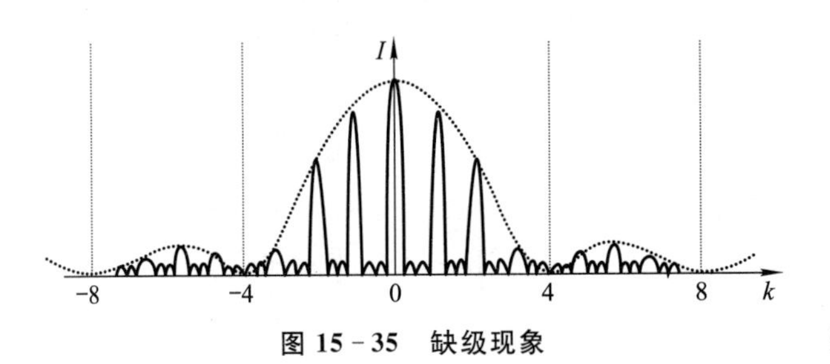

图 15－35　缺级现象

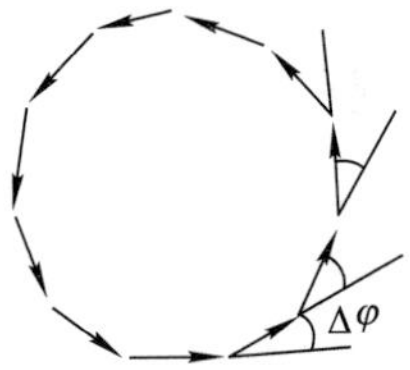

图 15－36　多缝振动的合成形成暗条纹

若光栅有 N 条狭缝，则形成暗条纹的条件为

$$N\Delta\varphi=\pm 2m\pi, \tag{15-43}$$

相位差 $\Delta\varphi$ 可以表示为

$$\Delta\varphi=\frac{2\pi(a+b)\sin\theta}{\lambda},$$

即

$$N(a+b)\sin\theta=\pm m\lambda, \tag{15-44}$$

式(15－43)和式(15－44)中，m 的取值为 $m=1,2,3,\cdots,N-1,N+1,\cdots,2N-1,2N+1,\cdots$，也就是说，$m$ 的取值不能是 N 的整数倍. 若 $m=kN(k=1,2,3,\cdots)$，即 m 是 N 的整数倍，则两相邻狭缝沿衍射角 θ 发出光的相位差恰是 2π 的整数倍，即正好是光栅方程确定的主极大的位置.

由 m 的取值可知，在两相邻主极大之间，有 $N-1$ 条暗条纹. 两相邻暗条纹之间又有一条亮度比主极大弱的明条纹，称为次极大，因此，在两相邻主极大之间有 $N-2$ 条次极大.实际上，这些条纹是振动未被完全抵消的较暗的条纹，其亮度较主极大弱得多，所以不是很明显，因此称为次极大.由于光栅的条纹数很多，且次极大的强度很低，因此通常观察到的光栅衍射条纹是亮度较大而宽度较窄的主极大，以及存在于主极大之间的由次极大和暗条纹构成的亮度很低的背景构成的.

15.9.3 光栅的应用——光栅光谱

单色光经过光栅衍射后形成的各级明条纹是极细的亮线,我们称其为谱线. 由光栅方程可知,当波长 λ 和级次 k 一定时,光栅常量 $a+b$ 越小,衍射角 θ 就越大,即谱线之间的距离也就越大;当光栅常量和级次一定时,若波长不同,则主极大所对应的衍射角 θ 也不同,主极大按波长依次排列.若用复色光入射到光栅上,除中央明条纹外,谱线按波长由短到长自中央向两侧依次分开排列,即产生色散现象.由光栅衍射产生的这种按波长排列的谱线称为光栅光谱.

光栅对光的色散作用使得它成为光谱仪的核心部件.由于各种元素或化合物有它们自己特定的谱线,因此,测定光谱中各谱线的波长和相对强度,就可以确定该物质的成分和含量,这种分析方法叫作光谱分析. 在科学研究和工程技术上,光谱分析有着广泛的应用.

【例 15-12】 用一个每毫米刻有 200 条刻痕的衍射光栅观察钠光($\lambda=589.3$ nm)的谱线,试求平行光入射时最多能观察到第几级谱线?

解:由题意可知,光栅常量为

$$d=\frac{1\times10^{-3}}{200}\ \text{m}=5\times10^{-6}\ \text{m}.$$

由光栅方程 $d\sin\theta=\pm k\lambda(k=0,1,2,\cdots)$可知,最多能观察到的谱线级数即为 k 的最大值,也就是 $\sin\theta=\pm1$ 时对应的 k 值,则有

$$k=\frac{d}{\lambda}=\frac{5\times10^{-6}}{589.3\times10^{-9}}\approx8.5.$$

又因为 $\sin\theta=1$ 时,光的传播方向与屏平行,光不能会聚到屏上,所以 $\sin\theta\neq1$,即

$$k_{\max}=8.$$

因此最多能观察到第八级谱线.

【例 15-13】 在光栅衍射实验中,采用每毫米刻有 500 条刻痕的衍射光栅,以及波长为 589.3 nm 的钠光,试求:

(1) 若光线垂直入射,最多可看到第几级谱线,共可看到几条谱线?

(2) 若光线以 $\theta'=30^\circ$角入射,最多可看到第几级谱线,共可看到几条谱线?

解:(1) 由题意可知,光栅常量为

$$d=\frac{1\times10^{-3}}{500}\ \text{m}=2\times10^{-6}\ \text{m}.$$

由光栅方程

$$d\sin\theta=\pm k\lambda\quad(k=0,1,2,\cdots)$$

可知

$$k=\pm\frac{d}{\lambda}\sin\theta.$$

当衍射角为$\pm90^\circ$时,k 取最大值,即

$$k=\frac{2\times10^{-6}}{589.3\times10^{-9}}\approx3.4.$$

因 k 只能取整数,故 $k_{\max}=3$,即光线垂直入射时能看到第三级光谱.故看到的主极大分别为 0,±1,±2,±3,共可看到 7 条谱线.

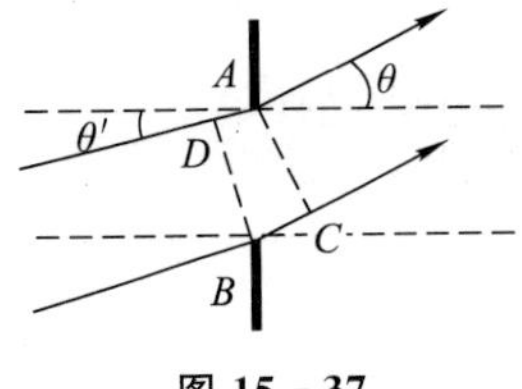

图 15-37

(2) 若光线以 θ'角入射,如图 15-37 所示,衍射前光线已产生光程差,其光程差为

$$\begin{aligned}\delta&=BC-AD\\&=d\sin\theta-d\sin\theta'\\&=d(\sin\theta-\sin\theta').\end{aligned}$$

由此可得,光线以 θ'角入射时的光栅方程为

$$d(\sin\theta-\sin\theta')=\pm k\lambda\quad(k=0,1,2,\cdots).$$

衍射角 $\theta=90^\circ$时,在 O 点上方观察到的最大级次为 k_1,则

$$\begin{aligned}k_1&=\frac{d(\sin90^\circ-\sin30^\circ)}{\lambda}\\&=\frac{2\times10^{-6}\times(1-0.5)}{589.3\times10^{-9}}\\&\approx1.70.\end{aligned}$$

因 k 只能取整数,故 $k_{1\max}=1$.

衍射角 $\theta=-90^\circ$时,在 O 点下方观察到的最大级次为 k_2,则

$$\begin{aligned}k_2&=-\frac{d[\sin(-90^\circ)-\sin30^\circ]}{\lambda}\\&=\frac{2\times10^{-6}\times(1+0.5)}{589.3\times10^{-9}}\\&\approx5.09.\end{aligned}$$

同理,因 k 只能取整数,故 $k_{2\max}=5$.

故以 30°入射时,最多可看到第五级光谱,此时光谱不再关于中央主极大对称,看到的谱线分别为−5,−4,−3,−2,−1,0,+1,共可看到 7 条谱线.

*15.9.4 X 射线在晶体上的衍射

1895 年,伦琴发现受到高速电子撞击的金属靶能够发出一种穿透能力很强的辐射,称为 X 射线. 图 15-38 是 X 射线管的结构原理图,整个 X 射线管处在真空

玻璃管中.在阴极和阳极(也称为对阴极)之间加上高压后,电子从阴极溢出并在电压作用下做加速运动,以较高动能撞击到阳极上,导致 X 射线产生.

X 射线本质上也是一种电磁波,其波长约为 0.1 nm. 观察 X 射线的光栅衍射现象时必须使用光栅常量更小的光栅. 1912 年,劳厄(Laue)提出一种 X 射线光栅衍射的实验方法. 劳厄实验装置如图 15 - 39 所示,X 射线管发射的 X 射线经铅屏准直后入射到晶体上,在晶体上散射,然后入射到底片上.

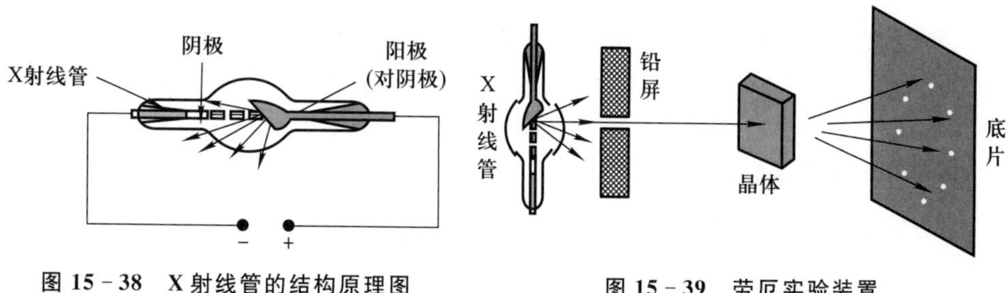

图 15 - 38 X 射线管的结构原理图

图 15 - 39 劳厄实验装置

劳厄利用了晶体是一组有规则排列微粒的特点.当 X 射线入射到晶体上时,组成晶体的每一个微粒相当于一个子波源的中心,向各个方向发出子波.这些子波相干叠加,从而使得沿某些方向传播的光加强,进而在底片上形成亮斑,称为劳厄斑.通过对劳厄斑进行分析计算,就可以推断出晶体的结构.

1931 年,布拉格(Bragg)父子提出了一种解释 X 射线的衍射方法,并做出了定量计算. 布拉格父子将晶体结构简化成由一系列彼此相互平行的原子组成.如图 15 - 40 所示,当 X 射线入射到晶体上时,在原子上发生反射,从而形成子波源.

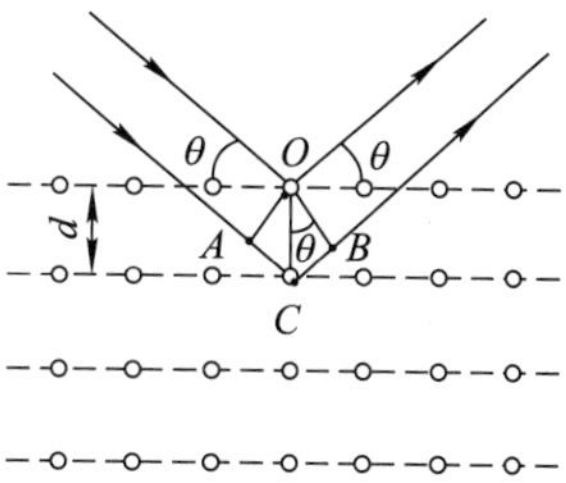

图 15 - 40 布拉格反射

设晶面之间的距离为 d,称为晶面间距.当一单色平行 X 射线以 θ 角入射到晶面上时,将在各层原子上发生反射,相邻两层原子发生反射时的光程差 δ 为

$$\delta = AC + BC = 2d\sin\theta,$$

形成亮斑的条件为

$$2d\sin\theta = k\lambda \quad (k = 1, 2, \cdots). \tag{15-45}$$

式(15 - 45)称为布拉格公式,满足上述条件的入射角称为布拉格角.

因此,在已知晶体的具体结构时,利用 X 射线衍射可以计算入射 X 射线的波长;在已知入射 X 射线的波长时,可测定晶体的晶格结构. 以此为基础的 X 射线光谱分析等相关技术也在很多领域得到了应用.

15.10 自然光 偏振光

光矢量只沿垂直于其传播方向的某一个特定方向振动时,称为线偏振光. 通常把光矢量的振动方向和传播方向组成的平面称为振动平面. 显然,线偏振光的振动平面是一个固定的平面,所以有时也把线偏振光称为平面偏振光.

普通光源发出的光是由无数原子或分子发出的. 虽然每一个原子或分子发出的某一个波列的振动方向是固定的,相当于线偏振光,但是原子或分子发出的不同波列之间是相互独立的,其振动方向没有规律可循,更不用说光源中其他原子或分子发出的波列了. 所以在宏观上观察时,任何一个方向上的振动都不会比其他方向有优势,即整个光矢量的振动在各个方向上的分布是均匀的,每个方向上的振幅也可以看作是相同的,如图 15－41(a)所示. 这种没有偏振特点的光称为自然光,也称为自然偏振光.

如图 15－41(b)所示,为了更方便表示自然光,通常任意取两个垂直于光的传播方向且相互垂直的方向,沿这两个方向将光矢量分解开来,把自然光的总振动转化成两个相互垂直方向的振动. 根据自然光的特点可知,这两个振动必然是沿着相互独立、等振幅、相互垂直方向振动的,于是自然光被分解成两相互独立、等强度、光矢量的振动方向相互垂直的线偏振光. 两线偏振光的强度均等于自然光强度的一半. 在光的偏振性的研究中,通常用短线段表示平行于纸面的振动,用圆点表示垂直于纸面的振动,用单位长度上短线段或圆点的多少表示各自振动强度的大小,因此自然光就可以表示为图 15－41(c).

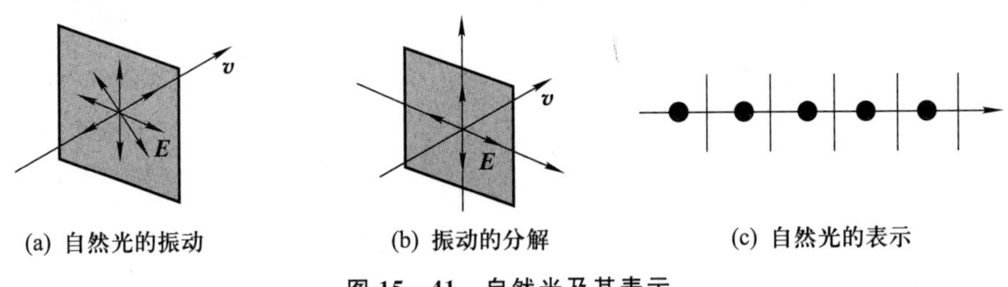

(a) 自然光的振动　(b) 振动的分解　(c) 自然光的表示

图 15－41　自然光及其表示

通过一些特殊的方法,可以将自然光两个分量中的一个消除,使自然光变为线偏振光;也可以只消除自然光两个分量中的一个分量的一部分,此时,光在两个振动方向上的分量的强度将不再相等,称为部分偏振光. 线偏振光和部分偏振光可以表示为图 15－42.

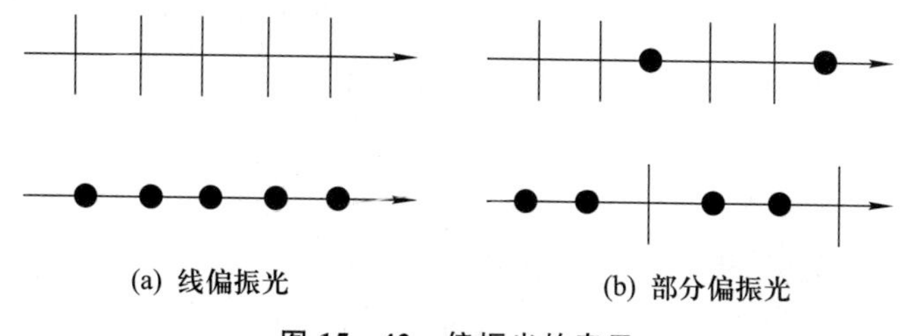

图 15－42 偏振光的表示

15.11 偏振片 马吕斯定律

下面介绍一下如何由自然光获得偏振光.

15.11.1 偏振片

由自然光可以获得偏振光,这样的过程称为起偏. 完成这样工作的光学器件称为起偏器,最常见的起偏器之一就是偏振片. 偏振片用特殊物质制成,使其能够对某一方向的振动产生强烈的吸收,而使与该方向垂直方向的振动最大限度地透过. 通常把偏振片的透光方向称为其偏振化方向或透振方向.

当自然光垂直入射到偏振片上时,只有沿着其偏振化方向的分量能够通过偏振片,透射出来的光强度等于自然光强度的一半,如图 15－43 所示.

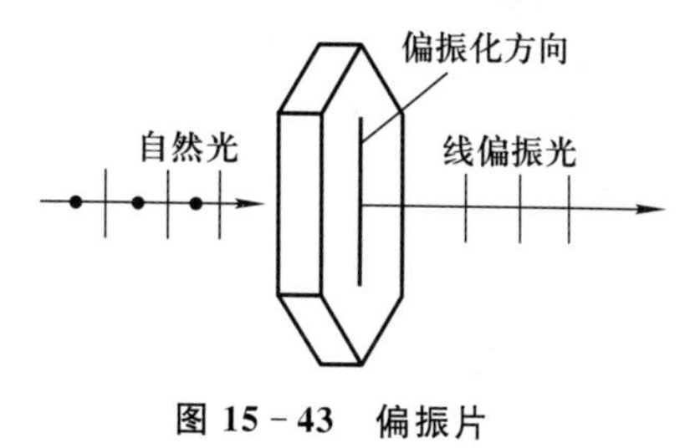

图 15－43 偏振片

偏振片也可用于检偏,称为检偏器. 在垂直于偏振光的传播方向上加入偏振片,如果线偏振光的振动方向与偏振片的偏振化方向相同,则其能够最大限度地透过偏振片;如果线偏振光的振动方向与偏振片的偏振化方向垂直,则其不能透过偏振片;如果线偏振光的振动方向与偏振片的偏振化方向成一定角度,则只有部分偏振光能透过偏振片. 因此,根据一束光沿不同角度透过偏振片后的情况就可以判断该光是否为偏振光.

15.11.2 马吕斯定律

如图 15－44 所示,设自然光的振幅为 A_0,光强为 I_0,经偏振片 P_1 后获得线偏振光,该线偏振光的振幅为 A_1,光强为 I_1. 根据上述分析可知,$I_0=2I_1$. 线偏振光

再经偏振片 P_2，其中，偏振片 P_1 和偏振片 P_2 的偏振化方向之间的夹角为 α，透过偏振片 P_2 的光的振幅为 A_2，光强为 I_2.

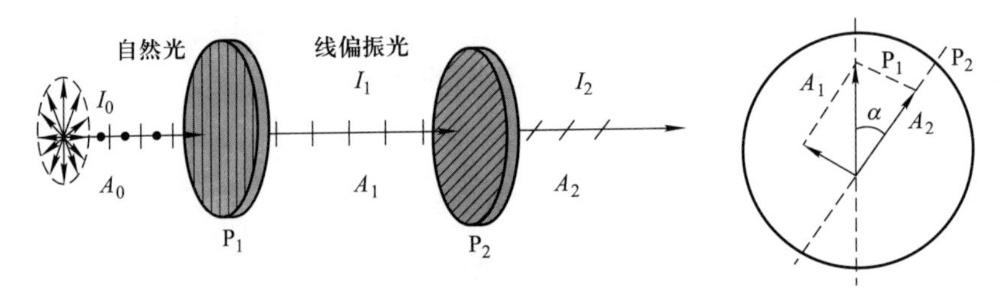

图 15－44 马吕斯定律

由于偏振片只允许平行于其偏振化方向的振动透过，因此

$$A_2 = A_1 \cos \alpha ,$$

因此可得，I_1 和 I_2 之间的关系为

$$I_2 = I_1 \cos^2 \alpha . \tag{15-46}$$

式(15－46)表明，当线偏振光从偏振片透过后，光强与线偏振光的振动方向和偏振片的偏振化方向之间夹角余弦值的平方成正比，这一关系由马吕斯(Malus)于1808年发现，所以又称为马吕斯定律.

所以可以得出结论：当两个偏振片的偏振化方向平行，即 $\alpha = 0$ 或 $\alpha = \pi$ 时，光强最大，等于入射光的光强；当两个偏振片的偏振化方向相互垂直，即 $\alpha = \pi/2$ 或 $\alpha = 3\pi/2$ 时，光强最小，等于零.

【例 15－14】 使自然光透过两个偏振化方向成60°角的偏振片，透射光的光强为 I. 若在这两个偏振片之间再插入另一个偏振片，其偏振化方向与前两个偏振片均成30°角，则透射光的光强为多大？

解：设自然光的光强为 I_0，透过第一个偏振片后的光强为

$$I_1 = \frac{1}{2} I_0 ,$$

透过第一个偏振片后的光再透过第二个偏振片后的光强为

$$I_2 = I_1 \cos^2 60^\circ = \frac{1}{2} I_0 \cos^2 60^\circ = \frac{1}{8} I_0 = I .$$

若再插入一个偏振片，则透过第一个偏振片后的光再透过第三个偏振片后的光强为

$$I'_3 = I_1 \cos^2 30^\circ = \frac{1}{2} I_0 \cos^2 30^\circ = \frac{3}{8} I_0 ,$$

透过第三个偏振片后的光再透过第二个偏振片后的光强为

$$I'_2 = I'_3 \cos^2 30^\circ = \frac{3}{8} I_0 \cos^2 30^\circ = \frac{9}{32} I_0 .$$

所以透射光的光强为 $I_2'=\dfrac{9}{32}I_0$.

15.12 反射光和折射光的偏振规律

实验表明，当自然光在折射率不同的两种介质的界面上发生反射和折射时，反射光和折射光都是部分偏振光. 下面来详细说明这个问题.

一自然光以入射角 i 入射到两种介质的界面上，两种介质的折射率分别为 n_1 和 n_2. 光的一部分会在界面上发生反射，反射角也为 i，另一部分会在界面上发生折射，设折射角为 γ. 如果把所有光的振动都分解为平行于纸面和垂直于纸面两个方向的振动，如图 15－45 所示，通过偏振片检验，可以发现反射光中垂直于纸面振动的部分比平行于纸面振动的部分强，折射光中垂直于纸面振动的部分比平行于纸面振动的部分弱. 也就是说，反射光和折射光都将成为部分偏振光.

实验还指出，如果使入射角 i 连续变化，则反射光和折射光的偏振化程度都会随之变化. 当入射角等于某一特定角度 i_0 时，反射光中只有垂直于纸面的振动，而平行于纸面的振动为零，这一规律称为布儒斯特(Brewster)定律，是由布儒斯特于 1815 年发现的. 这一特殊的入射角 i_0 称为起偏角或布儒斯特角，如图 15－46 所示. 此时，有

$$\tan i_0=\frac{n_2}{n_1}. \qquad (15-47)$$

式(15－47)就是布儒斯特定律的数学表达式.

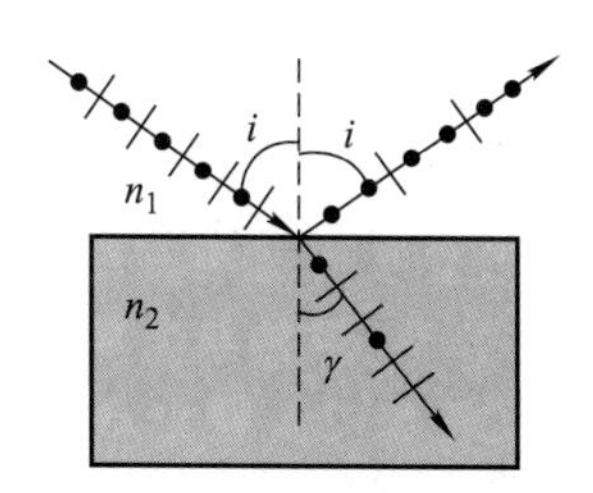

图 15－45 自然光的反射和折射

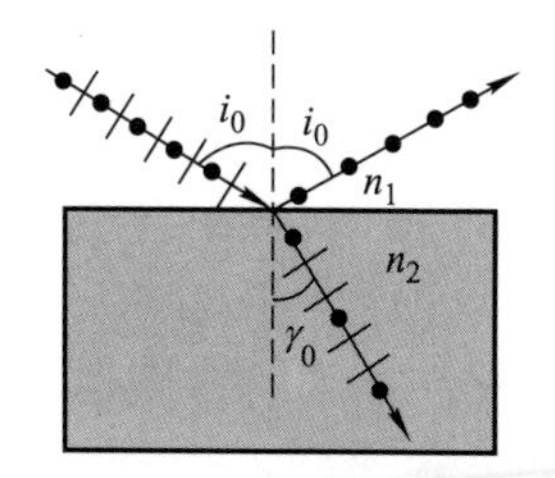

图 15－46 入射角为布儒斯特角情况下的自然光的反射和折射

根据折射定律可知

$$\frac{\sin i_0}{\sin \gamma_0}=\frac{n_2}{n_1},$$

当入射角为布儒斯特角 i_0 时，有

$$\tan i_0 = \frac{n_2}{n_1},$$

所以

$$\sin \gamma_0 = \cos i_0,$$

即

$$\gamma_0 + i_0 = \frac{\pi}{2}. \tag{15-48}$$

也就是说，当入射角为布儒斯特角 i_0 时，反射光和折射光相互垂直. 根据光的可逆性可知，当入射光以 γ_0 角从折射率为 n_2 的介质入射到两种介质的界面上时，此 γ_0 角也为布儒斯特角.

因此，若自然光从空气入射到折射率为 1.5 的玻璃上，则布儒斯特角为 56.3°；若自然光从折射率为 1.5 的玻璃入射到空气中，则布儒斯特角为 33.7°. 若自然光从空气入射到折射率为 1.33 的水面上，则布儒斯特角为 53.1°.

15.13 双折射

与在各向同性介质中传播不同的是，光在各向异性介质中传播时会发生一种特殊现象——双折射.

15.13.1 双折射现象

通常，一束光入射到两种介质的界面上时，只会观察到一束折射光，并遵从折射定律：

$$n_1 \sin i = n_2 \sin \gamma,$$

其中，i 为入射角，γ 为折射角，n_1，n_2 分别为两种介质的折射率.

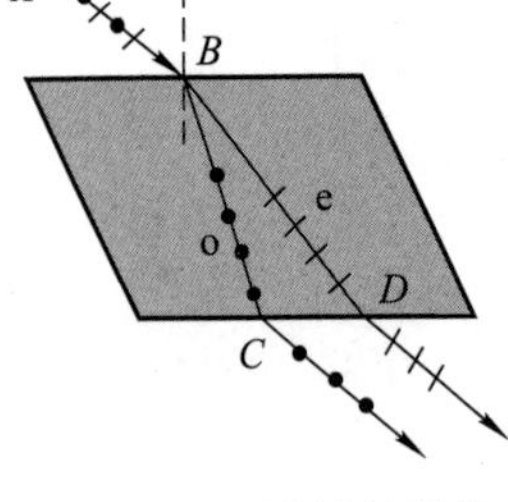

图 15-47 双折射现象

但是，若一束光入射到一些特殊介质（例如，方解石晶体）的表面上，则可以观察到折射光沿着不同的角度分解成两束，如图 15-47 所示. 这种现象是由晶体的各向异性造成的，称为双折射，能够产生双折射现象的晶体称为双折射晶体.

实验表明，当光沿着不同方向入射时，其中一束折射光始终遵从折射定律，这束光称为寻常光（o 光）；另一束

折射光不遵从折射定律，其传播速度随着入射光方向的变化而变化，这束光称为非寻常光(e光). 实验表明，o光和e光都是线偏振光.

15.13.2 光轴 主平面

当光入射到双折射晶体的表面上，并沿着某一方向传播时，可以发现：晶体内部总是存在一个确定的方向，沿着这个方向传播时，寻常光和非寻常光并没有分开，即此时不会发生双折射现象. 这一方向称为双折射晶体的光轴.

以方解石晶体为例，方解石晶体为六面棱体，有八个顶点，如图15-48所示. 其中，以A,B为顶点的各个角都是$102°$，连接这两个顶点引出的直线就是光轴的方向. 任何平行于该方向的直线都可以看作光轴. 有的晶体只有一个光轴，称为单轴晶体；有的晶体有两个光轴，称为双轴晶体. 在晶体中，把包含光轴和任一已知光线所组成的平面称为主平面. o光的振动方向垂直于o光的主平面，e光的振动方向平行于e光的主平面. 通常，o光和e光的主平面之间有一定的夹角，但是夹角较小，所以，一般可以认为o光和e光的振动方向是相互垂直的.

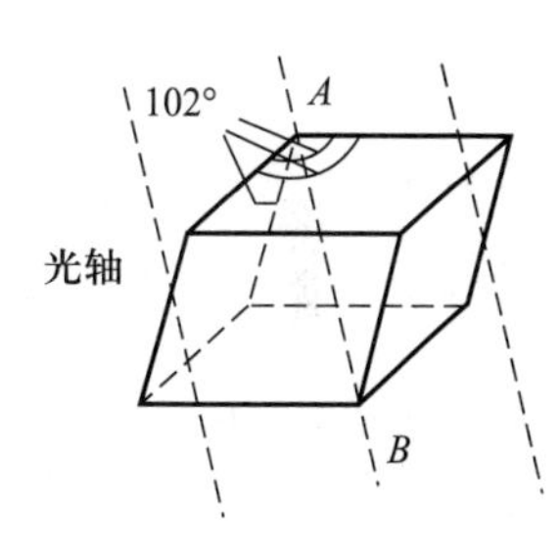

图15-48 方解石晶体

15.13.3 双折射现象的解释

根据惠更斯原理可知，波阵面上的任一点都可以看作子波源. 在各向同性介质中，点光源沿各个方向的传播速度都相同，所以子波的波阵面为球面. 在双折射晶体中，寻常光和非寻常光的传播速度通常不同. 其中，寻常光在晶体中沿着各个方向的传播速度相同，所以其子波的波阵面为球面；而非寻常光在晶体中沿着各个方向的传播速度都不同. 其中，只有沿着光轴方向传播时，非寻常光和寻常光的传播速度才是相同的，沿着垂直于光轴的方向传播时，非寻常光和寻常光的传播速度差别最大.

对于某些晶体，当o光和e光沿着垂直于光轴的方向传播时，e光的传播速度小于o光的传播速度，即$v_e<v_o$，这种晶体称为正晶体；也有一些晶体，当o光和e光沿着垂直于光轴的方向传播时，e光的传播速度大于o光的传播速度，即$v_e>v_o$，这种晶体称为负晶体. 无论是正晶体还是负晶体，e光的子波波阵面都是旋转椭球面，而o光的子波波阵面都是球面. 由于沿着光轴方向，o光和e光的传播速度相同，因此o光和e光相切于光轴，如图15-49所示.

根据折射率的定义可知，寻常光(o光)的折射率$n_o=\frac{c}{v_o}$，为由晶体材料决定的常量. 而非寻常光(e光)沿各个方向的传播速度都不同，所以不存在一般意义上的

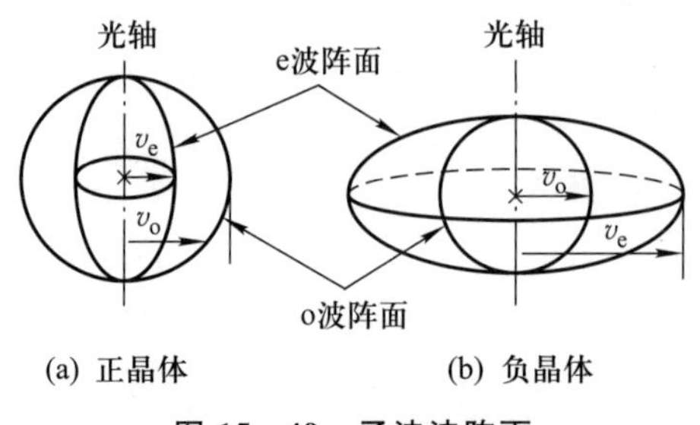

图 15-49 子波波阵面

折射率,为与寻常光对应起见,通常把光速与非寻常光沿着垂直于光轴方向的传播速度之比称为非寻常光的主折射率,即 $n_e=\dfrac{c}{v_e}$. 如前所述,对于正晶体,有 $n_e>n_o$,对于负晶体,有 $n_e<n_o$. 几种常见晶体的 n_e,n_o 如表 15-1 所示.

表 15-1 几种常见晶体的 o 光和 e 光的主折射率

晶体	n_o	n_e	晶体	n_o	n_e
方解石	1.658	1.486	电气石	1.669	1.638
菱铁矿	1.875	1.635	白云石	1.681	1.500
石英	1.544	1.553	冰	1.309	1.313

下面利用惠更斯原理解释双折射现象,此时,可将光的入射分为如下 3 种情况:

(1) 光轴平行于晶体表面,平行自然光垂直入射. 如图 15-50 所示,平行自然光垂直入射到晶体表面上时,寻常光和非寻常光并不能分开,但是由于它们在晶体内部的传播速度不同,因此进入晶体后,两种光在同一点处的相位并不相同.

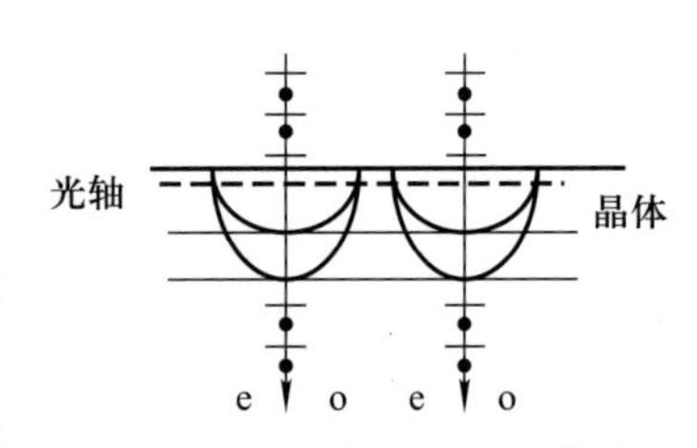

图 15-50 光轴平行于晶体表面,平行自然光垂直入射

(2) 光轴与晶体表面之间有一定的夹角,平行自然光垂直入射. 如图 15-51 所示,平行自然光垂直入射到晶体表面上并进入晶体内部继续传播. 自 A 点和 B 点,入射光的波阵面如图 15-51 所示,作寻常光波阵面的公切线,连接 A,B 两点与对应的切点,可以得到寻常光的传播方向. 同理,作直线交非寻常光波阵面,连接 A,B 两点与对应的交点,可以得到非寻常光的传播方向.

(3) 平行自然光斜入射. 如图 15-52 所示,平行自然光以入射角 i 入射到晶体

表面上的 A 点并进入晶体内部继续传播，经历 Δt 时间后，两束光的子波波阵面如图 15－52 所示. 此时，自然光中的另一束恰好入射到晶体表面上的 B 点，自该点引两条直线分别相切于寻常光和非寻常光的波阵面，连接 A 点和两切点所得两条直线就是寻常光和非寻常光的传播方向.

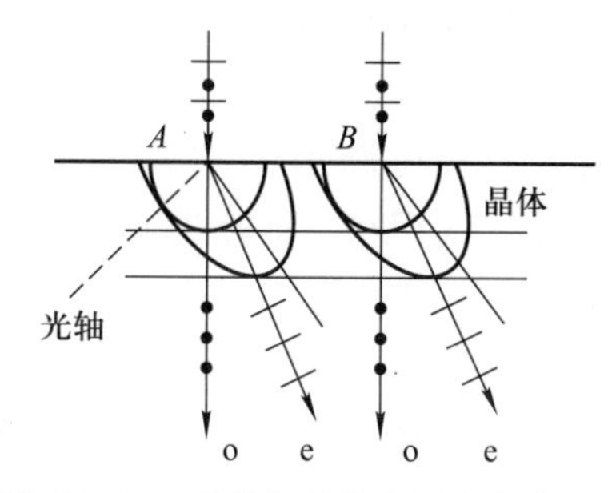

图 15－51 光轴与晶体表面之间有一定的夹角，平行自然光垂直入射

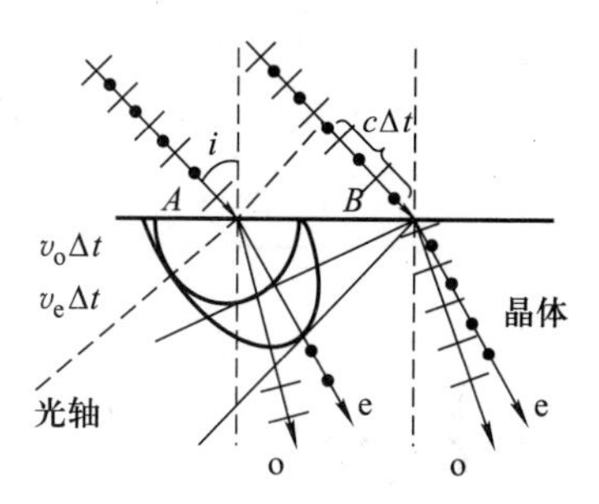

图 15－52 平行自然光斜入射

15.13.4 尼科耳棱镜

双折射现象可以将寻常光和非寻常光使用较厚的晶体分得更开，但是，实际上，由于常见的天然晶体都非常薄，很难将这两种光分开，因此通常需要使用尼科耳(Nicol)棱镜等偏振器件. 尼科耳棱镜可以使一束光透射、另一束光反射. 尼科耳棱镜可以当作起偏器使用，也可以当作检偏器使用.

将两块经特殊加工制成的方解石晶体用特殊的树胶材料粘在一起，形成长方形柱状棱镜，就是尼科耳棱镜，如图 15－53(a)所示.

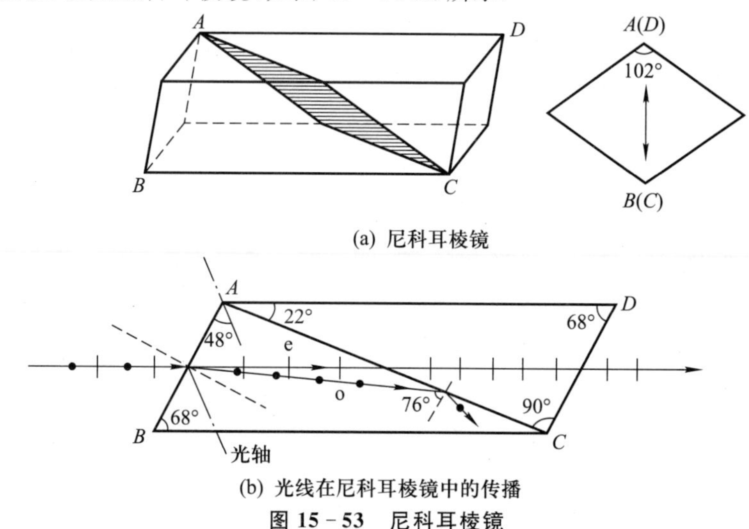

(a) 尼科耳棱镜

(b) 光线在尼科耳棱镜中的传播

图 15－53 尼科耳棱镜

如图 15-53(b)所示，自然光从尼科耳棱镜的端面入射到晶体内部后分为两束，一束为寻常光，另一束为非寻常光. 由于在方解石晶体中，寻常光的折射率为1.658，非寻常光的主折射率为 1.486，而尼科耳棱镜使用的树胶材料的折射率为1.550，因此，当自然光入射到方解石和树胶的界面上时，寻常光的入射角超过临界角从而发生全反射，而非寻常光则透过树胶. 最终，寻常光入射到 BC 底面被涂黑的部分吸收，而非寻常光自透镜的另一个端面射出.

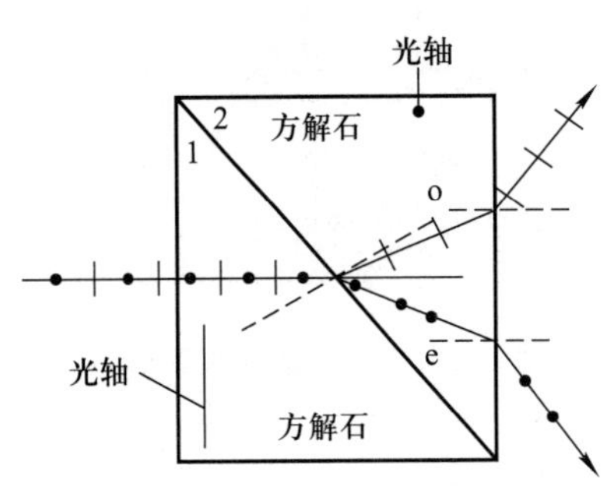

图 15-54 沃拉斯顿棱镜

除了尼科耳棱镜外，沃拉斯顿(Wollaston)棱镜等也是由光轴相互垂直的两块方解石晶体粘在一起制成的，如图 15-54 所示，沃拉斯顿棱镜可获得两束分得很开的线偏振光.

【例 15-15】 两尼科耳棱镜晶体主截面之间的夹角由 30°转到 45°.

(1) 若入射光是自然光，求转动前后透射光的光强之比；

(2) 若入射光是线偏振光，求转动前后透射光的光强之比.

解:尼科耳棱镜出射的光为振动平面在主截面内的线偏振光，主截面即其振动方向.

(1) 入射光为自然光，夹角为 30°时，

$$I=\frac{I_0}{2}\cos^2 30^\circ=\frac{3}{8}I_0,$$

夹角为 45°时，

$$I'=\frac{I_0}{2}\cos^2 45^\circ=\frac{1}{4}I_0,$$

因此可得

$$\frac{I}{I'}=\frac{3}{2}.$$

(2) 入射光为线偏振光，夹角为 30°时，

$$I=I_0\cos^2 30^\circ=\frac{3}{4}I_0,$$

夹角为 45°时，

$$I'=I_0\cos^2 45^\circ=\frac{1}{2}I_0,$$

因此可得

$$\frac{I}{I'}=\frac{3}{2}.$$

15.14 椭圆偏振光和圆偏振光

椭圆偏振光和圆偏振光是两种特殊的偏振光.

15.14.1 椭圆偏振光和圆偏振光

如图 15－55 所示,当一束单色自然光垂直透过偏振片 P_1 后,透射光将变成线偏振光,其振动方向与偏振片 P_1 的偏振化方向一致. 这时,在光路中加入双折射晶片 C,使所得的线偏振光垂直入射,双折射晶片 C 的光轴方向平行于晶体表面,且与线偏振光的振动方向之间成 α 角.

线偏振光进入双折射晶体中也会分为寻常光和非寻常光. 根据惠更斯原理对双折射现象的解释可知,寻常光和非寻常光在垂直入射时不会分开,如图 15－50 所示. 但是,由于折射率不同,因此两种光射出双折射晶片 C 时,相位会有所不同. 假设寻常光的折射率为 n_o,非寻常光的主折射率为 n_e,双折射晶片 C 的厚度为 d,则两束光透过双折射晶片 C 后的相位差为

$$\Delta\varphi=\frac{2\pi}{\lambda}d(n_o-n_e).$$

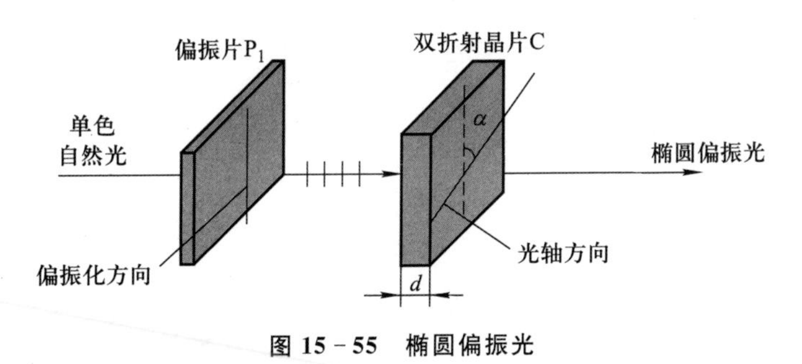

图 15－55 椭圆偏振光

如果双折射晶片 C 的厚度 d 恰好能使相位差 $\Delta\varphi=\pm k\pi(k=0,1,2,\cdots)$,则寻常光和非寻常光叠加之后仍为线偏振光. 如果 $\Delta\varphi\neq\pm k\pi(k=0,1,2,\cdots)$,则两种光叠加之后形成的振动轨迹为一个椭圆形,这样的光称为椭圆偏振光.

双折射晶片 C 的光轴方向决定了寻常光和非寻常光的振幅,两种光的振幅可以分别表示为

$$A_o=A\sin\alpha,\quad A_e=A\cos\alpha.$$

因此,如果两种光的振幅相同,即当 $\alpha=\pi/4$,且相位差 $\Delta\varphi=\pi/2$ 或 $3\pi/2$ 时,则两种光叠加之后形成的振动轨迹为一个圆形,这样的光称为圆偏振光.

15.14.2　四分之一波片

根据上述分析可知，要获得圆偏振光，晶片的厚度应使o光和e光产生大小为$\frac{\pi}{2}$的相位差，即

$$\Delta\varphi=\frac{2\pi}{\lambda}d(n_o-n_e)=\frac{\pi}{2},$$

由此可得

$$d=\frac{\lambda}{4(n_o-n_e)},$$

可以将上式改写为两种光之间光程差的形式：

$$\delta=d(n_o-n_e)=\frac{\lambda}{4},$$

即如果选择晶片的厚度使寻常光和非寻常光的相位差$\Delta\varphi=\pi/2$，则可使寻常光和非寻常光在晶片中的光程差为$\lambda/4$. 满足上述条件的晶片称为四分之一波片. 使用这种波片可以使两种光在波片中的相位差为$\pi/2$，若能够同时满足$\alpha=\pi/4$，则透出的光为圆偏振光，否则仍为椭圆偏振光. 应该注意的是，四分之一波片是针对某一特定波长的光而言的，若是使用其他波长的光则不能达到相同的效果.

除了四分之一波片外，有些情况下也使用二分之一波片. 这种波片可以使寻常光和非寻常光的相位差$\Delta\varphi=\pi$，因此线偏振光垂直入射到该波片上透出的仍为线偏振光.

15.14.3　偏振光的干涉

椭圆偏振光中的寻常光和非寻常光源于同一束光，所以两种光具有相干性. 如图15-56(a)所示，在椭圆偏振光的后面再加入一个偏振片P_2，使光垂直入射到其表面上. 保持偏振片P_2与偏振片P_1的偏振化方向相互垂直.

当两种光入射到偏振片P_2上时，只有平行于偏振片P_2的偏振化方向的光才能透过. 所以，可以只考虑两种光在偏振片P_2的偏振化方向上的分量，即只考虑在偏振片P_2的偏振化方向上的振动分量. 最终，寻常光和非寻常光透过偏振片P_2后的振动不仅具有相同的频率和恒定的相位差，而且振动方向也是相同的，因此两种光满足相干条件.

对于两种光在偏振片P_2的偏振化方向上的振幅分量，如图15-56(b)所示，有

$$A_{2o}=A_o\cos\alpha=A_1\sin\alpha\cos\alpha,$$

$$A_{2e}=A_e\sin\alpha=A_1\cos\alpha\sin\alpha.$$

因此两种光不仅满足相干条件，而且振幅也是相等的. 两种光之间除了要考虑与晶

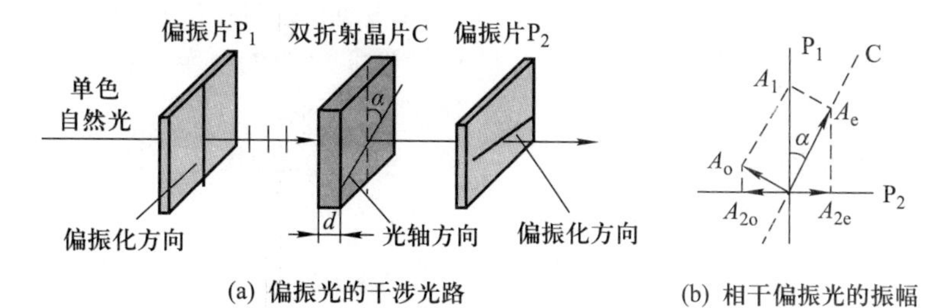

(a) 偏振光的干涉光路　　(b) 相干偏振光的振幅

图 15-56 偏振光的干涉

片厚度 d 有关的相位差外，还存在着一个附加相位差 π，所以相位差可以写为

$$\Delta\varphi=\frac{2\pi}{\lambda}d(n_o-n_e)+\pi.$$

要使干涉相长，必须满足

$$\Delta\varphi=\frac{2\pi}{\lambda}d(n_o-n_e)+\pi=2k\pi\quad(k=1,2,3,\cdots),$$

即晶片厚度 d 必须满足

$$d=\frac{(2k-1)}{2(n_o-n_e)}\lambda\quad(k=1,2,3,\cdots).$$

要使干涉相消，必须满足

$$\Delta\varphi=\frac{2\pi}{\lambda}d(n_o-n_e)+\pi=(2k-1)\pi\quad(k=1,2,3,\cdots),$$

即晶片厚度 d 必须满足

$$d=\frac{k}{(n_o-n_e)}\lambda\quad(k=1,2,3,\cdots).$$

同时可以看出，干涉条件与入射光的波长有关，当使用的单色光的波长不同时，产生的干涉效果也会不同. 若使用白光入射，当晶片厚度一定时，不同波长光的干涉效果不同，所以视场中将会出现一定的色彩，这种现象称为色偏振. 色偏振现象在实际生活中有着较为广泛的应用，例如，可以用来鉴别矿石的种类.

* 15.15 旋光现象

旋光现象是阿拉果(Arago)于 1811 年发现的一种偏振现象，其特征是当偏振光透过某透明介质时，偏振光的振动平面将以光传播的方向为轴旋转一定的角度，具有这种特性的物质称为旋光物质. 常见的石英晶体、食糖溶液和酒石酸溶液等都是较强的旋光物质.

如图 15－57 所示，自然光透过偏振片 P_1 后生成线偏振光，线偏振光入射到与 P_1 正交的偏振片 P_2 上时将不能透过. 此时，将厚度为 d 的石英晶体 C 置于两偏振片之间，可以观察到有光透过 P_2. 如果以光传播的方向为轴旋转 P_2，可以发现，当旋转到一定角度后，就没有光透过了. 这说明，透过石英晶体的仍是线偏振光，只不过其振动方向发生了改变.

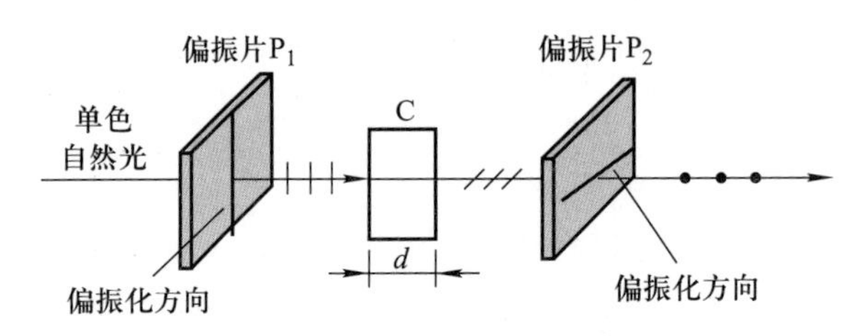

图 15－57 旋光现象的实验装置

进一步的实验表明，有的旋光物质可以使偏振光的振动方向沿顺时针方向旋转，这种物质称为右旋光物质；有的旋光物质可以使偏振光的振动方向沿逆时针方向旋转，这种物质称为左旋光物质.

当选用厚度不同的旋光物质时，旋转的角度也不同. 当选用厚度为 d 的旋光物质时，旋转角度 θ 为

$$\theta = \alpha d,$$

其中，α 称为旋光率，与具体选用的旋光物质及入射光的波长有关. 如果选用厚度为 1 mm 的石英晶体，可以使波长为 405 nm 的紫光旋转 45.9°，使波长为 589.3 nm 的钠光旋转 21.7°.

食糖溶液、松节油等物体也具有旋光性，其旋转的角度与物体的厚度 l、旋光率 α，以及物质的浓度有关. 图 15－58 为工业生产中测定食糖溶液浓度所用的糖量计的示意图，其中，食糖溶液被夹在两个玻璃片之间，当溶液中食糖的浓度发生变化时，偏振片 P_2 的透射光也会发生变化，通过旋转偏振片 P_2 可以测出旋转角度为

$$\theta = \alpha l \Delta\rho,$$

其中，$\Delta\rho$ 为食糖溶液浓度的变化量. 这种分析方法称为“量糖术”，在工业生产过程中常有使用.

使用人工的方法也可以产生旋光性，其中，最常见的是磁致旋光现象，通常称为法拉第(Faraday)旋光效应. 图 15－59 为磁致旋光实验装置，其中，电磁铁中间的样品为玻璃、二硫化碳等物质.

对于给定的样品，旋转角度 θ 与样品的长度 l 和磁感应强度 B 的大小成正比，即

$$\theta = VlB,$$

其中,V 叫作韦尔代(Verdet)常数.

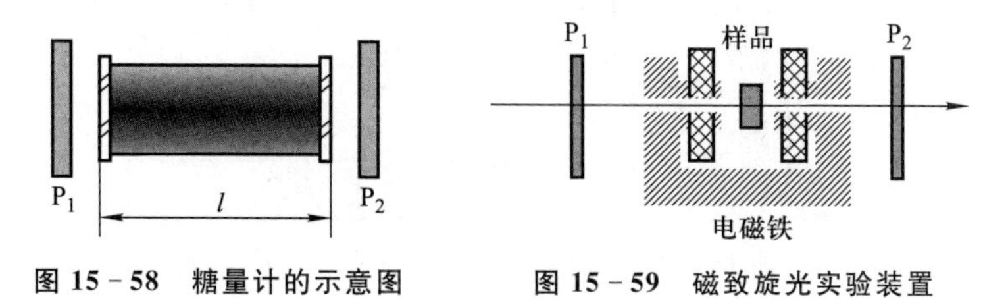

图 15-58 糖量计的示意图　　图 15-59 磁致旋光实验装置

习题

一、选择题

1. 用白光光源进行双缝干涉实验时,若用一个纯红色的滤光片盖住一条狭缝,用一个纯蓝色的滤光片盖住另一条狭缝,则(　　).

(A) 干涉条纹的亮度将发生改变　　(B) 干涉条纹的宽度将发生改变

(C) 产生红光和蓝光两套彩色干涉条纹　　(D) 以上说法都不对

2. 在杨氏双缝实验中,入射光的波长为 λ,屏上形成明暗相间的干涉条纹,如果屏上 P 点是第一级暗条纹的位置,则 S_1,S_2 至 P 点的光程差 $\delta=r_2-r_1$ 为(　　).

(A) λ　　(B) $3\lambda/2$　　(C) $5\lambda/2$　　(D) $\lambda/2$

3. 在杨氏双缝实验中,用厚度为 6000 nm 的透明薄膜盖住其中一条狭缝,从而使原中央明条纹的位置变为第六级明条纹,若入射光的波长为 640 nm,则该透明薄膜的折射率为(　　).

(A) 1.52　　(B) 1.36　　(C) 1.64　　(D) 1.84

4. 在相同的时间内,一束波长为 λ 的单色光在空气和玻璃中(　　).

(A) 传播的路程和走过的光程均相等

(B) 传播的路程相等,走过的光程不等

(C) 传播的路程不等,走过的光程相等

(D) 传播的路程和走过的光程均不等

5. 在空气中做光的双缝干涉实验,屏上的 P 点处是明条纹. 若将狭缝 S_2 盖住,并在 S_1,S_2 连线的垂直平分面上放一个反射镜 M,其他条件不变(见图 15-60),则此时(　　).

(A) P 点处仍为明条纹　　(B) P 点处为暗条纹

(C) P 点处于明条纹和暗条纹之间　　(D) P 点处无干涉条纹

6. 在如图 15-61 所示的三种透明材料构成的牛顿环装置中,用单色光垂直入射,在反射光中看到干涉条纹,则在接触点 P 处形成的圆斑为(　　).

(A) 全明　　(B) 右半部明,左半部暗

(C) 全暗　　(D) 右半部暗,左半部明

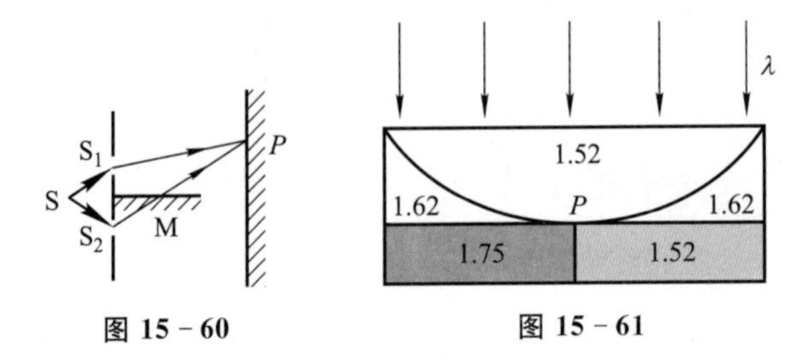

图 15-60 图 15-61

7. 在照相机镜头的玻璃片上均匀镀有一层折射率 n 小于玻璃的折射率的介质膜，以增强某一波长为 λ 的透射光的能量. 假设光线垂直入射，则介质膜的最小厚度应为(　　).

(A) λ/n　　(B) $\lambda/(2n)$　　(C) $\lambda/(3n)$　　(D) $\lambda/(4n)$

8. 一波长为 λ 的平行光垂直入射到单缝 AB 上，若对应于某一衍射角 θ 的最大光程差 $\delta=\lambda/2$，则平行光经过透镜聚焦在屏上的 P 点，则 P 点位于(　　).

(A) 中央明条纹内　　(B) 第一级暗条纹中心

(C) 第一级明条纹中心　　(D) 第一级明条纹与第一级暗条纹的中点

9. 当夫琅禾费单缝衍射装置中的缝宽等于入射光波长时，在屏上可观察到的衍射图样是(　　).

(A) 一片暗区　　(B) 一片明区

(C) 明暗相间且等间距的条纹　　(D) 有限几级衍射条纹

10. 一单色平面电磁波垂直入射到每毫米刻有 400 条刻痕的衍射光栅上，若在与光栅法线之间的夹角为 30°处找到第二级次极大，则该电磁波的波长应为(　　).

(A) 2.50×10^{-2} m　　(B) 2.50×10^{-4} m　　(C) 6.25×10^{-5} m　　(D) 6.25×10^{-7} m

11. 用一波长为 400～760 nm 的白光入射到光栅上，在它的衍射光谱中，第二级和第三级谱线发生重叠，则第二级谱线被重叠部分的光谱范围是(　　).

(A) 400～506.7 nm　　(B) 600～760 nm　　(C) 506.7～600 nm　(D) 506.7～760 nm

12. 包含波长为 500 nm 和 600 nm 的平行光垂直入射到一个平面光栅上，若发现它们的谱线从零级开始计数，在衍射角为 $\pi/6$ 的方向上恰好为第三次重叠，则光栅常量为(　　).

(A) 6 μm　　(B) 12 μm　　(C) 18 μm　　(D) 24 μm

13. 在双缝干涉实验中，用单色自然光入射，在屏上形成干涉条纹.若在双缝后放置一个偏振片，则(　　).

(A) 干涉条纹之间的距离不变，但明条纹的亮度加强

(B) 干涉条纹之间的距离不变，但明条纹的亮度减弱

(C) 干涉条纹之间的距离变窄，且明条纹的亮度减弱

(D) 无干涉条纹

14. 一光强为 I_0 的自然光相继通过 3 个偏振片 P_1，P_2，P_3 后，出射光的光强为 $I=I_0/8$，已知 P_1 和 P_3 的偏振化方向相互垂直，若以入射光线为轴旋转 P_2，要使出射光的光强为零，P_2 最少要转过的角度是(　　).

(A) 30°　　(B) 45°　　(C) 60°　　(D) 90°

15. 一自然光以 60° 的入射角入射到某两种介质的界面上时，反射光为完全线偏振光，则折射光为(　　).

(A) 完全偏振光，且折射角是 30°

(B) 部分偏振光，且只是在该光由真空入射到折射率为 $\sqrt{3}$ 的介质上时，折射角是 30°

(C) 部分偏振光，但必须知道两种介质的折射率才能确定折射角

(D) 部分偏振光，且折射角是 30°

二、填空题

1. 在双缝干涉实验中，用一波长为 $\lambda=500$ nm 的单色光入射，双缝与屏之间的距离为 $D=3.0$ m，测得两相邻明条纹之间的距离为 2.0 mm，则双缝之间的距离 $d=$________.

2. 在真空中用一波长为 $\lambda=480$ nm 的单色光垂直入射到一折射率为 $n=1.50$ 的劈尖薄膜上，产生等厚干涉条纹，测得两相邻暗条纹之间的距离 $l=1.60$ mm，则劈尖角 $\theta=$________；若换成一波长为 λ' 的单色光垂直入射到该劈尖薄膜上，测得两相邻暗条纹之间的距离 $l'=2.31$ mm，则该单色光的波长 $\lambda'=$________.

3. 已知在迈克耳孙干涉仪中使用一波长为 λ 的单色光，在干涉仪的可动反射镜移动距离 d 的过程中，干涉条纹将移动________条.

4. 用物镜直径为 $D=127$ cm 的望远镜观察双星，双星发出光的波长按 $\lambda=540$ nm 计算，则能够分辨的双星对观察者的最小张角 $\delta\varphi=$________.

5. 若一波长为 625 nm 的单色光垂直入射到一个每毫米刻有 800 条刻痕的光栅上，则第一级主极大的衍射角为 $\varphi=$________.

6. 一平行光以 57° 的入射角从空气入射到平板玻璃上，没有发射光，则入射光的偏振态是________，玻璃对此光的折射率是________，透射光的折射角是________.

三、计算题

1. 用包含两种波长成分的光做杨氏双缝实验，其中一束光的波长为 $\lambda_1=550$ nm，已知双缝之间的距离为 0.60 mm，屏与双缝之间的距离为 1.20 m，屏上波长为 λ_1 的光的第六级明条纹中心与波长为 λ_2 的光的第五级明条纹中心重合，试求：(1) 屏上波长为 λ_1 的光的第三级明条纹中心的位置；(2) 波长 λ_2 的大小；(3) 波长为 λ_2 的光的两相邻明条纹之间的距离.

2. 一波长为 $\lambda=5000$ Å 的光垂直入射到双缝上，用折射率 $n=1.5$ 的透明薄膜盖住一狭缝，双缝之间的距离 $d=0.5$ mm，双缝与屏之间的距离 $D=2.5$ m. 观察到屏上第五级明条纹移到未盖薄膜时的中央明条纹位置，求：(1) 薄膜厚度及第十级明条纹的宽度；(2) 放置薄膜后，中央明条纹和它的上下方第一级明条纹的位置.

3. 在牛顿环装置中，用一波长为 $\lambda=450$ nm 的蓝光垂直入射时，测得第三级明环的半径为 1.06 mm，用另一种红光垂直入射时，测得第五级明环的半径为 1.77 mm. 问透镜的曲率半径是多大？此种红光的波长是多大？

4. 一平行光垂直入射到厚度均匀的油膜上，折射率为 1.30 的油膜覆盖在折射率为 1.50 的平板玻璃上. 若所用入射光的波长连续可调，观察到 $\lambda_1=5200$ Å 和 $\lambda_2=7280$ Å 的两个波长的单色光相继在反射中消失，求油膜的厚度.

5. 白光垂直入射到空气中一厚度为 380 nm 的肥皂膜上，若肥皂膜的折射率为 1.33，试问肥

皂膜表面呈现什么颜色？

6. 一波长为 $\lambda=500$ nm 的单色光垂直入射到由两平板玻璃(一端刚好接触，形成劈棱)构成的空气劈尖上，劈尖角 $\theta=1.0\times10^{-4}$ rad.

(1) 求两相邻明条纹之间的距离？

(2) 如果在劈尖内充满折射率为 $n=1.40$ 的液体，求从劈棱起的第四级明条纹在充入液体前后移动的距离？

7. 一波长为 5000 Å 的平行光垂直入射到一宽度为 1.00 mm 的狭缝上，若在狭缝后有一焦距 $f=100$ cm 的薄透镜使光线聚焦于屏上，该屏在透镜的焦平面上，试问从衍射图样的中央到下列各点的距离为多大？

(1) 第一级极小；(2) 第二级明条纹中心；(3) 第三级极小.

8. 在夫琅禾费单缝衍射实验中，缝宽为 0.05 mm，现用一波长为 6×10^{-7} m 的平行光垂直入射，如果将此装置全部置于 $n=1.62$ 的二硫化碳液体中，求：(1) 第三级明条纹中心的衍射角；(2) 中央明条纹的半角宽.

9. 一橙黄色(波长范围为 6000～6500 Å)平行光垂直入射到一宽度为 $a=0.6$ mm 的狭缝上，在狭缝后放置一焦距 $f=60$ cm 的凸透镜，则在屏上形成衍射条纹，若屏上离中央明条纹中心为 2.79 mm 的 P 点处为一明条纹，试求：

(1) 入射光的波长；(2) 中央明条纹的角宽和线宽；(3) 第二级明条纹所对应的衍射角.

10. 一波长为 600 nm 的单色光垂直入射到一透射平面光栅上，有两相邻主极大分别出现在 $\sin\theta_1=0.2$ 和 $\sin\theta_2=0.3$ 处，且第四级为缺级. (1) 求光栅常量；(2) 求光栅上狭缝的最小宽度；(3) 确定了光栅常量和缝宽之后，试求在屏上呈现的主极大的全部级数.

11. 一平面透射光栅在 1 mm 内刻有 500 条刻痕，现对波长 $\lambda=5893$ Å 的钠光谱线进行观察，试求：(1) 当光线垂直入射到光栅上时，最多能看到第几级谱线？(2) 当光线以 30°角入射时，最多能看到第几级谱线？

12. 一光强为 I_0 的自然光垂直通过平行放置的起偏器与检偏器后，透射光的光强为 $I_0/8$. (1) 求起偏器与检偏器的偏振化方向之间的夹角 θ；(2) 若在此起偏器与检偏器之间平行插入另一个偏振片，其偏振化方向与起偏器的偏振化方向之间的夹角为 30°，求通过检偏器的光强 I 是多少？

第 16 章

量子物理初步

学习目标

- 了解黑体辐射的相关模型和概念，掌握普朗克量子假设.
- 理解光电效应的实验规律，掌握爱因斯坦光子理论.
- 了解氢原子光谱，掌握玻尔的氢原子理论.
- 了解德布罗意波，理解波粒二象性.
- 了解不确定度关系.
- 理解波函数及其概率解释.
- 掌握薛定谔方程，并能解决简单的量子问题.
- 了解电子的自旋.
- 了解泡利不相容原理.

经典物理发展到 19 世纪末期已经达到了相当完美、相当成熟的程度. 牛顿力学、麦克斯韦电磁学和经典统计力学如同三座巨型藏宝宫殿，在阳光下熠熠生辉，一切物理现象似乎都能够从这三座宫殿中找到满意的答案：几乎所有力学现象在原则上都能够从牛顿力学及分析力学中得到合理解释；麦克斯韦电磁场理论是电磁场的统一理论，可以分析所有的电磁现象；至于热现象，也已经有了唯象热力学和统计力学的理论，它们对于物质热运动的宏观规律和分子热运动的微观统计规律，几乎都能够做出合理的解释.

以至于开尔文男爵在世纪之交的演讲中指出“动力学理论断言，热和光都是运动的方式. 但现在这一理论的优美性和明晰性却被两朵乌云遮蔽，显得黯然失色了……”开尔文男爵所说的“两朵乌云”，指的分别是经典物理在光在以太中传输和麦克斯韦-玻尔兹曼能量均分学说上遇到的难题. 再具体一些，指的就是人们在迈克耳孙-莫雷(Morley)实验和黑体辐射研究中的困境. 在此后数年间，有无数伟大的名字和这“两朵乌云”联系在一起，这些科学家的革命性工作催生了“相对论”和“量子物理”这两大新物理学，物理学由此进入了现代物理的新纪元.

16.1 黑体辐射 普朗克量子假设

量子物理的发展之初是从黑体辐射问题上得到突破的. 在量子物理之前，由于受到经典物理的影响，人们普遍认为能量是连续的、不可分割的. 直到1900年，普朗克(Planck)解决了黑体辐射问题. 下面，先介绍黑体和黑体辐射的概念.

16.1.1 热辐射 黑体

自从1666年牛顿通过三棱镜将太阳光分解成“红橙黄绿蓝靛紫”七色光之后，人们对于七色光之外的太阳光一无所知，直到1800年天文学家赫舍尔(Herschel)重新研究三棱镜色散实验，把九支灵敏温度计放在七色光区域，以及红光以“外”和紫光以“外”区域. 他发现在红光以“外”的“无光线”区域居然可以使温度计的温度升高最大，红外线就此发现，红外线按波长不同还可以分为近红外线(波长0.75～3 μm)、中红外线(波长3～30 μm)、远红外线(波长30～1000 μm)三种. 他认为在可见的红光以“外”还有不可见的辐射，这就是通常所说的热辐射.

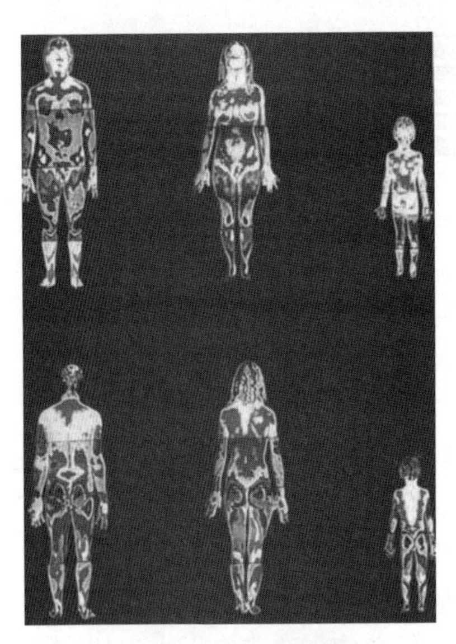

图16-1 人体辐射

任何物体在任何时候都要向外以电磁波的形式辐射能量. 实验表明，单位时间内物体辐射能量的多少及其按波长的分布与物体的温度有关. 这种现象叫作热辐射，辐射的能量叫作辐射能. 热辐射的本质是物体中的原子、分子等受到热激发，因此温度不同时，物体辐射能量的波长也不同，图16-1为人体在某温度下辐射能量的情况.

物体向外辐射能量的同时还要吸收其他物体辐射的能量，换言之，其他物体辐射的能量到达该物体时，除一部分要被界面反射掉外，其余部分将被吸收. 当辐射和吸收的能量恰好相等时，称为热平衡. 此时，物体的温度恒定不变. 此时的热辐射称为平衡热辐射. 此后，若不加说明，则所有的热辐射都是指平衡热辐射.

我们把单位时间内从温度为 T 的物体的单位面积上发射的波长在 λ 到 $\lambda+d\lambda$ 范围内的辐射能量 $dM(T)$ 与波长间隔 $d\lambda$ 的比值叫作单色辐出度，用 $M_\lambda(T)$ 表示，即

$$M_\lambda(T)=\frac{\mathrm{d}M(T)}{\mathrm{d}\lambda}. \tag{16-1}$$

单色辐出度是波长 λ 和温度 T 的函数，反映了不同温度物体的辐射能量按波长的分布情况. 单位时间内从温度为 T 的物体的单位面积上发射的各种波长的总辐射能量称为物体的辐射出射度，简称辐出度，即

$$M(T)=\int_0^\infty M_\lambda(T)\mathrm{d}\lambda. \tag{16-2}$$

由式(16-2)可知，辐出度包含了各种波长，因此其只是物体温度的函数.

单色辐出度的单位为瓦特每立方米($\mathrm{W/m^3}$)，辐出度的单位为瓦特每平方米($\mathrm{W/m^2}$).

由于物体还可以吸收其他物体辐射的能量，因此我们可以定义单色吸收比 $\alpha_\lambda(T)$ 为：当辐射从外界入射到物体表面时，单位时间内在 λ 到 $\lambda+\mathrm{d}\lambda$ 范围内吸收的能量 $E_\lambda^{\mathrm{a}}\mathrm{d}\lambda$ 与入射的能量 $E_\lambda^{\mathrm{i}}\mathrm{d}\lambda$ 的比值，即

$$\alpha_\lambda(T)=\frac{E_\lambda^{\mathrm{a}}}{E_\lambda^{\mathrm{i}}}. \tag{16-3}$$

实验发现，如果一个物体吸收其他物体辐射的本领较强，则其向其他物体辐射能量的本领也较强，反之亦然. 这表明，好的辐射体也是好的吸收体. 1860 年，基尔霍夫(Kirchhoff)从理论上推出：所有物体的单色辐出度 $M_\lambda(T)$ 与该物体的单色吸收比 $\alpha_\lambda(T)$ 的比值为一常量. 这一常量只与物体的温度和辐射能量的波长有关，记为 $M_{\lambda0}(T)$. 该规律称为基尔霍夫定律：

$$M_{\lambda0}(T)=\frac{M_\lambda(T)}{\alpha_\lambda(T)}. \tag{16-4}$$

但是，在实际情况中，没有哪种物体能完全吸收外界辐射的能量. 通常，人们认为吸收性最好的煤烟也只能吸收外界辐射的百分之九十几的能量. 为了研究物体的辐射，我们假设存在一种理想物体，它能将外界辐射到其表面的能量完全吸收，这种假想的物体称为绝对黑体，简称黑体. 显然，黑体的单色辐出度就是 $M_{\lambda0}(T)$. 当然，黑体只是一种理想情况，真实的黑体是不存在的. 但是，我们可以使物体的性质尽可能和黑体接近，例如，用一些不透明的材料制成一个带小孔的形状不规则的空腔，如图 16-2 所示. 小孔的孔径比整个空腔的线度要小得多，这样，从小孔进入空腔的来自外界的辐射能量在空腔内可经过腔壁的多次反射，

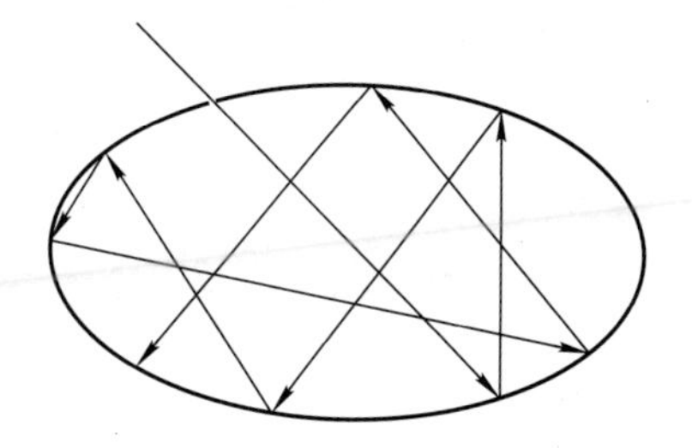

图 16-2 黑体模型

由于每次反射都伴随着能量的吸收，因此经多次反射后，由小孔发射出去的辐射能量已经很小了，可以忽略不计. 这种空腔可近似看作黑体. 研究黑体辐射的规律是

了解一般物体的热辐射性质的基础. 此时,在某个温度下,由小孔发射出去的辐射能量就可以看作黑体的辐射,即黑体在此温度下的辐出度.

16.1.2　黑体辐射的实验定律

在一定温度下,黑体的单色辐出度和波长有一定的关系,而单色辐出度的最大值随着温度的变化而变化. 19世纪末期,科学家们对黑体的这一性质进行了深入研究,得出了一系列理论,其中,以斯特藩(Stefan)-玻尔兹曼定律和维恩(Wien)位移定律最具代表性.

1. 斯特藩-玻尔兹曼定律

1879年,奥地利物理学家斯特藩通过实验得出了表征黑体的辐出度和温度之间关系的曲线,并根据这一曲线总结出一条定律;1884年,玻尔兹曼也得出了同样的结论. 所以该定律叫作斯特藩-玻尔兹曼定律,其内容为:黑体的辐出度 $M(T)$ 和黑体的热力学温度 T 的四次方成正比,即

$$M(T)=\sigma T^4, \tag{16-5}$$

其中,$\sigma=5.6705\times10^{-8}\ \mathrm{W\cdot m^{-2}\cdot K^{-4}}$,叫作斯特藩-玻尔兹曼常量. 本定律只适用于黑体. 斯特藩得出了黑体的单色辐出度和波长之间的关系曲线,如图16-3所示,曲线下的面积即为黑体在此温度下的辐出度.

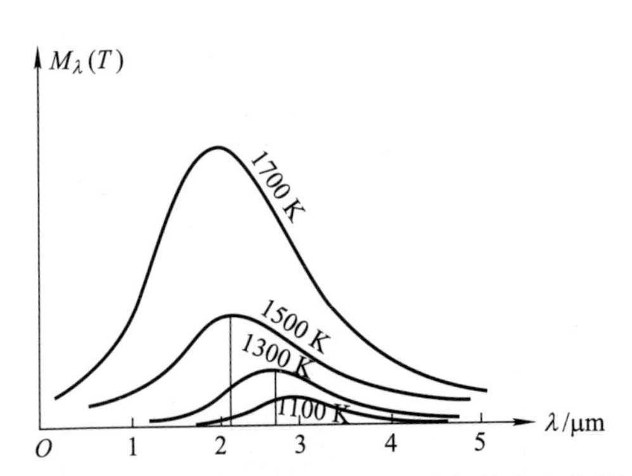

图16-3　黑体的单色辐出度按波长的分布曲线

2. 维恩位移定律

德国物理学家维恩于1893年得出了反映热力学温度 T 和最大单色辐出度所对应的波长 λ_m 之间关系的定律,称为维恩位移定律. 其内容为:热辐射的峰值波长随着温度的升高而向着短波方向移动. 数学表达式为

$$T\lambda_m=b, \tag{16-6}$$

其中,$b=2.897\times10^{-3}\ \mathrm{m\cdot K}$.

这两个定律反映了黑体辐射的一些性质. 例如,温度不太高的物体辐射能量的波长较长,而温度高的物体辐射能量的波长较短. 这一结论被广泛应用在军事、宇航、工业等范围内,比较常见的如夜视仪. 另外,见过冶铁过程的读者也能有感性的认识:当温度不太高的时候,火炉的光是接近红色的,当温度升高时,火炉的光则是蓝色的.

16.1.3 普朗克量子假设 普朗克黑体辐射公式

图 16-3 中的曲线是实验得到的结果，此后很多科学家试图从理论上找到与之对应的数学表达式，尽管他们付出了相当大的努力，但是由于他们都是站在经典物理的角度上思考问题，因此最终都失败了．有些科学家甚至得出了与实验结果相去甚远的结论，其中，以维恩公式和瑞利-金斯(Jeans)公式最具代表性．下面我们分别对它们进行介绍．

1893 年，维恩得出的维恩公式为

$$M_\lambda(T)=C_1\lambda^{-5}e^{-\frac{C_2}{\lambda T}}, \tag{16-7}$$

其中，C_1 和 C_2 为两个常量．维恩公式在短波处与实验曲线符合得很好，但是在波长较长的地方却与实验曲线相差很多．而此后的 1900—1905 年，瑞利和金斯经过努力，按照经典物理，也得出了一个理论公式，称为瑞利-金斯公式，其表达式为

$$M_\lambda(T)=C_3\lambda^{-4}T, \tag{16-8}$$

其中，C_3 为常量．瑞利-金斯公式在长波处与实验曲线符合得很好，但是在短波处，按照此公式，当波长趋于零时，$M_\lambda(T)$将趋于无穷大．显然，这一结果是荒谬的，史称“紫外灾难”．实验结果显而易见，但却无法找到与之对应的理论支持，这不得不说是一个很悲哀的结果．一时间，消极的气氛弥漫在整个物理学界，物理学晴朗天空中飘浮着“两朵乌云”，其中之一指的是寻找以太失败的例子，另一朵指的就是这个事件．

这时，天才的德国科学家普朗克(如图 16-4 所示)出现了，他在总结了前人失败的经验后，认为对待此类问题不能用经典物理进行假设，而必须从另外一个角度进行思考，于是普朗克提出了一个全新的假设：黑体辐射中电子的振动可以看作简谐振子，这些简谐振子可以吸收和辐射能量，但是对于这些简谐振子来说，它们的能量不再像经典物理所允许的那样具有任意值，而是具有分立的数值．相应的能量是某一最小能量 ε(称为能量子)的整数倍．于是，他引入了一个新的物理量，叫作普朗克常量，用 h 表示，对于振动频率为 ν 的简谐振子来说，其最小能量为

图 16-4 普朗克

$$\varepsilon=h\nu, \tag{16-9}$$

其他简谐振子的能量只能是 $h\nu$ 的整数倍，即

$$\varepsilon=nh\nu, \tag{16-10}$$

其中，$h=6.6260755\times10^{-34}$ J·s(后文记为 6.626×10^{-34} J·s)，n 为正整数，称为主量子数．可以看出，对于能量子来说，频率 ν 越大，能量越大．

在引入普朗克常量后，普朗克将维恩公式和瑞利-金斯公式衔接起来，得到了一个新的公式，称为普朗克公式，其表达式为

$$M_{\lambda}(T)=2\pi hc^{2}\lambda^{-5}\frac{1}{e^{\frac{hc}{\lambda kT}}-1},\tag{16-11a}$$

或者可以用频率表示为

$$M_{\nu}(T)=\frac{2\pi h\nu^{3}}{c^{2}}\frac{1}{e^{\frac{h\nu}{kT}}-1}.\tag{16-11b}$$

当波长很短，或者温度较低时，普朗克公式可以转化为维恩公式；当波长很长，或者温度较高时，普朗克公式又可以转化为瑞利-金斯公式. 并且还可以从普朗克公式推导出斯特藩-玻尔兹曼定律及维恩位移定律.

通过图 16－5 可以看出，普朗克公式与实验结果符合得很好.

能量子的概念是非常新奇的，它突破了经典物理的概念，揭示了微观世界中的一个重要规律，开创了物理学的一个全新领域. 由于普朗克发现了能量子，对建立量子物理做出了卓越贡献，因此他于 1918 年获得了诺贝尔物理学奖.

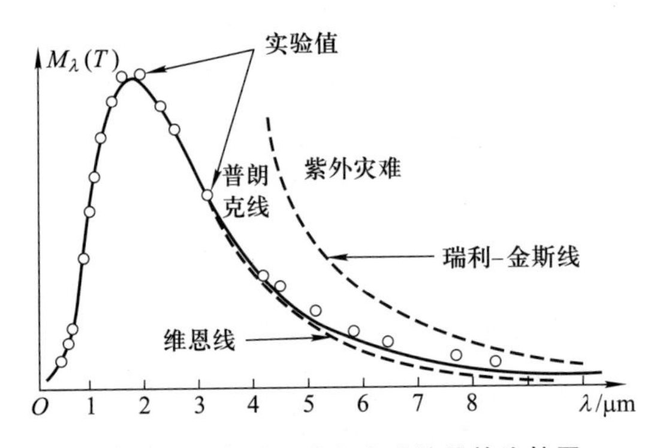

图 16－5 各种理论和实验结果的比较图

思考题

1. 为什么夏天的时候人们喜欢穿浅颜色的衣服，而冬天则喜欢穿深颜色的衣服？

2. 为什么从远处看建筑物的窗户总是黑色的？

3. 若一物体的绝对温度减为原来的一半，则它的总辐射能量减少多少？

16.2 光电效应 爱因斯坦光子理论

普朗克能量子理论的提出,使得许多用经典物理解决不了的问题迎刃而解,爱因斯坦(Einstein)也是能量子理论的受益者. 1905 年,爱因斯坦发展了普朗克的能量子理论,提出了光量子的概念,从而对光电效应进行了合理解释.

16.2.1 光电效应的实验规律

1887 年,德国科学家赫兹在做电磁波的发射与接收实验时,发现在接收器里有一个线圈与一个火花间隙,每当线圈侦测到电磁波时,火花间隙就会出现火花. 由于火花不很明亮,为了更容易观察到火花,他将整个接收器置于一个不透明的盒子内. 他注意到最大火花长度因此减小,这是光电效应第一次被发现. 1888 年,俄国科学家斯托列托夫(Stoletov)发现负电极在光照下发射出负电粒子形成电流. 1899 年,J. J. 汤姆孙(J. J. Thomson)发现该负电粒子与阴极射线的荷质比相同.

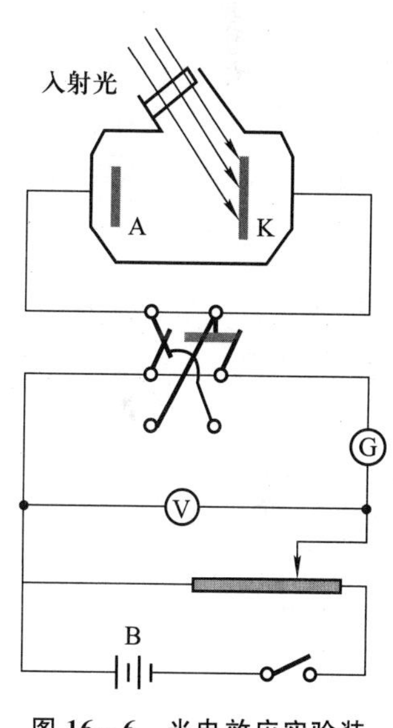

图 16-6 光电效应实验装置的示意图

图 16-6 为光电效应实验装置的示意图. 通过实验可以发现,若 K 接的是电源负极,而 A 接的是电源正极,当光强为 I、波长较短的可见光或紫外线入射到某些金属板 K 的表面上时,则会发现电路中有电流通过,即金属中的电子会从金属表面逸出,并在两板之间的加速电势差 U_{AK} 的作用下,从 K 达到 A,在电路中形成电流 i,这种电流叫作光电流,这种现象叫作光电效应,逸出的电子叫作光电子. 可以看出,导致光电子逸出的能量来自入射光.

实验发现,如图 16-7 所示,在一定强度的单色光入射下,光电流随着加速电势差 U_{AK} 的增加而增大,但是,当 U_{AK} 增加到一定值时,光电流达到最大值 i_H,称为饱和光电流;如果增加光的强度,则相应的饱和光电流 i_H 也增大. 当入射光的频率确定时,单位时间内受光照射的金属板释放出来的最大电子数和入射光的强度成正比.

当 $U_{AK}=0$ 时,光电流 $i\neq0$;只有当 K 接电源正极,而 A 接电源负极时,K 和 A 之间有反向电势差,并且反向电势差的绝对值为某个值 U_0 时,光电流才会下降到零. 此时,反向电势差 U_0 的大小称为遏止电势差. 这表明,当光入射到金属板K的表面上时,释放出的电子具有一定的初速度(或初动能). 因为电子离开金属板K后,在反向电势差下做减速运动. 如果电子不具有初速度,且电势差已变为零,则电子就不能达到阳极. 另外,当反向电势差变为遏止电势差时,具有最大初速度 v_m (或最大初动能)的光电子也刚好不能达到阳极,此时光电流便降为零. 由功能关系可知,遏止电势差 U_0 和 v_m,以及电子的最大初动能之间满足

$$E_{k,m}=\frac{1}{2}mv_m^2=eU_0. \tag{16-12}$$

此外,实验表明,遏止电势差与入射光的强度无关,但是,与入射光的频率成线性关系,如图16-8所示. 对于不同的金属,该直线的斜率都相同,但是截距 ν_0 不同. 并且,对于某确定的金属,只有当入射光的频率大于 ν_0 时,才会有电子逸出,即有光电流存在,叫作光电效应的截止频率,该频率光的波长称为截止波长. 当入射光的频率小于 ν_0 时,无论其强度多大,都不会产生光电效应;而当入射光的频率大于 ν_0 时,无论其强度多小,都会有光电流产生.

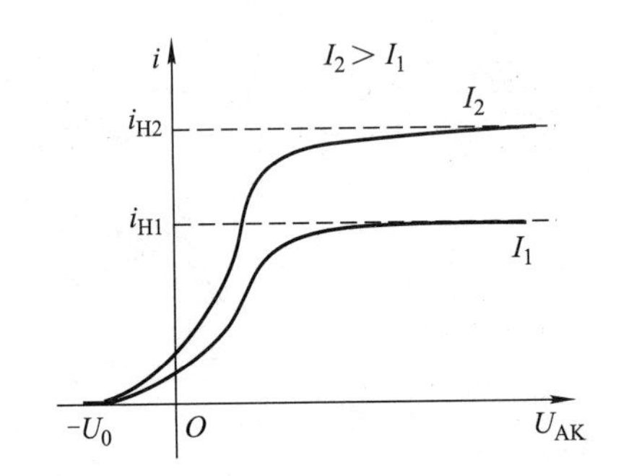

图16-7 光电流与加速电势差之间的关系

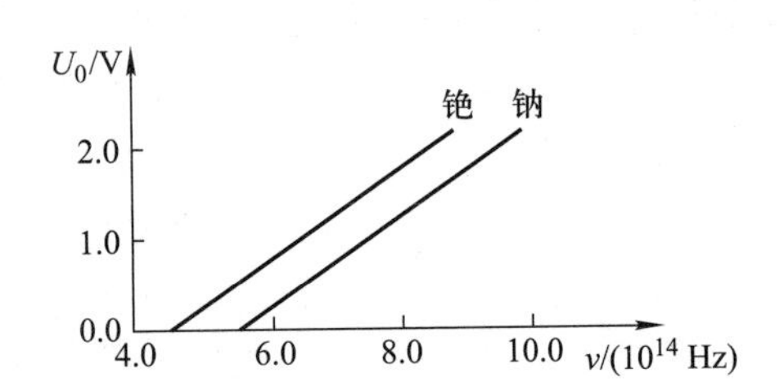

图16-8 遏止电势差与光的频率之间的关系

从光开始入射到金属板释放出电子的这段时间很短,不超过 10^{-9} s,这与入射光的强度无关,可以说,光电效应是"瞬时的",几乎没有弛豫时间.

16.2.2 爱因斯坦光子理论

光电效应被发现后,当时的科学家们试图用经典物理中光的波动说来解释它,但是都失败而归. 因为按照光的波动说,光电子的初动能应取决于入射光的光强,即取决于光的振幅而不取决于光的频率,只要光的强度足够大,就会有足够的光电子逸出金属表面;而实际情况是,如果入射光的频率小于截止频率,则无论其强度多大,都不会产生光电效应. 另外,按照经典物理中波动光学的理论,电子需要积累足够的能量后才能从金属表面逸出,这就需要一定的时间,但是实验表明,从光开

始入射到光电子逸出，中间的时间间隔极短，几乎是同时发生的. 这些问题横亘在大家面前，使之成为经典物理无法跨越的鸿沟.

此时，爱因斯坦在普朗克能量子理论的基础上赋予了光新的内容，于 1905 年在《关于光的产生和转化的一个试探性观点》论文中提出了光子假说：光在空间传播时，也具有粒子性. 一束光是一束以光速 c 运动的粒子流，这些粒子称为光量子(后来称为光子)，每一个光子的能量为

$$\varepsilon = h\nu, \tag{16-13}$$

其中，h 为普朗克常量.

爱因斯坦认为，光强取决于单位时间内通过单位面积的光子数 N. 单色光的光强是 $Nh\nu$. 当频率为 ν 的光入射到金属表面上时，光子的能量可以被电子吸收，电子只要吸收一个光子就会获得 $\varepsilon = h\nu$ 的能量，当 ν 足够大时，电子即可从金属表面逸出，所以不需要时间的积累. 设使电子从金属表面逸出所需做的功为 W，叫作逸出功，此时，电子具有最大初动能 $\frac{1}{2}mv^2$，对应的速度为最大初速度. 按照能量守恒定律，则有

$$h\nu = \frac{1}{2}mv^2 + W. \tag{16-14}$$

式(16-14)叫作爱因斯坦光电效应方程.

当光子的频率为 ν_0 时，电子的初动能为零，此时，ν_0 即为截止频率，$h\nu_0 = W$，因此可得 $\nu_0 = W/h$. 从光电效应方程也可以看出，只有当 $h\nu > W$，即 $\nu > \nu_0$ 时，才会产生光电效应. 当 $\nu > \nu_0$ 时，随着光强增大，光子数增加，金属在相同时间内能吸收的光子数也增加，所以释放的光电子增多，光电流也增大.

爱因斯坦凭借光子假说成功地说明了光电效应的实验规律，于 1921 年获得了诺贝尔物理学奖. 光电效应不仅具有重要的理论意义，而且在科学与技术的许多领域都有着广泛的应用. 例如，光电管、光电倍增管等各种光电器件，可广泛应用于有声电影发声、自动控制、自动保护、弱光探测、图像转换. 同时，光电效应还广泛应用于冶金、电子、机械、化工、地质、医疗、天文、宇宙空间，以及物理、化学、生物等基础科学研究.

16.2.3 光的波粒二象性

光子不仅具有能量，而且还具有质量和动量，其质量可由相对论的质能公式求得，即

$$m = \frac{\varepsilon}{c^2} = \frac{h\nu}{c^2}. \tag{16-15}$$

光子的动量为

$$p=mc=\frac{h\nu}{c}=\frac{h}{\lambda}. \tag{16-16}$$

结合光子的能量 $\varepsilon=h\nu$ 可以看出，表征光的粒子性的物理量（能量和动量）与表征光的波动性的物理量（波长和频率）可以很好地结合起来，而连接它们的桥梁就是普朗克常量 h. 由此可见，光在具有波动性的同时还具有粒子性，光的这种性质叫作光的波粒二象性. 光的衍射、干涉等是光的波动性的表征，而光电效应，以及我们将要学到的康普顿(Compton)效应所表征的则是光的粒子性.

【例 16-1】 一波长 $\lambda=4.0\times10^{-7}$ m 的单色光入射到金属铯上，铯的截止频率 $\nu_0=4.8\times10^{14}$ Hz，求铯释放的光电子的最大初速度.

解：根据爱因斯坦光电效应方程，有

$$h\nu=\frac{1}{2}mv^2+W.$$

利用关系 $\nu=c/\lambda$，$W=h\nu_0$，代入已知数据，可得最大初速度为 $v\approx6.5\times10^5$ m/s.

16.3　康普顿效应

图 16-9 为康普顿散射的实验装置示意图，由 X 射线管发射出的一束 X 射线经过光阑后入射到散射物质（一般是石墨）上，用 X 射线检测器可以检测到不同散射角对应的 X 射线的波长和相对强度.

1923 年，美国物理学家康普顿（见图 16-10）在研究波长为 λ_0 的 X 射线通过实物发生散射的实验时，发现了一个新的现象，即散射光中除了原波长为 λ_0 的 X 射线外，还产生了波长 $\lambda>\lambda_0$ 的 X 射线，这种现象称为康普顿效应. 我国物理学家吴有训也曾为康普顿散射实验做出了杰出的贡献.

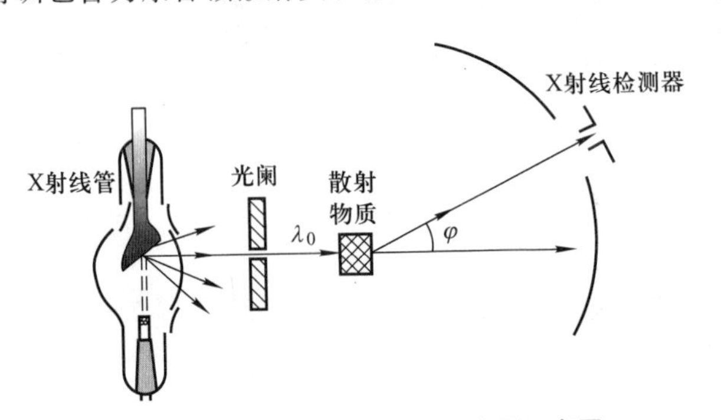

图 16-9　康普顿散射的实验装置示意图

图 16-10　康普顿

同时,康普顿在实验中还发现了下列具体现象:

(1) 波长的增量 $\Delta\lambda=\lambda-\lambda_0$ 随散射角 φ 变化. 当散射角增大时,波长的偏移也随之增大,且原波长的谱线强度减小,而新波长的谱线强度增大,如图 16-11 所示.

(2) 在同一散射角下,对于所有散射物质,波长的增量 $\Delta\lambda$ 都相同,但原波长的谱线强度随散射物质原子序数的增大而增大,而新波长的谱线强度则随之减小.

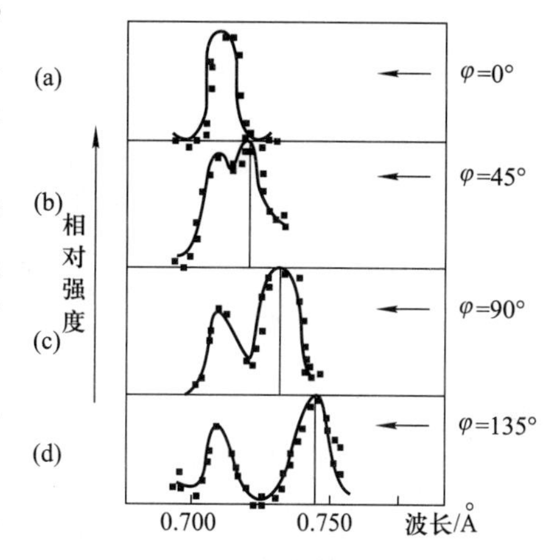

图 16-11 康普顿散射和散射角之间的关系

用经典电磁理论来解释康普顿效应时遇到了困难,因为根据经典电磁理论,当电磁波通过物质时,物质中的带电粒子将做受迫振动,其频率等于入射光的频率,所以它发射的散射光的频率应该等于入射光的频率,但是实验结果却并非如此,光的波动理论无法解释康普顿效应.

康普顿借助爱因斯坦的光子假说,认为康普顿效应是光子与自由电子做弹性碰撞的结果,从光子与电子碰撞的角度对此实验现象进行了圆满解释.

在前面学习动量守恒定律的时候,我们知道,碰撞中交换的能量和碰撞的角度有关,所以在康普顿散射中,频率 ν 的改变和散射角有关,即波长的改变和散射角有关. 若光子和外层电子碰撞,则光子将与电子发生能量交换并在此后沿着某个方向行进,这个方向就是康普顿散射的方向. 光子的能量有一部分传给电子,散射光子的能量减小,即散射光子的频率减小,于是散射光的波长大于入射光的波长. 若光子和束缚很紧的内层电子碰撞,则光子将与整个原子交换能量,由于光子质量远小于原子质量,根据碰撞理论可知,碰撞前后光子的能量几乎不变,波长也不变.

下面定量分析康普顿散射. 如图 16-12 所示,一频率为 ν_0 的光子与电子发生碰撞. 设碰撞前电子是自由且静止的,光子具有能量 E_0 和动量 $\boldsymbol{p}_0$,碰撞后光子发生散射,其方向与原来的方向成角度 φ,此时,光子的能量和动量分别为 E_0' 和 $\boldsymbol{p}_0'$. 碰撞后,原先静止的电子也将沿着某个方向飞出. 碰撞前,电子是静止的,其能量为静止能量 E_e,动量为零;碰撞后,电子的能量变为 E_e',动量为 $\boldsymbol{p}_e'$,其方向与原来的方向成角度 θ.

设电子的静止质量为 m_0,由爱因斯坦的光子假说和相对论,有

$$E_0=h\nu_0,\quad E_0'=h\nu,$$

$$\boldsymbol{p}_0=\frac{h\nu_0}{c}\boldsymbol{e}_0,\quad \boldsymbol{p}_0'=\frac{h\nu}{c}\boldsymbol{e},$$

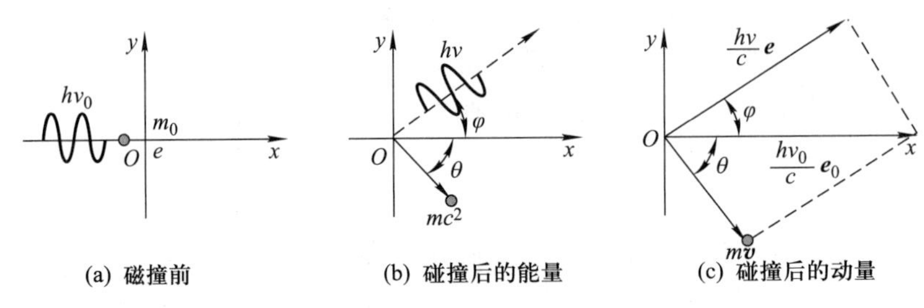

(a) 碰撞前　(b) 碰撞后的能量　(c) 碰撞后的动量

图 16-12　光子和电子的碰撞

$$E_e = m_0c^2,\quad E'_e = mc^2,\quad \boldsymbol{p}'_e = m\boldsymbol{v},$$

$$m = \frac{m_0}{\sqrt{1 - v^2/c^2}}.$$

由能量守恒定律可得

$$h\nu_0 + m_0c^2 = h\nu + mc^2,$$

由动量守恒定律可得

$$(mv)^2 = \left(\frac{h\nu_0}{c}\right)^2 + \left(\frac{h\nu}{c}\right)^2 - 2\frac{h\nu_0}{c}\frac{h\nu}{c}\cos\varphi,$$

将上述两式联立,可以解得

$$\Delta\lambda = \lambda - \lambda_0 = \frac{2h}{m_0c}\sin^2\frac{\varphi}{2} = 2\lambda_c\sin^2\frac{\varphi}{2}, \tag{16-17}$$

其中,

$$\lambda_c = \frac{h}{m_0c}$$

叫作电子的康普顿波长,其大小为 2.43×10^{-12} m. 式(16-17)表明,波长的改变与散射物质无关,仅取决于散射角,波长的改变随散射角增大而增大.

对于X射线的散射现象,其理论与实验结果符合得很好,康普顿效应为光的量子性提供了有力证据.

在这个实验里,起作用的不仅是光子的能量,还有它的动量,康普顿散射实验继爱因斯坦用光子假说解释光电效应(只涉及光子的能量)后,对光的量子说做了进一步的肯定.

【例 16-2】 在康普顿散射中,若入射光与散射光的波长分别为 λ 和 λ',求反冲电子获得的动能 E_k.

解:根据能量守恒定律可得

$$m_0c^2 + h\nu = mc^2 + h\nu',$$

则

$$E_k = mc^2 - m_0c^2 = h\nu - h\nu'$$
$$= \frac{hc}{\lambda} - \frac{hc}{\lambda'} = \frac{hc(\lambda' - \lambda)}{\lambda\lambda'}.$$

思考题

1. 用可见光能观测到康普顿效应吗？为什么？
2. 什么是光的波粒二象性？

16.4　氢原子光谱 玻尔的氢原子理论

早期的关于原子发光光谱的研究是从氢原子光谱开始的，因此本节先介绍关于氢原子光谱的内容.

16.4.1　近代关于氢原子光谱的研究

1885 年，瑞士数学家、物理学家巴耳末(Balmer)首先将氢原子光谱的可见光范围内的波长规律做了总结，即

$$\lambda = B\frac{n^2}{n^2 - 4} \quad (n = 3,4,5,\cdots), \tag{16-18a}$$

其中，$B = 365.47$ nm，为一个常量. 当 $n = 3,4,5,\cdots$时，式(16 - 18a)中的波长分别对应着氢原子光谱在可见光范围内的 $H_\alpha, H_\beta, H_\gamma,\cdots$谱线的波长.

在光谱学中，除了可以用波长表示光谱外，还可以用频率或波数表示光谱. 波数的意义是：单位长度内所包含的波的数目，一般用符号$\tilde{\nu}$表示，即$\tilde{\nu} = 1/\lambda$. 这样，式(16 - 18a)也可写成

$$\tilde{\nu} = \frac{1}{\lambda} = \frac{4}{B}\left(\frac{1}{2^2} - \frac{1}{n^2}\right) \quad (n = 3,4,5,\cdots). \tag{16-18b}$$

式(16 - 18a)和式(16 - 18b)称为巴耳末公式.

1890 年，瑞典物理学家里德伯(Rydberg)将巴耳末公式进行了整理，他将巴耳末公式中的数字 2 用其他数字代替，得到了广义巴耳末公式：

$$\tilde{\nu} = R\left(\frac{1}{k^2} - \frac{1}{n^2}\right) \quad (k = 1,2,3,\cdots, n = k+1, k+2,\cdots), \tag{16-19}$$

其中，R 为里德伯常量，其大小为 $R = 1.096776 \times 10^7\ \mathrm{m^{-1}}$. 这样，氢原子光谱的其他谱线也可以用式(16 - 19)表示出来，这里，不仅有可见光谱线，还有处于红外和紫外区域内的谱线，它们分属不同的谱线系，如表 16 - 1 所示.

表 16-1 氢原子的谱线系

k 和 n 的取值	所属谱线系	发现年代	谱线波段
$k=1,n=2,3,\cdots$	莱曼(Lyman)系	1914 年	紫外区
$k=2,n=3,4,\cdots$	巴耳末系	1885 年	可见光区
$k=3,n=4,5,\cdots$	帕邢(Paschen)系	1908 年	红外区
$k=4,n=5,6,\cdots$	布拉开(Brackett)系	1922 年	红外区
$k=5,n=6,7,\cdots$	普丰德(Pfund)系	1924 年	红外区
$k=6,n=7,8,\cdots$	汉费莱(Humphreys)系	1953 年	红外区

氢原子谱线系规律的发现,揭示了原子内部结构存在着规律性,从而也为揭示其他原子的规律打下了基础. 其间,科学家们又陆续发现了碱金属等其他元素原子的光谱也存在着类似的规律,自此,微观世界向人们打开了大门.

16.4.2 玻尔的氢原子理论及其缺陷

在 19 世纪之前,人们一直认为原子是一个不可分割的最小的物质组成单位,但是 19 世纪末,科学家们在实验中先后发现原子可以发出放射线. 1895 年,伦琴发现了 X 射线. 1896 年,贝克勒尔在铀盐中发现了天然放射线(包含 α 射线、β 射线、γ 射线),1898 年,居里(Curie)夫妇发现了放射性元素钋和镭. 由于发现放射性,贝克勒尔和居里夫妇共同获得了 1903 年的诺贝尔物理学奖. 这些实验表明原子内部具有复杂的结构.

J. J. 汤姆孙于 1904 年测出 β 射线带负电,并进一步测出它的质量约为氢原子质量的 1/1837. 由此推断,β 射线粒子比原子要小得多,后来,人们将其命名为电子,这是人们最早认识的基本粒子,J. J. 汤姆孙由于此项工作获得了 1906 年的诺贝尔物理学奖. 既然原子可以发出带负电的 β 射线,而原子又是呈电中性的,于是,J. J. 汤姆孙提出原子的汤姆孙模型,即正电荷均匀地分布在原子中,而电子像芝麻粒一样散落在其中.

1911 年,英国物理学家卢瑟福(Rutherford)(如图 16-13 所示)在做 α 粒子散射实验时发现了 α 粒子的大角度散射现象,该实验现象无法用汤姆孙模型解释,于是提出了新的原子模型,这就是今天人们熟知的有核原子模型:原子中的全部正电荷和几乎全部质量都集中在原子中央一个很小的体积内,称为原子核,原子中的电子在原子核的周围绕核转动.

但是问题也随之产生了,根据经典电磁理论可知,电子在绕核转动的圆周运动过程中应该向外发射电磁波,其频率应该和电子绕核转动的频率相同. 由于原子要向外辐射能量,因此原子的能量将逐渐减少,电磁波的频率也应该不断地连续减小,按照这个理论,原子光谱应该是连续的,而实验上观察到的原子光谱却是线状的. 另外,由于原子能量的减少,电子最终将落到原子核上,整个原子结构将会塌缩,这个过程的弛豫时间极短,约为纳秒级别,因此有核原子模型出现了稳定性问题,而现实表明原子是稳定的. 原子稳定性的困难再一次横亘在科学家们面前.

为了解决上述困难,丹麦物理学家玻尔(Bohr,如图 16-14 所示)于 1913 年在卢瑟福的有核原子模型的基础上,提出了如下三条假设:

图 16-13 卢瑟福

图 16-14 玻尔

(1) 定态假设.

原子系统只能处在一系列不连续的能量状态,在这些状态中,电子虽然做加速运动,但并不辐射电磁波,这些状态称为原子的稳定状态(简称定态),并各自具有一定的能量.

(2) 频率条件.

当原子从一个能量为 E_k 的定态跃迁到另一个能量为 E_m 的定态时,就要发射或吸收一个频率为 ν_{km} 的光子,并且

$$h\nu_{km}=\left|E_k-E_m\right|. \tag{16-20}$$

式(16-20)称为玻尔频率公式.

(3) 量子化条件.

在电子绕核做圆周运动的过程中,其定态必须满足电子的角动量 $\boldsymbol{L}$ 的大小等于 $\frac{h}{2\pi}$ 的整数倍的条件,即

$$L=n\frac{h}{2\pi}\quad(n=1,2,3,\cdots). \tag{16-21}$$

式(16-21)叫作角动量量子化条件(简称量子化条件). 其中,h 为普朗克常量,n 叫作主量子数.

按照上述假设,玻尔认为,当氢原子的电子绕核做圆周运动时,其向心力为氢原子的原子核与核外电子之间的库仑(Coulomb)力:

$$\frac{mv^2}{r}=\frac{e^2}{4\pi\varepsilon_0 r^2}.$$

根据电子绕核做圆周运动的模型及角动量量子化条件

$$L=mvr=n\frac{h}{2\pi}\quad(n=1,2,3,\cdots),$$

可以计算出氢原子处于各定态时的电子轨道半径为

$$r=n^2\frac{\varepsilon_0 h^2}{\pi me^2}\quad(n=1,2,3,\cdots).$$

考虑到半径 r 是和各定态相对应的,所以可以用 r_n 代替 r. 设 r_n 为原子中第 n 个定态的轨道半径,于是上式可以写成

$$r_n=n^2\frac{\varepsilon_0 h^2}{\pi me^2}=n^2 r_1\quad(n=1,2,3,\cdots),\tag{16-22}$$

其中,r_1 为氢原子中电子的最小轨道半径,叫作玻尔半径,其值为

$$r_1=\frac{\varepsilon_0 h^2}{\pi me^2}=0.529\times10^{-10}\ \text{m}.\tag{16-23}$$

由式(16-22)可知,由于角动量不能连续变化,因此其核外电子的轨道半径也不能连续变化,只能取某些特定的数值. 电子的轨道半径与主量子数的平方成正比. 另外,核外电子绕核做圆周运动的轨道半径不是等间距的,而是内层轨道分布较密,外层轨道分布较疏.

当氢原子的电子在核外轨道上运动时,原子核与电子组成的系统的能量为系统的静电能和电子动能之和. 设无穷远处的静电能为零,电子所在的轨道半径为 r_n,则可计算出氢原子系统的能量 E_n 为

$$E_n=\frac{1}{2}mv_n^2-\frac{e^2}{4\pi r_n\varepsilon_0}=-\frac{e^2}{8\pi r_n\varepsilon_0}.$$

将式(16-22)代入上式,可得

$$E_n=\frac{E_1}{n^2}\quad(n=1,2,3,\cdots),\tag{16-24}$$

其中,E_1 为氢原子的核外电子处在最小轨道半径时的能量,其大小为

$$E_1=-\frac{me^4}{8h^2\varepsilon_0^2}=-13.6\ \text{eV}.\tag{16-25}$$

由此可知,由于受 n 取值所限,轨道半径是不连续的,氢原子系统的能量也是不连续的,即能量是量子化的,这种量子化的能量称为能级. $n=1$ 时,氢原子的能量最小,即 $E_1=-13.6$ eV,该能级叫作氢原子的基态能级. $n>1$ 时,氢原子的其他定态称为激发态. 原子能级之间的间隔规律正好与轨道半径之间的间隔规律相反:低能级之间的间隔较疏,高能级之间的间隔较密. 当 $n\to\infty$ 时,$r_n\to\infty$,$E_n\to0$,电子不受

原子核的束缚从而脱离原子核成为自由电子，能级趋于连续，此时，原子处于电离状态．原子的电子脱离原子核束缚的过程称为电离，所需要的能量称为电离能．由于各级轨道上的能量为负值，因此各级轨道的电离能为正值．能级和用其他方法得出的数值符合得也非常好．图 16－15 标出了氢原子的能级图．

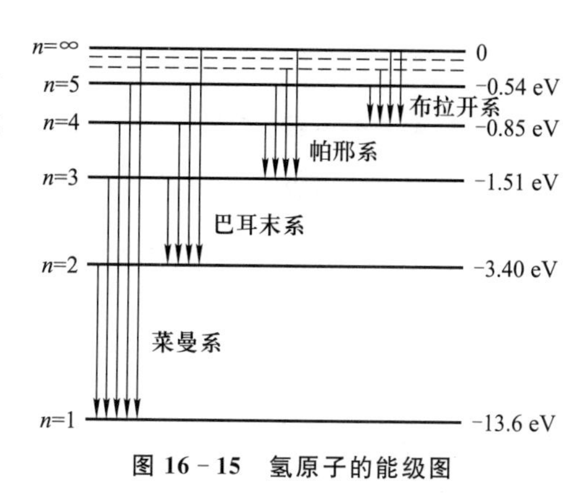

图 16－15 氢原子的能级图

人们早在了解原子内部结构之前就已经观察到了气体光谱，不过那时候无法解释为什么气体光谱中只有几条互不相连的特定谱线，玻尔的氢原子理论正确地指出原子能级的存在，提出了定态和角动量量子化的概念，并正确解释了氢原子及类氢离子的光谱规律．

但是玻尔理论还是建立在经典物理的基础上的，是半经典半量子理论，既把微观粒子看成遵从经典物理的质点，保留了经典的确定性轨道，同时，又赋予它们量子化的特征．布拉格曾经评价道：玻尔理论好像在星期一、三、五应用经典理论，而在星期二、四、六应用量子理论．理论结构缺乏逻辑上的统一性，这是玻尔理论局限性的根源．另外，玻尔理论无法解释比氢原子更复杂的原子的光谱，对其谱线的强度、宽度、偏振等一系列问题无法处理．要圆满地解释原子光谱的全部规律，必须完全摒弃经典理论，代之以一种新的理论，即量子理论．

思考题

1. 玻尔的氢原子理论中，势能为负值，但是其绝对值比动能大？其意义是什么？

2. 若在玻尔的氢原子理论中，原子内部粒子之间的万有引力不能忽略，那么会出现什么情况？

16.5 德布罗意波 实物粒子的波粒二象性

16.5.1 德布罗意波

我们知道，光具有波粒二象性，光的波动性包括光的干涉、衍射等，而光的粒子性由爱因斯坦提出后由光电效应、康普顿散射等实验证实．1924 年，正在攻读博士学位的德布罗意(de Broglie)提出了自己的设想：和光一样，实物粒子也具有波粒二象性. 按照德布罗意的构思，一个质量为 m、速度为 $\boldsymbol{v}$ 的做匀速运动的粒子，具有能量 E 和动量 $\boldsymbol{p}$(粒子性)，同时也具有波长 λ 和频率 ν(波动性)，与光子的性质一样，它们之间也靠普朗克常量连接起来：

$$E=h\nu,\quad p=mv=\frac{h}{\lambda}. \tag{16-26}$$

于是，对于粒子，若其静止质量为 m_0，速度为 v，则与该粒子相联系的单色波的波长和频率为

$$\lambda=\frac{h}{p}=\frac{h}{mv}=\frac{h}{m_0v}\sqrt{1-\left(\frac{v}{c}\right)^2},\quad \nu=\frac{E}{h}=\frac{mc^2}{h}=\frac{m_0c^2}{h\sqrt{1-\left(\frac{v}{c}\right)^2}}. \tag{16-27}$$

式(16-27)称为德布罗意公式. 德布罗意把实物粒子具有的波称为相波，后人为了纪念他，也称其为德布罗意波，薛定谔(Schrödinger)则称之为物质波. 若 $v\ll c$，则 $m=m_0$，德布罗意波长可以直接写作

$$\lambda=\frac{h}{p}=\frac{h}{m_0v}. \tag{16-28}$$

【例16-3】 计算 $m=0.01\ \mathrm{kg}$，$v=300\ \mathrm{m/s}$ 的子弹的德布罗意波长.

解：因为子弹的飞行速度远小于光速，所以

$$\lambda=\frac{h}{p}=\frac{h}{mv}=\frac{6.626\times10^{-34}}{0.01\times300}\ \mathrm{m}\approx2.21\times10^{-34}\ \mathrm{m}.$$

由此可知，经过德布罗意公式计算出来的宏观物体的德布罗意波长很小，甚至小到实验难以测量的程度，因此宏观物体仅表现出粒子性. 而对于微观粒子，例如，动能为 200 eV 的电子，经过计算可知，其德布罗意波长 $\lambda\approx8.67\times10^{-2}\ \mathrm{nm}$，可以看出，此波长很短，数量级与X射线波长的数量级相当. 由于电子本身的线度也很小，因此其德布罗意波就不能忽略了.

16.5.2 德布罗意波的实验验证

德布罗意的理论一经提出，爱因斯坦马上给予了高度评价，称德布罗意揭开了大幕的一角，整个物理学界开始全面关注德布罗意的工作. 事实才是检验真理的唯一标准，没有让大家等待多久，实验很快证实了德布罗意理论的正确性.

1927年，在美国纽约的贝尔电话实验室，戴维孙(Davisson)和革末(Germer)做了一个有关电子的实验——用电子束轰击一块金属镍. 实验要求金属的表面绝对纯净，但是不幸的是，实验时，由于某种原因发生了爆炸，导致镍的表面被空气迅速氧化. 戴维孙和革末只能决定重新净化金属表面，将实验从头来过. 当时，去除

氧化层最好的办法就是对金属进行高热加温，但是在加热之后，原本由许多块小晶体组成的镍融合成了一块大晶体．当实验重新进行时，电子流通过镍晶体后，戴维孙和革末却看到了X射线衍射图样的现象，然而，现场只有电子，并没有X射线．人们终于发现，在某种情况下，电子可以表现出如同X射线般的纯粹波动性质，即电子具有波动性，从而也证实了德布罗意公式的正确性．

下面介绍戴维孙-革末实验的内容．实验装置如图16－16所示，电子枪发射的电子束经过加速电压加速后，垂直入射到镍晶体的纯净表面上，电子束在晶面上被散射，之后进入电子探测器，电流可由电流计测得，实验中，加速电压为$U=54$ V．当散射角$\theta\approx50^\circ$时，电流强度出现一个极大值，如图16－17所示．显然，其具有衍射特征，属于波动的范畴，而不能用粒子说加以解释．

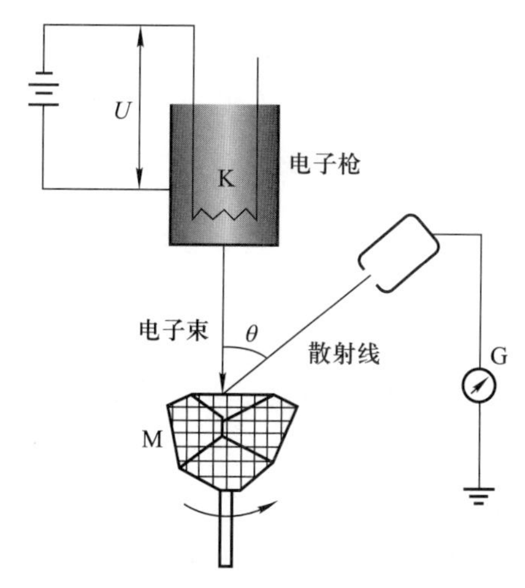

图16－16 戴维孙-革末实验装置的示意图

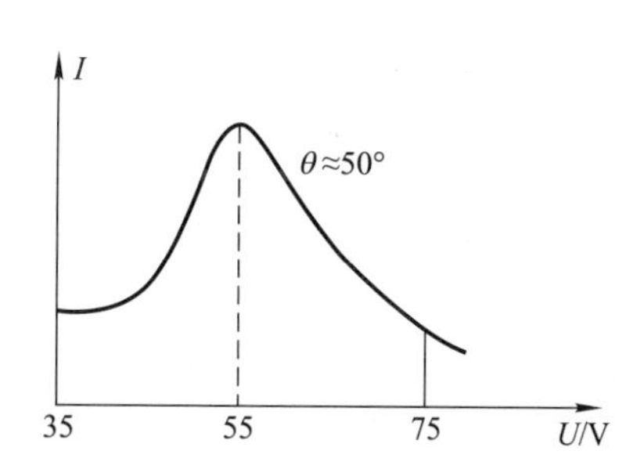

图16－17 当散射角$\theta\approx50^\circ$时，电流强度与加速电压之间关系的曲线

下面用衍射的观点来解释上述现象．

如图16－18所示，设晶体中的原子规则排列，晶格常数为d，λ为电子的德布罗意波长，则根据布拉格公式可得$d\sin\theta=k\lambda(k=0,1,2,\cdots)$．

在速度不太大时，按照德布罗意公式$\lambda=\dfrac{h}{mv}$，以及电子加速公式$p=mv=\sqrt{2mE_{\mathrm{k}}}=\sqrt{2meU}$，可得

$$d\sin\theta=kh\sqrt{\frac{1}{2emU}}\quad(k=0,1,2,\cdots).$$

因为镍晶体的晶格常数为$d=2.15\times10^{-10}$ m，现将其和e，m，h，U的数值一起

代入上式，可得

$$\sin\theta = 0.777k \quad (k = 0, 1, 2, \cdots).$$

因为 k 只能取整数，所以当 $k=1$ 时，$\sin\theta$ 出现极大值，此时，$\theta \approx 50°$ 与实验得到的 $\theta \approx 50°$ 差别很小.

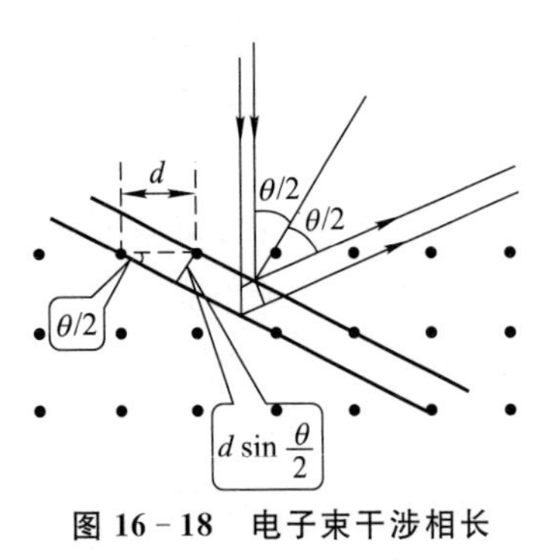

图 16-18 电子束干涉相长示意图

戴维孙-革末实验第一次证实了德布罗意公式的正确性. 同年，G. P. 汤姆孙(G. P. Thomson)也通过实验进一步验证了电子的波动性. 他利用实验数据算出的电子行为与德布罗意所预言的吻合得天衣无缝.

戴维孙和 G. P. 汤姆孙也因此获得了 1937 年的诺贝尔物理学奖，而物质波概念的创始人德布罗意也因为其贡献而获得了诺贝尔物理学奖，时间是 1929 年. 值得一提的是，G. P. 汤姆孙是 J. J. 汤姆孙的儿子，J. J. 汤姆孙由于发现了电子而获得了 1906 年的诺贝尔物理学奖.

16.6 不确定度(测不准)关系

众所周知，对于一个宏观物体，可以用其坐标和速度来描述其运动状态，例如，对于一个被抛起的篮球，若知道了它在某时刻的坐标和速度，就可以确定它的运动轨迹，即它在任何时刻的运动状态都是确定的. 也可以用动量来代替速度，这对于描述物体的运动状态是等价的. 但是这些描述宏观物体的物理量在描述微观粒子的运动状态时遇到了困难. 下面以电子的单缝衍射为例进行说明.

如图 16-19 所示，电子束通过单缝衍射后在屏上形成明暗相间的条纹.

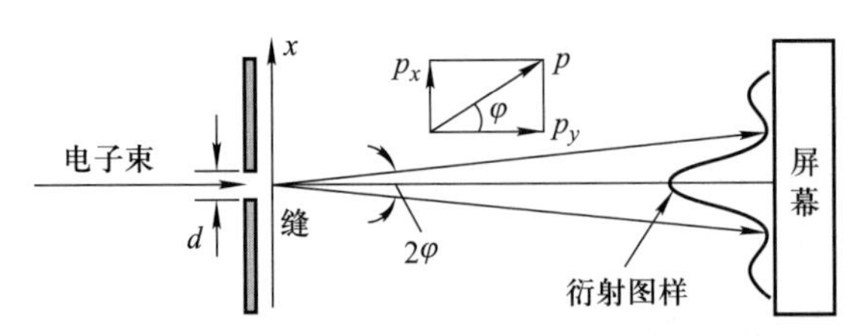

图 16-19 利用电子束的单缝衍射来说明不确定度关系

问题随之而来，问题一：当单个电子通过单缝时，电子究竟是从宽度为 d 的单缝上的哪一点通过的呢？我们无法准确回答这个问题，只能说电子确实通过了单缝，但电子通过单缝时的准确坐标 x 是不能明确知道的. 电子通过单缝时，在缝上任一点通过的可能性都有. 如果用 Δx 表示电子通过单缝时其坐标可能出现的范围,则有 $\Delta x=d$,称其坐标的不确定量为 d.

问题二:电子通过单缝时,动量是确定的吗? 从图 16-19 可以看出,从衍射角 $-\varphi$ 到 $+\varphi$ 范围内都可能有电子的分布,即电子速度的方向将发生变化. 电子的动量大小虽然没有发生变化,但是方向却发生了变化,不再是确定的,而是限制在某衍射角的范围内. 若只考虑一级衍射图样,则有 $d\sin\varphi=\lambda$,电子的动量沿 x 方向的分量的不确定量为 Δp_x:

$$\Delta p_x = p\sin\varphi = p\,\frac{\lambda}{d}.$$

将德布罗意公式 $\lambda=\dfrac{h}{p}$ 代入上式,可得

$$\Delta p_x = \frac{h}{d},$$

即 $d\Delta p_x=h$. 考虑到坐标的不确定量为 $\Delta x=d$,则有

$$\Delta x\Delta p_x = h.$$

考虑到电子除了一级衍射外,还有其他衍射级次,所以上式应该改写为

$$\Delta x\Delta p_x \geqslant h. \tag{16-29}$$

式(16-29)就是动量和坐标的不确定度关系(或测不准关系).

图 16-20　海森伯

不确定度关系是由德国物理学家海森伯(Heisenberg)(如图 16-20 所示)于 1927 年提出的.

不确定度关系说明用经典物理量——动量、坐标来描述微观粒子的行为时将会受到一定的限制,因为微观粒子不可能同时具有确定的动量及位置. 不确定的根源是波粒二象性,这是微观粒子的根本属性. 对于宏观粒子,因为 h 很小,所以 $\Delta x\Delta p_x$ 的乘积趋于零,可视为位置和动量能同时准确测量. 而对于微观粒子,h 不能忽略,Δx,Δp_x 不能同时具有确定值,此时,只能从概率统计角度去认识其运动规律,所以在量子力学中,将用波函数来描述微观粒子,不确定度关系是量子力学的基础.

对于微观粒子,其能量及时间之间也有下面的不确定度关系:

$$\Delta E\Delta t \geqslant h,$$

其中,ΔE 表示粒子能量的不确定量,而 Δt 表示粒子处于该能态的平均时间.

进一步,若定义两个物理量的乘积与 h 有相同的量纲,则这两个物理量称为共轭量,可以证明:所有共轭量都是满足不确定度关系的.

【例 16-4】 一波长为 400 nm 的平面光波沿 x 轴正方向传播,若波长的相对不确定量为 $\Delta\lambda/\lambda=1\times10^{-6}$,求动量的不确定量和光子坐标的最小不确定量.

解:由 $p=\frac{h}{\lambda}$可知

$$\Delta p=\frac{-h}{\lambda^2}\Delta\lambda.$$

由题意可知,动量的不确定量为

$$|\Delta p|\geqslant\frac{h}{\lambda}\frac{\Delta\lambda}{\lambda}=\frac{6.626\times10^{-34}}{400\times10^{-9}}\times1\times10^{-6}\ \mathrm{kg\cdot m/s}\approx1.66\times10^{-33}\ \mathrm{kg\cdot m/s}.$$

由不确定度关系 $\Delta x\Delta p\geqslant h$ 可得,光子坐标的最小不确定量为

$$\Delta x=\frac{h}{\Delta p}=0.4\ \mathrm{m}.$$

【例 16-5】 设原子的线度约为 1×10^{-10} m,试求原子中电子速度的不确定量.

解:由题意可知,原子的动量 $\Delta p_x=m\Delta v_x$,原子中电子位置的不确定量为 $\Delta x\approx1\times10^{-10}$ m,由不确定度关系可得

$$\Delta v_x\geqslant\frac{h}{m\Delta x}=\frac{6.626\times10^{-34}}{9.11\times10^{-31}\times1\times10^{-10}}\ \mathrm{m/s}\approx7.27\times10^6\ \mathrm{m/s}.$$

根据玻尔理论,可以估算出氢原子中电子的轨道运动速度约为 1×10^6 m/s,可见速度的不确定量与速度大小的数量级基本相同. 因此原子中电子在每一时刻都没有完全确定的位置和速度,即没有确定的轨道,不能看成经典粒子,波动性十分显著,必须考虑不确定度关系.

思考题

为什么说不确定度关系与实验技术的改进无关?从不确定度关系可以推出微观粒子的运动状态是无法确定的这一说法是否正确?

16.7 波函数 薛定谔方程

对于宏观物体,描述其运动状态时只需考虑其粒子性就足够了,但是对于微观粒子,由于其具有波粒二象性,因此仅仅考虑其粒子性是远远不够的,而必须考虑其波动性. 本节将从描述微观粒子运动状态的波函数入手,介绍量子力学中的基本方程——薛定谔方程.

16.7.1 波函数

对于微观粒子,其在表现出粒子性的同时,也表现出波动性. 在描述微观粒子

的运动状态方面，牛顿方程已不再适用，因此必须研究微观粒子的波动性. 下面从一维自由微观粒子的波函数出发来探讨这个问题.

对于一列沿 x 轴正方向传播的频率为 ν 的平面简谐波，由前面的知识可知，其波函数为

$$y=A\cos 2\pi\left(\nu t-\frac{x}{\lambda}\right),$$

现将上式写成复数形式：

$$y=A\mathrm{e}^{-\mathrm{i}2\pi\left(\nu t-\frac{x}{\lambda}\right)},$$

将德布罗意公式 $\nu=\frac{E}{h}$，$\lambda=\frac{h}{p}$ 代入上式，可得

$$y=A\mathrm{e}^{-\mathrm{i}\frac{2\pi}{h}(Et-px)}.$$

对于动量为 $\boldsymbol{p}$、能量为 E 的一维自由微观粒子，根据德布罗意假设可知，其物质波的波函数相当于单色平面波，在这里，我们为了把描述自由粒子的平面物质波和一般的波动区别开，一般用 Ψ 来代替 y，这样，上式便可写成

$$\Psi(x,t)=\Psi_0\mathrm{e}^{-\mathrm{i}\frac{2\pi}{h}(Et-px)}=\Psi_0\mathrm{e}^{-\frac{\mathrm{i}}{\hbar}(Et-px)}, \tag{16-30}$$

其中，$\hbar=h/(2\pi)$，称为约化普朗克常量.

式(16－30)用来表述与微观粒子相联系的物质波，$\Psi(x,t)$ 称为物质波的波函数.

物质波的物理意义可以通过与光波的对比来阐明.

我们知道，光强正比于振幅的平方，所以光发生衍射时，光的强度大意味着光波振幅的平方大. 若从粒子性的观点来看，光强大则意味着光子的个数多，代表光子在该处出现的概率大. 而对于物质波，以电子衍射为例，某时刻某处的强度大意味着波函数振幅的平方大，也代表单个粒子在该处出现的概率大.

综上所述，德国物理学家玻恩(Born)于 1926 年提出了波函数的概率诠释：某一时刻在空间某位置处微观粒子出现的概率正比于该时刻该位置处的波函数模的平方，也就是说，t 时刻微观粒子出现在空间位置 r 附近体积元 $\mathrm{d}V$ 内的概率与波函数模的平方及 $\mathrm{d}V$ 成正比. 由于物质波为复函数，因此

$$|\Psi^2|\,\mathrm{d}V=\Psi\Psi^*\,\mathrm{d}V,$$

其中，Ψ^* 为 Ψ 的共轭复数. $|\Psi^2|$ 称为概率密度，表示某一时刻在空间某位置处单位体积内粒子出现的概率. 与机械波、电磁波等不同的是，德布罗意波是一种概率波. 讨论单个微观粒子的德布罗意波是没有意义的，德布罗意波反映出来的是一种统计意义. 由于粒子总是要出现在空间某个区域，因此某一时刻粒子在整个空间中出现的概率为 1，即满足归一化条件：

$$\iiint|\Psi^2|\,\mathrm{d}V=1. \tag{16-31}$$

满足式(16-31)的波函数叫作归一化波函数.

【例 16-6】 做一维运动的粒子被束缚在 $0<x<a$ 的范围内,已知其波函数为 $\Psi(x)=A\sin\dfrac{\pi x}{a}$. 试求:

(1) 常量 A;

(2) 粒子在 $0<x<a/2$ 的范围内出现的概率;

(3) 粒子在何处出现的概率最大?

解:(1) 由归一化条件可得 $\int_0^a A^2\sin^2\dfrac{\pi x}{a}\mathrm{d}x=1$,所以有 $A=\sqrt{\dfrac{2}{a}}$.

(2)粒子的概率密度为

$$|\Psi|^2=\frac{2}{a}\sin^2\frac{\pi x}{a},$$

所以粒子在 $0<x<a/2$ 的范围内出现的概率为

$$\int_0^{a/2}|\Psi|^2\mathrm{d}V=\frac{2}{a}\int_0^{a/2}\sin^2\frac{\pi x}{a}\mathrm{d}x=\frac{1}{2}.$$

(3) 粒子出现概率最大的位置应该满足

$$\frac{\mathrm{d}|\Psi|^2}{\mathrm{d}x}=0.$$

对上式求解可得

$$\frac{2\pi x}{a}=\pm k\pi\quad(k=0,1,2,\cdots).$$

因 $0<x<a$,故 $x=\dfrac{a}{2}$,即 $x=\dfrac{a}{2}$处粒子出现的概率最大.

16.7.2　薛定谔方程

1926年,奥地利物理学家薛定谔(见图16-21)在德布罗意思想的启发下,决定把物质波的概念应用到原子体系的描述中去. 薛定谔从经典力学的哈密顿-雅可比(Hamilton-Jacobi)方程出发,利用变分法和德布罗意公式,求出了一个非相对论的波函数. 该波函数适用于低速情况,是描述微观粒子在外场中运动的偏微分方程,称为薛定谔方程. 如同牛顿方程在经典力学中一样,薛定谔方程也不能由其他原理和公式推导出来,只能依靠实践来证明. 因此这里介绍的是建立薛定谔方程的思路.

图16-21　薛定谔

下面,我们沿着伟人的足迹,看一下薛定谔方程的建立过程.

设一个做一维运动的自由粒子，沿着 x 轴运动，其质量为 m、动量为 $\boldsymbol{p}$、能量为 $E=E_{\mathrm{k}}=\frac{1}{2}mv_x^2=\frac{1}{2m}p^2$，则其波函数为

$$\Psi(x,t)=\Psi_0\,\mathrm{e}^{-\frac{\mathrm{i}}{\hbar}(Et-px)}.$$

将上式分别对 x 取二阶偏导，对 t 取一阶偏导，可以得到

$$\frac{\partial^2}{\partial x^2}\Psi(x,t)=-\frac{p^2}{\hbar^2}\Psi(x,t),$$

$$\frac{\partial}{\partial t}\Psi(x,t)=-\frac{\mathrm{i}}{\hbar}E\Psi(x,t),$$

整合上述两式可得

$$-\frac{\hbar^2}{2m}\frac{\partial^2}{\partial x^2}\Psi(x,t)=\mathrm{i}\hbar\frac{\partial}{\partial t}\Psi(x,t). \tag{16-32}$$

式(16－32)称为一维运动自由粒子的含时薛定谔方程.

若粒子不是自由的，而是在势场中运动，则其除了具有动能外，还具有势能 $E_{\mathrm{p}}(x,t)$，即

$$E=\frac{1}{2m}p^2+E_{\mathrm{p}},$$

因此可得

$$-\frac{\hbar^2}{2m}\frac{\partial^2}{\partial x^2}\Psi(x,t)+E_{\mathrm{p}}(x,t)\Psi(x,t)=\mathrm{i}\hbar\frac{\partial}{\partial t}\Psi(x,t). \tag{16-33}$$

式(16－33)称为一维运动粒子的含时薛定谔方程. 若 $E_{\mathrm{p}}(x,t)=0$，则式(16－33)可转化为式(16－32)，因此式(16－32)只是式(16－33)的一种特殊情况.

若势能只是坐标的函数，与时间无关，即 $E_{\mathrm{p}}(x,t)=E_{\mathrm{p}}(x)$，则可将物质波的波函数分解为坐标函数和时间函数的乘积：

$$\Psi(x,t)=\Psi_0\exp\left[-\frac{\mathrm{i}}{\hbar}(Et-px)\right]=\Psi_0\exp\left(\frac{\mathrm{i}}{\hbar}px\right)\exp\left(-\frac{\mathrm{i}}{\hbar}Et\right)=\Psi(x)\varphi(t), \tag{16-34}$$

其中，

$$\Psi(x)=\Psi_0\exp\left(\frac{\mathrm{i}}{\hbar}px\right).$$

将式(16－34)代入式(16－33)，可得

$$\frac{\mathrm{d}^2\Psi}{\mathrm{d}x^2}+\frac{2m}{\hbar^2}(E-E_{\mathrm{p}})\Psi=0. \tag{16-35}$$

因为 Ψ 只是坐标的函数，与时间无关，另外，粒子在势场中的势能和总能量也只是坐标的函数，与时间无关，所以将式(16－35)称为在势场中的一维运动粒子的定态薛定谔方程.

上面所述的是一维情况，若粒子是在三维空间中运动的，则 $\Psi=\Psi(x,y,z)$，势能为 $E_p=E_p(x,y,z)$，则可将式(16－35)推广为

$$\nabla^2\Psi+\frac{2m}{\hbar^2}(E-E_p)\Psi=0, \tag{16-36}$$

其中，∇^2 为拉普拉斯(Laplace)算符，且 $\nabla^2=\frac{\partial^2}{\partial x^2}+\frac{\partial^2}{\partial y^2}+\frac{\partial^2}{\partial z^2}$. 式(16－36)为一般形式的薛定谔方程.

薛定谔方程一经得出，便得到了全世界物理学家的好评. 普朗克称之为"划时代的工作"，爱因斯坦评价道："您的想法源自真正的天才. ""您的量子方程已经迈出了决定性的一步. "……薛定谔通过从德布罗意那里得到的灵感而建立的方程通俗形象，简明易懂，也标志着量子力学的诞生.

16.8　一维无限深势阱问题

前面我们学习了薛定谔方程的内容，本节将介绍薛定谔方程在一些简单情况下的应用.

16.8.1　一维无限深势阱

首先，了解一下无限深势阱的概念. 若质量为 m 的粒子不是自由的，而是被保守力场限制在某个范围内，势能十分稳定，那么粒子就像处于一口井里，从中出来非常困难，称这种情况下的粒子是处于势阱中的. 若势阱为无限深，则称之为无限深势阱. 下面要讨论的是一维无限深势阱.

一维无限深势阱的势能满足下式所描述的边界条件：

$$E_p=\begin{cases}0 & (0<x<a),\\ \infty & (x\leqslant 0, x\geqslant a),\end{cases}$$

其势能曲线如图16－22所示. 从上式可以看出，粒子只能在 $0<x<a$ 的范围内活动，其边界为无限高的势阱壁. 下面应用薛定谔方程来求解这类问题.

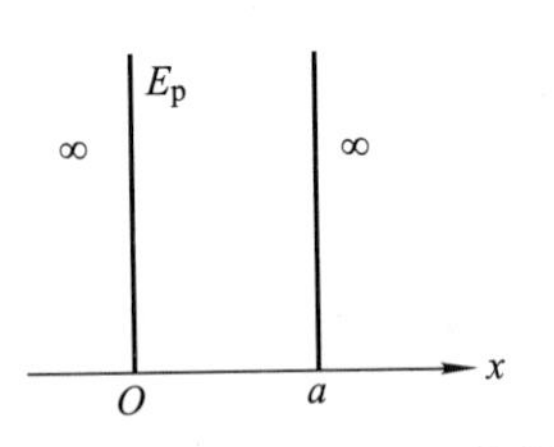

图16－22　一维无限深势阱的势能曲线

在势阱边界处，粒子要受到无限大的指向阱内的力，表明粒子不能越出势阱，即粒子在势阱外的概率为0. 我们只研究势阱内的粒子.

已知粒子在势阱内的势能与时间无关，因此可利用势场中的一维运动粒子的定态薛定谔方程，则粒子在一维无限深势阱中的薛定谔方程为

$$\frac{d^2\Psi}{dx^2}+\frac{2m}{\hbar^2}E\Psi=0.$$

若令

$$k^2=\frac{2m}{\hbar^2}E, \tag{16-37}$$

则薛定谔方程可化为

$$\frac{d^2\Psi}{dx^2}+k^2\Psi=0.$$

可以看出,上式的形式类似于简谐振动的运动方程,因此,可写出其通解:

$$\Psi(x)=C\sin(kx+\varphi),$$

其中,$C\neq0$,这是因为 $C=0$ 时,波函数在全空间都为 0,这显然不符合概率的归一化要求. 将上式代入一维无限深势阱的势能的边界条件,可得

$$\Psi(0)=C\sin\varphi=0,$$

$$\Psi(a)=C\sin(ka+\varphi)=0.$$

考虑到势阱壁上的波函数满足单值且连续的条件,因此,对上述两式求解可得

$$\varphi=0,$$

$$ka=n\pi\quad(n=1,2,3,\cdots),$$

所以 $\Psi(x)=C\sin kx$,同时

$$k=\frac{n\pi}{a}\quad(n=1,2,3,\cdots).$$

将上式代入式(16-37),可以求得势阱中粒子的能量为

$$E_n=\frac{n^2\pi^2\hbar^2}{2ma^2}=\frac{n^2h^2}{8ma^2}\quad(n=1,2,3,\cdots). \tag{16-38}$$

由式(16-38)可知,粒子在势阱中的能量不是连续的,而是取与主量子数 n 有关的分立值,即一维无限深势阱中粒子的能量是量子化的. 粒子的最小能量不等于零,其值为 $E_1=\frac{h^2}{8ma^2}$,也称为基态能或零点能.

由于粒子被限制在一维无限深势阱中,因此,按照归一化条件可知,粒子出现在 $0\leqslant x\leqslant a$ 的范围内的概率是 1,即

$$\int_0^a|\Psi(x)|^2dx=1.$$

将 $\Psi(x)=C\sin kx$ 代入上式,可得

$$\int_0^a C^2\sin^2kx\,dx=\int_0^a C^2\sin^2\frac{n\pi}{a}x\,dx=1\quad(n=1,2,3,\cdots).$$

对上式求解可得

$$C=\sqrt{\frac{2}{a}},$$

因此可以得到波函数的表达式为

$$\Psi(x)=\sqrt{\frac{2}{a}}\sin\frac{n\pi}{a}x\quad(n=1,2,3,\cdots).\tag{16-39}$$

这样,粒子在一维无限深势阱中的概率密度为

$$|\Psi(x)|^2=\frac{2}{a}\sin^2\frac{n\pi}{a}x.\tag{16-40}$$

由式(16-40)可知,对于粒子在势阱中出现概率的问题,按照经典理论可知,处于无限深势阱中的粒子的能量可以取任意的有限值,另外,粒子处于此宽度为 a 的势阱中各处的概率都是相等的. 量子理论得出了与经典理论迥然不同的结果.

图16-23描述的是一维无限深势阱中粒子的波函数和概率密度. 可以看出,对于粒子,其出现在各处的概率与主量子数 n 有关,当 $n=1$ 时,粒子主要集中在势阱中部. 随着 n 的增大,粒子出现在其他各处的概率开始增大起来. 并且,随着 n 的增大,概率密度分布曲线的峰值个数开始增多,同时峰值之间的距离也随之减小,当 n 很大时,其距离就缩得很小,彼此非常靠近,此时,就可以认为量子概率分布接近经典概率分布.

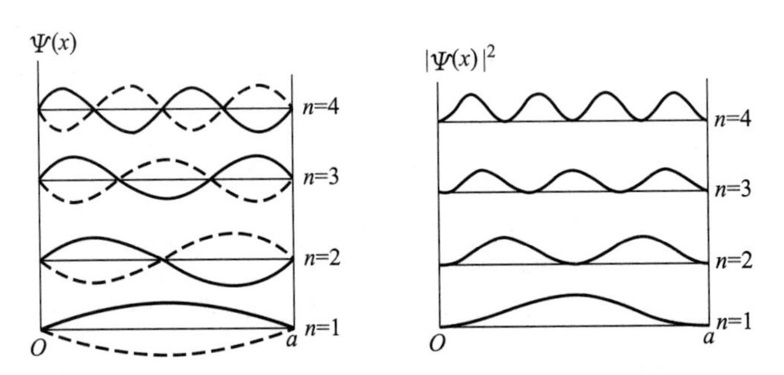

图16-23　一维无限深势阱中粒子的波函数和概率密度

16.8.2　一维势垒 隧道效应

下面介绍与势阱相对的概念——势垒. 若粒子处于某空间中,满足

$$E_{\mathrm{p}}=\begin{cases}E_{\mathrm{p0}} & (0\leqslant x\leqslant a),\\ 0 & (x<0,x>a),\end{cases}$$

我们称粒子处于一维势垒中. 势垒一般是方形的,如图16-24所示.

当粒子处于 $x<0$ 的区域内,能量 $E<E_{\mathrm{p0}}$ 时,从经典理论来看,粒子不可能跨越势垒进入 $x>a$ 的区域. 但是,用量子理论分析,粒子可能进入上述区域,不是跨

越，而是有一定概率穿透势垒，即粒子的能量虽不足以超越势垒，但是，在势垒中似乎有一个隧道，能使少量粒子穿过从而进入 $x>a$ 的区域，人们将此现象形象地称为隧道效应.

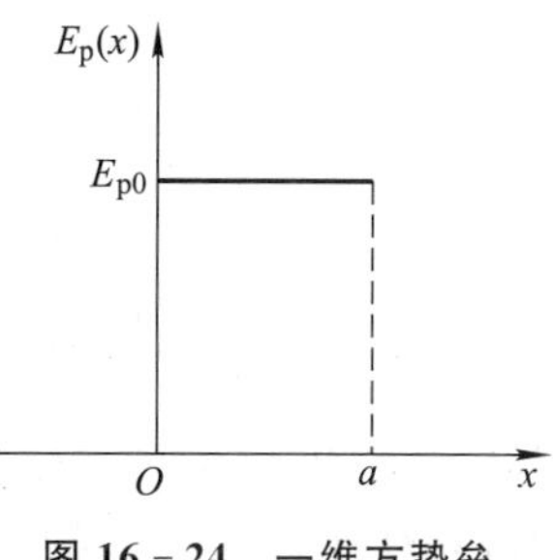

图 16-24 一维方势垒

隧道效应的本质是微观粒子的波粒二象性，这已为许多实验所证实. 1981 年，比宁(Bining)和罗雷尔(Rohrer)利用电子的隧道效应制成了扫描隧道显微镜，可观测固体表面的原子排列状况. 1986 年，比宁又研制了原子力显微镜. 这些都是量子力学知识的产物.

16.9 量子力学中的氢原子问题

前面介绍了玻尔的氢原子理论能够解决氢原子的光谱问题和稳定性问题，但是其未能摆脱经典理论轨道的桎梏，因此玻尔的氢原子理论是有局限性的. 下面介绍量子理论是如何处理玻尔曾经处理过的氢原子问题的.

16.9.1 氢原子的薛定谔方程

在氢原子中，电子的势能为

$$E_p=-\frac{e^2}{4\pi\varepsilon_0 r},$$

其中，r 为电子与原子核之间的距离. 由于电子的质量与原子核的质量相比要小得多，因此可以假设原子核是静止的.

将上式代入式(16-36)，可得

$$\nabla^2\Psi+\frac{2m}{\hbar^2}\left(E+\frac{e^2}{4\pi\varepsilon_0 r}\right)\Psi=0. \tag{16-41}$$

考虑到势能是 r 的函数，为了方便起见，将拉普拉斯算符在球坐标系中展开，可得

$$\frac{1}{r^2}\left[\frac{\partial}{\partial r}\left(r^2\frac{\partial\Psi}{\partial r}\right)+\frac{1}{\sin\theta}\frac{\partial}{\partial\theta}\left(\sin\theta\frac{\partial\Psi}{\partial\theta}\right)+\frac{1}{\sin^2\theta}\frac{\partial^2\Psi}{\partial\varphi^2}\right]+\frac{2m}{\hbar^2}\left(E+\frac{e^2}{4\pi\varepsilon_0 r}\right)\Psi=0. \tag{16-42}$$

下面对式(16-42)用分离变量法求解，设 $\Psi(r,\theta,\varphi)=R(r)\Theta(\theta)\Phi(\varphi)$，其中，$R(r)$，$\Theta(\theta)$，$\Phi(\varphi)$分别只是 r,θ,φ 的单值函数. 经过一系列较为复杂的数学运算后，可得

$$\frac{\mathrm{d}^2\Phi}{\mathrm{d}\varphi^2}+m_l^2\Phi=0,$$

$$\frac{m_l^2}{\sin^2\Theta}-\frac{1}{\Theta\sin\theta}\frac{\mathrm{d}}{\mathrm{d}\theta}\left(\sin\theta\frac{\mathrm{d}\Theta}{\mathrm{d}\theta}\right)=l(l+1),\tag{16-43}$$

$$\frac{1}{R}\frac{\mathrm{d}}{\mathrm{d}r}\left(r^2\frac{\mathrm{d}R}{\mathrm{d}r}\right)+\frac{2mr^2}{\hbar^2}\left(E+\frac{e^2}{4\pi\varepsilon_0 r}\right)=l(l+1),$$

其中，m_l 和 l 为新引入的常数. 因为该方程组的求解过程十分复杂，所以将其省略，只对有关的一些结果进行分析.

16.9.2　量子化和量子数

求解方程组(16-43)，可以得到一些量子化的特性.

首先，能量是量子化的，即

$$E_n=-\frac{me^4}{32\pi^2\varepsilon_0^2\hbar^2}\frac{1}{n^2}\quad(n=1,2,3,\cdots),\tag{16-44}$$

其中，n 称为主量子数，只能取正整数. 该结果与玻尔理论得到的结果是一致的.

其次，角动量也是量子化的. 氢原子中电子的角动量大小的平方为

$$L^2=l(l+1)\hbar^2\quad(l=0,1,2,3,\cdots,n-1),\tag{16-45}$$

其中，l 称为角量子数，只能取不大于 n 的非负整数.

最后，角动量 $\boldsymbol{L}$ 也只能取一些特定的方向，称为空间量子化. 所以，当氢原子置于外磁场中时，角动量 $\boldsymbol{L}$ 在外磁场方向的投影 L_z 必须满足量子化条件：

$$L_z=m_l\hbar\quad(m_l=0,\pm1,\pm2,\cdots,\pm l),\tag{16-46}$$

其中，m_l 称为磁量子数. 对于一个角量子数 l，磁量子数 m_l 可取 $2l+1$ 个值. 即电子的角动量在空间的取向只有 $2l+1$ 个可能性.

思考题

1. 玻尔的氢原子基态图像与薛定谔的氢原子基态图像之间有什么异同?
2. 查阅有关“薛定谔的猫”的问题，并谈谈自己的感受.

*16.10　电子的自旋　多电子原子中的电子分布

类似于行星，其除了围绕恒星公转外，自身还存在自转现象，电子除了在轨道上围绕原子核做转动外，自身还存在一种自旋运动，如图16-25所示.

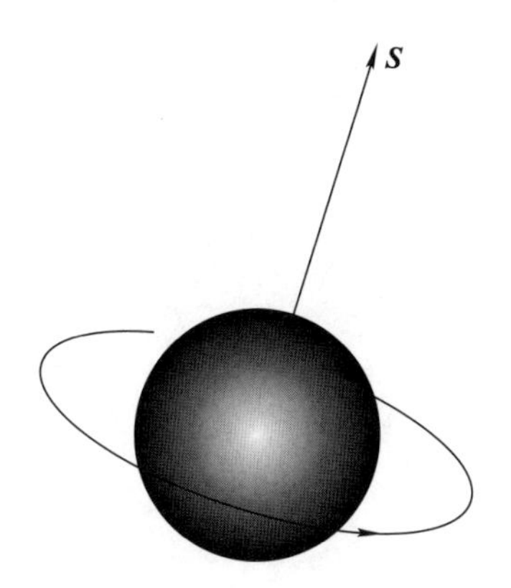

图 16-25 电子的自旋

16.10.1 电子的自旋

电子的自旋假说是荷兰科学家乌伦贝克(Uhlenbeck)和古兹密特(Goudsmit)于 1925 年提出来的. 他们把电子绕自身轴线的转动称为自旋,由自旋产生的磁矩 μ_s 称为自旋磁矩,由自旋产生的角动量 $\boldsymbol{S}$ 的方向与磁矩方向相反. 自旋磁矩的大小与自旋角动量的大小成正比.

实验表明,电子的自旋也是量子化的. 自旋磁矩处在外磁场中时,沿磁场方向的分量 μ_{sz} 只有两个值存在;而自旋角动量 S_z 在沿着磁场方向也只有两个值存在.

设电子的自旋角动量大小为

$$S^2 = s(s+1)\hbar^2, \tag{16-47}$$

其在外磁场方向的分量为

$$S_z = m_s\hbar, \tag{16-48}$$

其中,s 为自旋量子数,m_s 为自旋磁量子数,且 m_s 的取值与 m_l 一样,也只能取 $2s+1$ 个值. 但是实验表明,自旋角动量在外磁场方向的投影 S_z 只能有两种取值,于是有 $2s+1=2$. 因此可得 $s=1/2$,$m_s=\pm 1/2$. 同时,可以得出自旋角动量,以及其沿外磁场方向投影的值:

$$S^2 = \frac{3}{4}\hbar^2, \tag{16-49}$$

$$S_z = \pm\frac{1}{2}\hbar. \tag{16-50}$$

16.10.2 多电子原子中的电子分布

根据前面的知识可知,原子中电子的状态是由 n,l,m_l 和 m_s 四个量子数决定

的. 下面稍微总结一下:

(1) 主量子数 n:$n=1,2,3,\cdots$. n 大体上决定电子在原子中的能量.

(2) 角量子数 l:$l=0,1,2,3,\cdots,n-1$. l 决定电子绕核转动的角动量 $L=\frac{h}{2\pi}\sqrt{l(l+1)}$.

(3) 磁量子数 m_l:$m_l=0,\pm1,\pm2,\cdots,\pm l$. m_l 决定电子绕核转动的角动量的空间取向.

(4) 自旋磁量子数 m_s:$m_s=\pm1/2$. m_s 决定电子自旋角动量的空间取向.

研究多电子原子中的电子分布应该以上述四个量子数为参考,另外还需遵从以下两个原理.

1. 泡利不相容原理

1916年,科塞尔(Kossel)提出一个观点,他认为做绕核转动的电子组成了许多壳层. n 相同的电子属于同一壳层,n 相同而 l 不同的电子组成了分壳层. 对应主量子数 $n=1,2,3,\cdots$ 的壳层即是我们在中学化学上所讲的K,L,M,N,O,P,…. 对应角量子数 $l=0,1,2,3,\cdots$ 的分壳层即是我们在中学化学上所讲的s,p,d,f,….

泡利(Pauli)指出:在一个原子系统内,不可能有两个或两个以上的电子具有相同的状态,也就是说,不可能具有四个相同的量子数. 这就是泡利不相容原理.

根据泡利不相容原理,对于某一分壳层,若其对应的量子数为 n 和 l,即处于该分壳层的电子具有相同的能量和角动量数值,但其磁量子数共有 $2l+1$ 个可能值,对于每一个磁量子数又有两种 m_s 值. 因此,在同一分壳层上可容纳的电子数为 $N_l=2(2l+1)$.

根据此原理,原子中具有相同主量子数 n 的电子数为

$$N_n=2\sum_{l=0}^{n-1}2l+1=2n^2. \tag{16-51}$$

2. 能量最小原理

当原子处于正常状态时,每个电子趋于占据能级最低的空间,即原子中的电子尽可能地占据未被填充的最低能级,这一结论叫作能量最小原理.

在多电子原子中,电子的能量与主量子数 n 和角量子数 l 有关. 具体的关系非常复杂,但可用一个简单的经验公式 $n+0.7l$ 来比较能级的大小,该值越大,电子的能级越高. 所以原子中的能级由小到大的排列次序为1s,2s,2p,3s,3p,4s,3d,…. 另外,电子的能量还随其他电子的占据情况而变化,因此不存在一个普适的能级顺序,具体问题还需要具体分析.

按照量子理论得出的多电子原子的电子壳层结构和排列次序,已经在各元素的物理和化学性质的周期性中得到完全证实. 用核外电子的壳层分布可以清楚地阐述19世纪发现的元素周期表.

习题

一、选择题

1. 所谓黑体指的是(　　).

(A) 不能反射任何可见光的物体

(B) 不能发射任何电磁辐射的物体

(C) 能够全部吸收外来的任何电磁辐射的物体

(D) 完全不透明的物体

2. 下面 4 个图(见图 16－26)中,(　　)能正确反映黑体的单色辐出度 $M_{B\lambda}(T)$随 λ 和 T 的变化关系,已知 $T_1<T_2$.

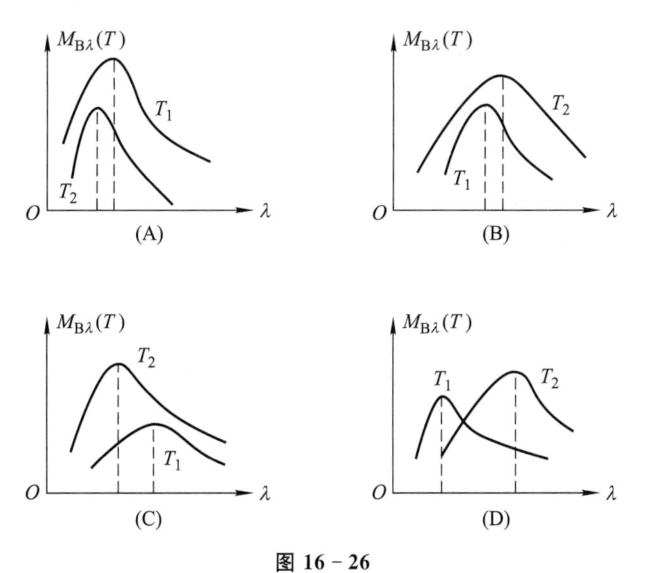

图 16－26

3. 光电效应和康普顿效应都包含电子与光子的相互作用过程. 对此,在以下几种理解中,正确的是(　　).

(A) 两种效应中电子与光子二者组成的系统都服从动量守恒定律和能量守恒定律

(B) 两种效应都相当于光子与电子的弹性碰撞过程

(C) 两种效应都是吸收光子的过程

(D) 光电效应是吸收光子的过程,而康普顿效应则相当于光子与电子的弹性碰撞过程

(E) 康普顿效应是吸收光子的过程,而光电效应则相当于光子与电子的弹性碰撞过程

4. 已知氢原子从基态激发到某一定态所需的能量为 10.19 eV,当氢原子从能量为－0.85 eV 的定态跃迁到上述定态时,所发射的光子的能量为(　　).

(A) 2.56 eV (B) 3.41 eV (C) 4.25 eV (D) 9.95 eV

5. 若 α 粒子(电荷为 $2e$)在磁感应强度为 B 的均匀磁场中沿半径为 R 的圆形轨道运动,则 α 粒子的德布罗意波长是( ).

(A) $h/(2eRB)$ (B) $h/(eRB)$ (C) $1/(2eRBh)$ (D) $1/(eRBh)$

二、计算题

1. 将星球看作黑体,通过测量它的辐射峰值波长 λ_m,利用维恩位移定律便可估测其表面温度. 这是估测星球表面温度的方法之一,如果测得某两星球的 λ_m 分别为 0.35 μm 和 0.29 μm,试计算它们的表面温度.

2. 在黑体加热过程中,其单色辐出度的峰值波长由 0.75 μm 变化到 0.40 μm,求辐出度变为原来的多少倍?

3. 黑体的温度 $T_1=6000$ K,问 $\lambda_1=0.35$ μm 和 $\lambda_2=0.70$ μm 的单色辐出度之比等于多少?当温度上升到 $T_2=7000$ K 时,λ_1 的单色辐出度变为原来的多少倍?

4. 设用频率为 ν_1 和 ν_2 的两种单色光先后入射到同一种金属上均能产生光电效应. 已知金属的截止频率为 ν_0,测得两次入射时的遏止电势差 $|U_{a2}|=2|U_{a1}|$,求这两种单色光的频率之间的关系.

5. 钾的光电效应截止波长为 $\lambda_0=0.62$ μm,求:

(1) 钾的逸出功;

(2) 在波长 $\lambda=330$ nm 的紫外线入射下,钾的遏止电势差.

6. 铝的逸出功为 4.2 eV,现用波长为 200 nm 的紫外线入射到铝的表面上,试求:发射的光电子的最大初动能为多少? 遏止电势差为多大? 铝的截止波长是多大?

7. 用光子能量为 0.5 MeV 的 X 射线入射到某种物质上而发生康普顿散射,若反冲电子的能量为 0.1 MeV,则散射光波长的改变量 $\Delta\lambda$ 与入射光波长 λ_0 之比等于多少?

8. 波长 $\lambda_0=0.0708$ nm 的 X 射线在某种物质上受到康普顿散射,求在 $\frac{\pi}{2}$ 和 π 方向上所散射的 X 射线的波长,以及反冲电子所获得的能量各是多少?

9. 已知 X 射线的光子能量为 0.6 MeV,在康普顿散射后,其波长改变了 20%,求反冲电子获得的能量.

10. 要使处于基态的氢原子受激发后能发射莱曼系中波长最长的谱线,求至少应向基态氢原子提供多大的能量?

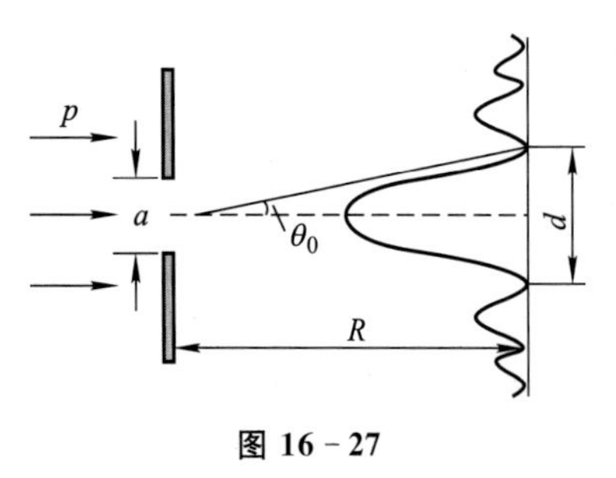

图 16-27

11. 如图 16-27 所示,一束动量为 p 的电子通过缝宽为 a 的狭缝.在距离狭缝为 R 处放置一荧光屏,屏上衍射图样的中央明条纹的最大宽度 d 等于多少?

12. 已知氢原子光谱某一线系的截止波长为 3647 Å,其中有一谱线的波长为 6565 Å. 试由玻尔的氢原子理论,求与该波长相应的初态与末态能级的能量($R=1.097\times10^7$/m).

13. 一束带电粒子经大小为 206 V 的电压加速后,测得其德布罗意波长为 2×10^{-3} nm,若该粒子所带的电荷量与电子的电荷量相等，求该粒子的质量.

14. 设电子与光子的波长均为 0.5 nm，试求二者的动能之比.

15. 若一个粒子的动能等于它的静能，试求该电子的速率和德布罗意波长.

16. 设粒子在沿 x 轴运动时，其速率的不确定量为 $\Delta v=0.01$ m/s，试估算当该粒子属于下列情况时，坐标的不确定量 Δx：

(1) 电子；

(2) 质量为 1×10^{-13} kg 的微小粒子；

(3) 质量为 1×10^{-4} kg 的子弹.

17. 用电子显微镜来分辨线度为 1×10^{-9} m 的物体，试估算所需要的最小的电子动能值(以 eV 为单位).

18. 已知一维无限深势阱中粒子的波函数为 $\Psi(x)=c\sin n\pi x/a$，求：

(1) 归一化常量 C；

(2) 当粒子处于基态时，在 $x=0$ 到 $x=a/3$ 之间找到粒子的概率；

(3) 当粒子处于 $n=2$ 的状态时，在 $x=0$ 到 $x=a/3$ 之间找到粒子的概率.

19. 处于一维无限深势阱中的粒子的波函数在边界处为零，这种定态物质波相当于两端固定的弦中的驻波，因此势阱宽度 a 必须等于德布罗意波长的整数倍. 试利用这一条件导出能量量子化公式 $E_n=\dfrac{h^2}{8ma^2}n^2$.